"十二五"职业教育国家规划教材
经全国职业教育教材审定委员会审定

数控机床故障诊断与维修
第2版

主　编　郭士义　徐　衡　关　颖
副主编　蒋洪平　白　柳
参　编　高艳平　田春霞　关　侠　李　燕
主　审　陈金水

机械工业出版社
CHINA MACHINE PRESS

本书是"十二五"职业教育国家规划教材，是根据《教育部关于"十二五"职业教育教材建设的若干意见》及教育部新颁布的《高等职业学校专业教学标准（试行）》，同时参考《数控机床装调维修工》职业资格标准编写的。本书根据数控机床故障诊断与维修的实际工作需要和学生的认知规律，设计安排了 12 个单元，介绍了数控机床故障诊断与维修基础，数控机床的故障诊断技术，数控机床机械系统故障的维修，数控机床电气控制系统的维修，数控系统的故障维修，运动驱动控制系统的维修，检测系统的维修，可编程序控制器控制系统的维修，数控系统参数的设定与保护，数控机床的安装与调试，数控机床维修与改造，数控机床的管理。本书内容所涉及的数控系统主要有 FANUC、SIEMENS、华中世纪星等国内数控应用企业所采用的主流系统。

　　为便于教学，本书配套有电子课件等教学资源，选择本书作为教材的教师可登录 www.cmpedu.com 网站，注册、免费下载配套资源信息。

　　本书可作为高等职业院校数控技术专业教材，也可作为数控维修岗位培训教材。

图书在版编目（CIP）数据

数控机床故障诊断与维修/郭士义，徐衡，关颖主编. —2 版. —北京：机械工业出版社，2014.9（2025.1 重印）
"十二五"职业教育国家规划教材
ISBN 978-7-111-41507-7

Ⅰ. ①数… Ⅱ. ①郭… ②徐… ③关… Ⅲ. ①数控机床-故障诊断-高等职业教育-教材②数控机床-维修-高等职业教育-教材
Ⅳ. ①TG659

中国版本图书馆 CIP 数据核字（2013）第 031206 号

机械工业出版社（北京市百万庄大街 22 号　邮政编码 100037）
策划编辑：汪光灿　责任编辑：汪光灿　武　晋　张利萍
版式设计：霍永明　责任校对：佟瑞鑫
封面设计：张　静　责任印制：张　博
北京建宏印刷有限公司印刷
2025 年 1 月第 2 版第 12 次印刷
184mm×260mm · 18.75 印张 · 448 千字
标准书号：ISBN 978-7-111-41507-7
定价：56.00 元

电话服务
客服电话：010-88361066
　　　　　010-88379833
　　　　　010-68326294
封底无防伪标均为盗版

网络服务
机 工 官 网：www.cmpbook.com
机 工 官 博：weibo.com/cmp1952
金 书 网：www.golden-book.com
机工教育服务网：www.cmpedu.com

第2版前言

本书是按照教育部《关于开展"十二五"职业教育国家规划教材选题立项工作的通知》，经过出版社初评、申报，由教育部专家组评审确定的"十二五"职业教育国家规划教材，是根据《教育部关于"十二五"职业教育教材建设的若干意见》及教育部新颁布的《高等职业学校专业教学标准（试行）》，同时参考《数控机床装调维修工》职业资格标准，按照职业岗位应知、应会的内容编写的。

本书主要介绍了数控机床故障诊断与维修基础、数控机床的故障诊断技术、数控机床机械系统故障的维修、数控机床电气控制系统的维修、数控系统的故障维修、运动驱动控制系统的维修、检测系统的维修、可编程序控制器控制系统的维修、数控系统参数的设定与保护、数控机床的安装与调试、数控机床维修与改造、数控机床的管理。本书编写过程中力求内容通俗易懂，体现理论指导实践的特色。每一单元以学习目标、内容提要开始，按相关理论知识讲解、具体内容分析展开，同时指出常见问题与解决方法，并列举由浅入深的应用案例。本书建议教学学时安排为60学时。

全书共12个单元，由郭士义、徐衡、关颖主编。具体分工如下：天津机电职业技术学院郭士义修订编写单元1、单元2、单元4、单元5，沈阳职业技术学院徐衡、河北机电职业技术学院李燕、山西工程职业技术学院白柳修订编写单元6、单元7、单元9、单元10，沈阳职业技术学院关颖修订编写单元12，无锡机电高等职业技术学校蒋洪平修订编写单元3，天津机电职业技术学院高艳平、大连职业技术学院田春霞以及沈阳机车车辆集团关侠工程师共同修订编写单元8、单元11。全书由郭士义统稿，陈金水主审。

编写过程中，编者参阅了国内外出版的有关教材和资料，得到了中国机电装备维修与改造技术协会张春源正高工的有益指导；全书经全国职业教育教材审定委员会审定，教育部专家在评审过程对本书提出了宝贵的建议，在此一并表示衷心感谢！

由于编者水平有限，书中不妥之处在所难免，恳请读者批评指正。

编 者

第1版前言

数控机床基于计算机控制技术平台，综合了电气自动化技术、现代机械制造技术以及精密测量技术诸方面的最新成就，具有较高的科技含量和先进工艺水平，在现代制造领域中以高精度、高速度、高效率的特点创造高产值。为保证数控机床的合理使用、高效运行，精心维护和及时修理是极其重要的一环，因此培养具有较高素质和技术能力的数控机床维修人员要比培养操作人员更为重要，而且由于数控机床的技术复杂性和综合性使维修难度系数增大，如何充分发挥数控机床的能力，为数控生产形成维修保障能力，已成为亟待研究和解决的一个重要课题。

本书为配合技能型紧缺人才培养工程项目，针对职业教育的需求特点，力求简明、实际、实用。以提高应用技术能力为基本出发点，通过列举现象并进行分析，突出解决问题的办法，同时用大量典型维修案例为参考，以求学以致用。

本书共分十二章，包括数控机床的故障机理、数控机床机械与电气系统的故障诊断、维护、维修、改造等内容。可作为高等职业教育数控技术应用专业、机械与自动化专业的教材，也可作为企业数控机床维修人员的培训教材以及从事数控机床维护工作的技术人员参考。

本书由天津机电职业技术学院郭士义（第一章、第二章、第四章、第五章、第六章、第七章、第九章、第十章、第十二章），江苏省无锡职教中心校蒋洪平（第三章），天津中德职业技术学院钱逸秋（第八章、第十一章）编写，郭士义主编。

本书由天津大学机械工程学院院长陈金水教授担任主审，在编写过程中还得到中国机电装备维修与改造技术协会张春源正高工的支持，编者在此表示感谢。

由于编者水平有限，书中难免出现不少不当之处甚至错误，恳请读者予以批评指正。

编　者

目 录

单元1 数控机床故障诊断与维修基础

学习目标

1. 了解数控机床故障诊断与维修工作的意义。
2. 了解数控机床的故障分类。
3. 了解故障机理分析的涵义。
4. 掌握系统方法的应用。
5. 重点掌握数控机床故障的规律。

内容提要

本单元从数控机床的应用、数控机床故障的特点、数控机床故障分类等基本问题出发，讨论故障机理和故障规律等内容，并认识系统概念及方法。这些概念和方法是做好维修岗位工作的基础，在故障诊断与维修中起到至关重要的作用，重点为掌握数控机床的故障规律。

1.1 综述

1.1.1 数控机床的应用

20世纪，制造业的机械装备应用微型电子计算机进行数字控制是重大的技术进步。数字控制技术基于计算机控制技术平台，综合了电气自动化技术、现代机械制造技术以及精密测量技术诸方面的最新成就，具有较高的科技含量和先进工艺水平。目前在全世界制造领域中，几乎所有的装备都在应用数控技术，而且仍有广泛的发展前途。

1952年美国研制出第一台数控铣床。历经半个多世纪的发展，数控机床已经形成庞大的家族，它们有：数控车床、数控铣床、数控镗床、数控钻床、数控磨床、数控齿轮加工机床和加工中心等，还有数控压力机、数控板料折弯机、数控弯管机、数控电火花切割机、数控火焰切割机、数控自动焊机以及各类专机，每年全世界数控机床的产量有几十万台。在发展过程中，不仅数控机床的系列、品种不断增加，而且其质量普遍提高，数控机床大量取代传统通用机床是必然趋势。

21世纪的科技核心是信息化。实现"数字制造"已经成为机械制造业信息化的标志，各生产企业已经普遍采用 CAD/CAM、虚拟设计与制造等先进技术手段，而作为必要的前沿装备的数控机床承担着多工序、精密、复杂的加工任务，按给定的工艺指令加工出所需几何形状的工件，自动完成大量人工操作不能实现的工作。现在数控机床不仅单机使用，还要在计算机辅助控制下集群使用，构成柔性生产线，甚至与工业机器人、立体仓库等装备组合成无人化工厂。随着现代科学技术的发展，数控机床正在实现着智能化、集成化、信息化、网络化，为"数字制造"的迅速发展起到巨大的推动作用。

数控机床应用水平是一个国家综合国力的重要标志。我国在从制造大国向制造强国转变的过程中，大力发展数控技术具有深远意义。近几年在引进、消化国外数控技术的基础上，已经生产出自主版权的数控系统和数控机床，西方禁锢中国多年的多轴联动技术也由中国人自行研制成功，从而一举打破国外的技术封锁和经济垄断，为振兴民族数控产业、增强工业现代化奠定了技术基础。随着科学技术的发展和我国综合国力的增强，一大批数控设备还要陆续装备到企业，为企业的跨越发展提供保证。

数控机床的技术先进，造价高，使用成本也高。使用数控机床的目的是为了扩大产出能力、提高产品质量，在正常情况下数控机床要创造高产值，但无论是设备自身原因造成的意外停机还是人为原因造成的事故停机，都会导致不同程度的浪费或损失。如何为这些数控装备形成维修保障能力，已成为当前亟待研究和解决的一个重要课题。

为使数控机床合理使用、高效运行，精心维护和及时修理是极为重要的，因此具有较高素质和技术能力的数控维修、管理人员是当今数控领域急需的一部分技能型紧缺人才。对于这些人员的基本要求是具有扎实的数控专业知识、较强的实践技能，上岗工作后能尽快熟练地掌握数控机床故障诊断与维修技术，并能得心应手地驾驭所负责的机床，当好数控设备的"医生"，降低故障维修时间，保证数控机床的安全、正常运行，从而真正体现数控机床生产的高效率。

1.1.2　数控机床维修工作的难点

数控机床在我国的推广应用历程中曾经出现过"操作难、维修难、管理难"问题。国家六部委联合开展的"技能型紧缺人才培养工程"，将数控技术人才培养工程作为其中之一。经过几年的努力，培养工程效果显著，随着数控技术专业的大批毕业生上岗，以及在岗工人的技术培训，企业的"操作难"问题已经大为缓解。但"维修难"与"管理难"客观上仍然存在，尤其"维修难"在某些企业仍属于瓶颈问题。数控机床维修工作的主要难点表现在以下方面。

1. 数控机床维修涉及技术门类多

数控机床维修涉及机械、电工、电子、计算机、自动控制、数字控制、工业驱动、测量、光电等多门技术，涵盖所有机电方面的新成就，而核心技术是微型计算机和微电子技术，因此要求维修工作人员的专业知识面要广，专业实践工作能力要强，素质能力要高，否则就不能胜任此项工作。

2. 数控机床电控系统与机械系统密切联系

数控机床的"电"与"机"密切联系、互相牵连，构成有机的整体。因此要求维修人员不仅熟知电控系统的方方面面，而且熟知机械系统的方方面面，单纯侧重一面不利于问题的解决。

3. 数控机床硬件技术与软件技术交融

数控系统的硬件技术与软件技术相辅相成，许多故障是由于软件问题造成的，即所谓软故障，因此要求维修工作人员对数控软件知识也要有所了解，同时具备一定的编程能力。

4. 传统维修方式难以排除数控机床故障

数控机床采用了新的维修技术和维修方式，数控系统实现了故障自检，维修性得到了明显改善，机床的可靠性普遍提高。但由于技术越复杂，排除故障越难，因此对维修保障提出了更高的要求。只靠扳手、钳子、锤子等简单的传统工具是难以排除数控机床故障的，要借助专门的仪器进行检测修理。此外，有的机床对环境要求很高，要求在恒温、恒湿、低含尘量的条件下进行修理，对使用、维修人员的技术素质和科学管理水平要求很高。

5. 数控机床广泛采用新技术，硬件更新较快

数控机床在设计制造中广泛采用了新技术、新材料、新工艺，形成了光机电一体化、电路模块化、控制计算机化、器件集成化。数控系统的硬件，如表面贴装器件、TFT液晶显示器、新型电力电子器件等广泛应用，并且这些硬件都在趋于微型化，因而一旦出现问题，维修是比较困难的，需要维修人员有较高的技术水平。

6. 数控机床的备件筹集困难

数控机床的部件生产几年就已经换代，而原来的部件在机床上还要使用，当经过一定时间而出现故障时，往往很难买到直接替换的部件。另外，企业的数控维修人员不可能像数控生产厂家那样掌握详尽的系统硬件和软件，企业也不可能拥有充足的备件，因为任何企业都不可能占用过多资金库存许多备件，这也给维修带来一定困难。

7. 数控机床数控系统种类多

数控机床的数控系统种类繁多，不同国家、不同品牌的系统各有区别，许多系统不能直接替换。有的数控系统生产厂商为保护自身的产权利益，故意使元器件标识不详，甚至将关键器件的型号处理掉，也给维修工作带来了麻烦。

8. 数控机床品种多

企业都是根据生产工艺的需要配置数控机床，不可能采购同一型号、同一系统、同一厂家的机床，有的企业甚至还出现"机床博览会"的局面，个别数控机床仅此一台，成为"独生子"，因此给保养、维修工作增加了许多特殊工作量。

9. 数控机床现场资料、图样可能不齐全

数控机床随机资料、图样可能不齐全。一方面厂商一般不提供全部详尽资料，另一方面许多用户的资料保管不善。尽管数控系统有其共性的地方，根据经验对系统进行仔细分析、判断，能解决一定问题，但遇到一些疑难问题时，如果没有详细资料、图样作参照，解决起来是很困难的。

10. 现场维修条件不具备

数控机床故障发生在生产现场，但现场维修时仪器、工具不可能齐全，往往需要临场应急处理，这也是对维修人员综合技术能力的考验。

总之，强调以上难点并不是使人畏缩不前，而是要寻求更好的解决办法。知己知彼，百战不殆。维修人员只要有针对性地学习，用好相关专业知识，勇于探索、研究与实践，化不利因素为有利因素，在生产岗位实际工作中积极做好日常维护工作和巡检，充分掌握主动，将故障控制在早期萌芽状态，及时排除、解决已经出现的故障，就能胜任数控机床维修岗位

的工作。

1.2　数控机床的故障机理

1.2.1　数控机床出现故障的必然性

数控机床是典型的机电一体化设备，自动化程度高，运行速度快，加工精度高，但是运行中难免会出现各种故障，而且有的故障诊断与维修难度系数还较大。数控机床出现故障的必然性体现在以下几个方面。

1）数控机床集成了各种现代工业技术（包括 CNC 技术、PLC 技术、精密机械技术、数字电子技术、控制系统软件、PLC 软件、加工编程软件、大功率电力电子器件应用技术、伺服驱动技术、电动机制造技术、液压与气动技术、精密测量与传感器等。其外延还包括计算机通信、系统集成、柔性制造、CAD/CAM、刀具及工装、卡具等）。技术先进必然导致技术复杂，同时也增加了故障产生的概率。

2）数控机床的零部件数量多，尤其大型数控机床有成千上万个零件，电路纵横交错，使用中无论外因还是内因，都有可能诱发故障。

3）数控机床控制系统涉及许多控制软件，无论受到干扰还是误操作，都有可能导致故障，而且故障现象还千奇百怪，也增加了故障诊断难度。

4）数控机床内部各系统的联系非常密切，某个局部的偶然失灵都可能会导致机床的工作停顿，甚至造成整台设备的停机或涉及的整条生产线停产，直接影响企业的生产率和产品质量。

故障问题是困扰许多先进设备正常工作的严重问题，数控机床也不例外。因此，在应用数控机床的同时要非常重视故障及其机理的研究，记录故障发生的现象，探索故障发生的规律，对故障特征进行分析，以便采取有效的措施降低故障发生率或尽快排除已经发生的故障。

1.2.2　故障的分类

1. 故障的概念

故障是指设备、系统、零部件在使用中丧失或降低其规定功能的事件或现象，其表现是多样的，归纳起来分为渐发性故障和突发性故障两大类。

（1）渐发性故障　渐发性故障的出现有一个发展过程，一般预先有明显的迹象。这种故障通过监控或测试可以预测，故障原因与零部件的磨损、腐蚀、疲劳、蠕变及老化、热变形等过程有密切关系。例如机床主轴轴承在使用中的逐渐磨损，随着时间的推移达到一定程度会导致加工精度不符合要求；机床经常超负荷使用而引起电动机过热烧毁。

（2）突发性故障　突发性故障事先没有明显的征兆，都是偶然发生的。这种故障是内部的不利因素以及偶然的外界影响共同作用，当作用超出故障处所能承受的限度时而形成的，如机床运行中因为润滑油管破裂而导致供油中断，或因为某项参数达到极限值而引起部件的蜕变或断裂。

2. 设备故障的分类

1）对于广义的机电设备（包括通用设备、专用设备、特种设备、非标设备）而言，其故障按性质、影响、原因等进行分类，见表1-1。

表1-1　机电设备故障的分类

	划分方式	故障类别	说　明
1	按故障性质划分	间断性故障	设备在短期内丧失某些功能，稍加修理或调试就能恢复工作，不需要更换零件
		永久性故障	设备的某些零部件已经损坏失效，必须更换或修理才能恢复使用
2	按故障影响程度划分	完全性故障	导致设备功能完全丧失
		局部性故障	导致设备某些功能的丧失
3	按故障发生原因划分	磨损性故障	设备使用中的正常磨损而造成的故障
		错误性故障	操作过程出现失误或维护不当造成的故障
		固有的薄弱性故障	设计或制造质量问题以及安装调试不合理等，使设备存在薄弱环节，在正常使用时产生的故障
4	按故障的危险性划分	安全性故障	安全保护系统在不需要动作时发生动作，导致机床不能起动的故障
		危险性故障	安全保护系统在需要动作时失去保护作用或制动系统失灵而造成的故障，造成人身伤害和设备事故
5	按故障的发生、发展规律划分	随机故障	故障发生的时间是随机的，没有规律
		有规律故障	故障的发生具有一定的规律性

2）数控机床因为控制系统的存在，其故障有一定特殊性，分类见表1-2。

表1-2　数控机床故障的分类

	划分方式	故障类别		说　明
1	按发生故障的部件分类	主机故障		机床本体与机械系统故障，主要包括机械、润滑、冷却、排屑、液压、气动与安全防护等	因机械安装、调试、操作使用不当等引起的机械传动故障及导轨运动摩擦因数过大的故障。故障表现为传动噪声大，加工精度变差，运行阻力增大，或失去某项功能，一般为随机故障
		电气故障	弱电故障	主要指CNC装置、PLC控制器、CRT显示器以及伺服单元、输入输出装置等电路故障，具体是上述各装置的印制电路板上的集成电路、分立元件、插接件以及外部连接组件等发生的故障
			强电故障	指继电器、接触器、开关、熔断器、电源变压器、电动机、电磁阀、行程开关等电器元件以及所组成的电路的故障。这部分的故障比较常见

单元1　数控机床故障诊断与维修基础

（续）

	划分方式	故障类别		说　明
2	按故障发生的原因分类	自身故障		这类故障的发生是由于数控机床自身的原因引起的，与外部使用环境和条件无关，数控机床所发生的故障大多数属于此类故障
		外部故障		这类故障是由外部原因造成的，如：供电电压过低、波动过大、相序不对或三相电压不平衡；周围环境温度过高，有害气体、潮气、粉尘侵入；外来振动和干扰，以及人为的操作不当（如进给过快造成的超行程，进给过快造成的过载）；操作人员不按时按量给机床机械传动系统加注润滑油，造成传动噪声或导轨摩擦因数过大，而使工作台进给电动机过载等。
3	按故障产生的部位分类	软件故障	系统软件故障	由于设计原因所引起，表现为故障的固有性
			应用软件故障	主要由人为操作输入错误而造成，带有一定的偶然性和随机性
		硬件故障	永久性故障	表现为固定而不能恢复的特征，又称为硬故障
			间发性故障	带有一定的随机性，可转化为硬故障
			边缘性故障	元器件老化而使边界值发生变化，可逐步转化为永久性故障
4	按故障报警显示方式分类	有报警显示的故障	硬件报警显示故障	数控系统的控制操作面板、位置控制印制电路板、伺服控制单元、主轴单元、电源单元等部位的警示灯（一般为LED发光二极管）所指示的明确故障
			软件报警显示故障	具有自诊断功能的数控系统，一旦检测到故障，即按故障的级别进行处理，同时在CRT上显示出报警号和报警信息
		无报警显示的故障		这类故障发生时无任何软件和硬件的报警显示，因此分析诊断难度较大。例如机床通电后，在手动方式或自动方式运行时某轴出现爬行，某轴时而发出异常声响，一般无故障报警显示
5	按发生的故障性质分类	规律性故障		通常是只要满足一定的条件或超过某一设定的限度，工作中的数控机床必然会发生故障。这类故障经常见的有：液压系统的压力值随着液压回路过滤器的阻塞而降到某一设定参数时，必然会发生液压系统故障报警使系统断电停机；机床加工中因切削量过大达到某一限值时必然会发生过载或超温报警，致使系统迅速停机
		偶然性故障		此类故障在各种条件相同的状态下只偶然发生一两次，因此随机性故障的原因分析和故障诊断较其他故障困难得多。这类故障的发生往往与安装质量、组件排列、参数设定元器件的质量、操作失误、维护不当以及工作环境影响等因素有关

（续）

划分方式	故障类别	说　明
6　按伺服故障分类	控制部分故障	主要是由于过载或散热不良引起的故障
	驱动电动机故障	由于设备工作环境较差，驱动电动机被污染、腐蚀、磨损或烧毁。这类故障是常见的故障，应多加留意，与此相连的检测系统也由于受污染和腐蚀，故障率也较高
7　按干扰故障分类	内部干扰故障	由于系统工艺、结构、线路设计、电源及地线处理不当或元器件性能变化引起内部相互干扰，表现为很强的偶发性和随机性
	外部干扰故障	有极强的偶发性和随机性，往往因工作现场和工作环境有大型用电设备，如附近有电焊机工作产生电弧干扰而发生的故障

1.2.3　故障机理分析

故障机理是指诱发系统、部件、零件发生故障的物理、化学、电学与机械学过程，简单地说是形成故障的原因。故障机理还可以表述为数控机床的某一故障在达到表面化之前，其内部的演变过程及其因果关系。分析故障机理时需要考察以下三个基本因素。

（1）故障对象的内因　即诱发故障的内部状态及结构作用，如部件的功能、特性、强度、内部应力、内部缺陷、设计方法、安全系数、安装条件等。

（2）故障对象的外因　即引发故障的破坏因素，如动作应力（质量、电流、电压、辐射能等），环境应力（温度、湿度、放射线、日照等），人为的失误（误操作、装配错误、调整错误等），以及时间的因素（环境随时间的变化、负荷周期、时间的推移）等故障诱因。

（3）故障产生的结果（故障机理和故障模式）　即产生的异常状态，或者说二作用一的结果。

>> **小贴士**　故障的发生受空间、时间、设备（或故障件）的内部和外界多方面因素的影响，有的是一种因素起主导作用，有的是多种因素综合起作用。为了搞清楚故障是怎样发生的，必须先搞清楚各种直接和间接引发故障产生的因素及其所起的作用。

例如，图 1-1 所示为数控机床常用的 DZ108 系列塑壳式断路器，用作小容量电动机和线路的过载及短路保护，其结构包括主触头、辅助触头、过电流整定机构及脱扣器，其中脱扣器采用了速闭、速断机构。在运行中，多种原因可能造成断路器接触功能失效，从而导致机床故障，图 1-2 以故障机理分析的形式表示了断路器接触功能失效的过程。

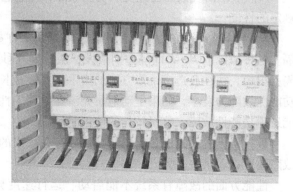

图 1-1　数控机床常用的 DZ108 系列塑壳式断路器

单元 1　数控机床故障诊断与维修基础

7

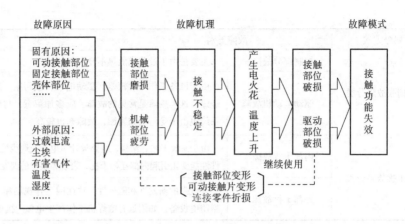

图 1-2　导致断路器接触功能失效的过程

1.2.4　数控机床的故障规律

数控机床的故障发生过程有其客观规律，熟知这些规律对于诊断与排除故障、制订维修对策、建立科学合理的维修机制都是十分必要的。

1. 数控机床的性能或状态

像很多机电设备一样，数控机床使用过程中，其性能或状态是随着使用时间的推移而逐步下降的，呈现图 1-3 所示曲线表达的规律。很多故障发生前会有一些预兆，即所谓潜在故障，其可识别的物理现象表明一种功能性故障即将发生。图 1-3 中，P 点表示性能已经恶化，并发展到可识别潜在故障的程度。例如可能是将要导致金属零件疲劳折断的一个裂纹，或可能是轴承发生故障的振动，还可能是电动机将要损坏的一个过热点，也可能是某个导轨面磨损的缺陷等。

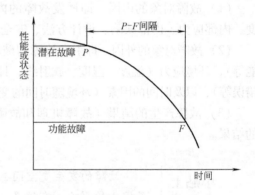

图 1-3　数控机床性能或状态曲线

F 点表示潜在故障已经变成功能故障，即它已质变到损坏的程度，表明机床丧失了某些规定的性能。

从 P 点到 F 点称为 $P-F$ 间隔，就是从潜在故障的显露到转变为功能性故障的时间间隔。各种故障的 $P-F$ 间隔差别很大，从短到几秒至长到好几年。有些突发故障的 $P-F$ 间隔就很短，往往会造成维修方面的措手不及。较长的 $P-F$ 间隔意味着有更多的时间来预防功能性故障的发生，如果主动地研究潜在故障的性能和状态特性，采取积极的预防措施，就能避免功能性故障，争得较长的使用时间。

数控机床的故障模式比较复杂，并存在很大的随机性，严格讲，性能方面或状态方面的故障还存在着某些差异。

性能方面的故障有系统不能启动、运行速度异常、某个功能失效、达不到加工精度要求等。

状态方面的故障有机床的异常振动、磨损、疲劳、裂纹、破裂、过度变形、腐蚀、剥离、渗漏、堵塞、松弛、发热、烧损、绝缘老化、异常声响、油质劣化、材质劣化、粘合、污染及其他。表1-3表明各种故障状态在数控机床故障总数中所占的大约百分比。

表1-3　各种故障状态在故障总数中所占的大约百分比

序号	故障状态		大约所占百分比（%）
1	异常振动	15.5	
2	磨损	13.3	
3	异常声响	5.7	
4	腐蚀	16.3	
5	渗漏	6.2	
6	松弛	13.3	
7	疲劳	6.9	
8	绝缘老化	1.3	
9	油质劣化	3.3	
10	材质劣化	4.2	
11	裂纹	3.5	
12	异常温度	2.8	
13	堵塞	2.3	
14	剥离	2.2	
15	其他	3.2	
	合计	100	

2. 数控机床的机械磨损

数控机床的使用过程中，运动机件相互产生摩擦，表面被刮削、研磨，加上化学物质的侵蚀，就会造成磨损。磨损大致分为以下三个阶段。

（1）初期磨损阶段　磨损多发生于新设备启用初期，主要特征是摩擦表面的凸峰、氧化皮、脱炭层很快被磨去，使摩擦表面更加贴合。这一过程时间不长，而且对机床有益，如图1-4的 Oa 段。

（2）稳定磨损阶段　由于磨合的结果，运动表面工作在抗磨层，而且相互贴合，接触面积增加，单位接触面积上的应力减小，因而磨损增加缓慢，可以持续很长时间，如图1-4的 ab 段。

（3）急剧磨损阶段　随着磨损逐渐积累，零件表面抗磨层的磨耗超过极限程度，磨损速率急剧上升。一般将正常磨损的终点作为合理磨损的极限。

根据磨损规律，数控机床的机械修理应安排在稳定磨损终点 b 为宜，这样既充分利用原零件的性能，又防止急剧磨损出现。当然修理可稍有提前，以预防急剧磨损，但不可拖后；若拖后，会使机床带病工作，势必带来更大的损坏，造成不必要的经济损失。

在正常情况下，b 点出现的时间一般为 7~10 年。

3. 数控机床的故障率曲线（也称失效率曲线或浴盆曲线）

数控机床的故障率随时间推移而变化，其规律如图1-5曲线所示，也分为三个阶段。

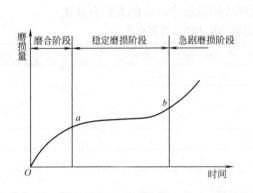

图 1-4　典型磨损过程

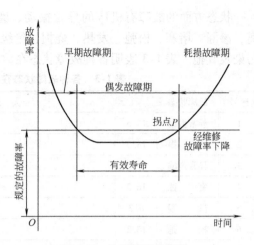

图 1-5　机床故障率曲线

（1）早期故障期　早期故障期机床故障率较高，但随时间的推移迅速下降，早期故障期对于机械产品也称磨合期。此段时间的长短随产品、系统的设计与制造质量而异，大约10 个月。此期间发生的故障主要是设计、制造上的缺陷所致，也存在使用不当的因素。

（2）偶发故障期　进入偶发故障期，机床故障率大致处于稳定状态，趋于定值。在此期间，故障的发生是偶然的，可以说是数控机床的最佳状态期或称正常工作期。这个区段在1～10 年，也称有效寿命期。

偶发故障期的故障，多数是使用不当与维护不力所造成的。通过提高设计质量，改进使用管理，加强状态监视与维护保养等工作，可使故障率降到最低点。

（3）耗损故障期　在数控机床使用的后期，故障率开始上升。这可能是机床零部件的磨损、疲劳、老化、腐蚀等造成的。如果在耗损故障期开始时（即拐点 P）进行大修，可有效地降低后期故障率，提高机床使用的经济性。

数控机床故障率曲线变化的三个阶段，真实地反映了从磨合、调试、正常工作到大修或报废的客观规律。因此，加强数控机床的日常管理与维护保养，可以延长偶发故障期，准确地找出拐点，可避免过剩修理或修理范围扩大，从而获得最佳的投资效益。

4. 数控机床的可靠性

可靠性是指产品在规定的条件下和规定的时间内完成规定功能的能力，也是衡量其品质的重要指标。

所谓规定的条件，包括使用条件、维护条件、环境条件和操作技术条件等；规定的时间可以是某个预定的时间，也可以是与时间有关的其他指标；规定功能是指产品应具有的技术指标，通常用概率表示能力，实现可靠性指标的量化。这样，数控机床的可靠性可理解为在规定的使用条件下，在规定的时间内，完成规定的加工功能时，数控机床无故障运行的概率。

数控机床经过一个阶段使用后，特别是经过维修后，衡量其可靠性的指标有如下三个：

（1）平均无故障时间 *MTBF*（Mean Time Between Failures）　指数控机床在使用中两次故障间隔的平均时间，即数控机床在寿命范围内总的工作时间之和与总故障次数之比，即

$$MTBF = \frac{总的工作时间}{总故障次数}$$

目前较好的数控机床 *MTBF* 能达到几万个小时。

（2）平均排除故障时间 *MTTR*（Mean Time To Repair） 指数控机床从出现故障开始直至排除故障，恢复正常使用的平均时间。显然，这段时间越短越好。

（3）有效度 *A* 是从可靠度和可维修度对数控机床的正常工作概率进行综合评价的尺度，即指可维修的系统在某特定的时间内维持其功能的概率

$$A = \frac{MTBF}{MTTR + MTBF}$$

显而易见，由于 *MTBF* 的存在，有效度 *A* 是小于 1 的值。

> **>> 小贴士**
>
> 提高数控机床使用的可靠性，就应该使有效度 *A* 尽可能接近 1。因此要做到以下两点：
>
> 一是做好预防性维修，重点是日常维护，以延长 *MTBF* 来提高 *A*。
>
> 二是提高故障维修效率，尽快恢复使用，以缩短 *MTTR* 来提高 *A*。

上述四个方面表明，传统的修理周期结构必须随着科技的发展及数控机床的特点进行改革。为此，必须提倡状态修理，特别是对于结构复杂的数控机床，应充分利用潜在故障已经发生并要转变成为功能性故障之前的这段时间做好状态监测，针对故障前兆实施状态修理，这样可使维修工作量和维修费用大幅度降低，实现少投入多产出的理想效果。

思考与练习

1. 什么是故障的概念？具体归纳为哪两大类？
2. 数控机床故障的划分方式有哪些？
3. 故障机理是什么？在研究故障机理时，需要考察的基本因素有哪些？
4. 试用故障机理分析某一元件故障的发生过程。
5. 为什么要对数控机床故障规律进行研究？
6. 怎样从可靠性角度认识数控机床维修工作的重要性？

1.3 建立系统概念及应用系统方法

数控机床是一个庞大的系统，涉及光、机、电及计算机多门技术领域，整个系统在运行中一旦出现故障，诊断故障从何处着眼，排除故障从何处下手，需要一些合理、有效的途径和办法。

建立系统概念及应用系统方法，就是从系统的基本原理出发，对构成系统的要素、结构、整体、外部环境、相互联系和相互作用诸方面综合地进行考察，揭示其本质和规律，以维持系统的性能达到最优状态，即为系统方法。

系统方法为现代工程技术中处理和解决系统中的有关问题提供了指导方法，在数控机床

故障诊断与维修中也是有效工具。

1.3.1 以系统观点认识数控系统

一般讲，系统是在特定的环境中，为实现某种目标，由若干基本要素以一定的方式相互联系、相互作用的有机集合，而这个集合又是它所从属的更大集合的一部分。从以下几个方面查看系统。

1. 系统的特性

（1）目的性 这是系统的一个主导因素，它决定着系统的性能指标、系统的要素组成和结构。

（2）关联性 系统的各个要素之间都存在着相互影响、相互作用、相互制约的密切关联。这种关联构成了系统的结构框架，同时也决定着整个系统的机制。

（3）整体性 由各个基本要素组成的系统是一个有机整体。在这个整体中，各子系统一方面都有自己的目标，另一方面又在为实现整体目标起着不可缺少的重要作用。

（4）结构性和层次性 任何一个系统必然被包含在一个更大的系统之中，这个更大的系统就是环境；同时这个系统本身又往往由若干小系统组成，这些小系统就是子系统，而且子系统下还可能有"孙系统"，从而形成了系统的结构性和层次性。可对各个子系统继续分解，直至分解为易于运行管理的最小系统为止。图1-6表示的是某台数控机床整体系统的层次结构。

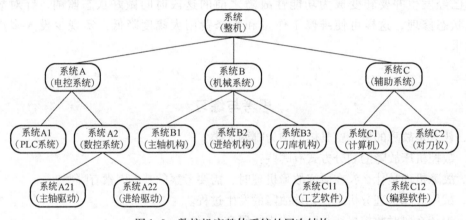

图1-6 数控机床整体系统的层次结构

例如一台加工中心，它的功能和目标是保证高速度、高品质地加工由复杂曲面构成的工件。为了实现这一目标，系统必须由相互联系、相互作用和制约的动力系统、机械系统、计算机控制系统、进给驱动控制系统、可编程序控制器系统、信息传输系统、机械手控制系统、刀具管理系统、材料与成品输送系统组成。这些子系统既有自己的功能，又要严格地服从于系统的行为，而这台加工中心可能又是柔性制造系统（Flexible Manufacture System，FMS）的成员之一，为实现更大系统的总目标与其他系统共同组成在一个统一的有机整体之中。

2. 系统的模型

根据系统的观点，一个实际系统的模型要有输入、处理、输出三部分。

模型有单输入单输出系统、多输入多输出系统之分，如图1-7所示。数控系统的子系统中这两种情况都有，如伺服电动机是典型的单输入单输出系统，而伺服驱动装置是典型的多输入多输出系统。

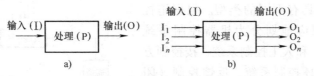

图 1-7　系统的一般模型

a) 单输入单输出系统　　b) 多输入多输出系统

3. 系统之间的接口

系统内部的子系统与子系统之间的联系称为接口。在一个系统里，不是所有的子系统之间都建立接口。一般来说系统接口越多，系统必然就越复杂。

系统中子系统之间接口的结构模型可分为三种，即串型、并型和混合型，如图 1-8 所示。数控机床内部各系统之间，这三种接口模型都存在。

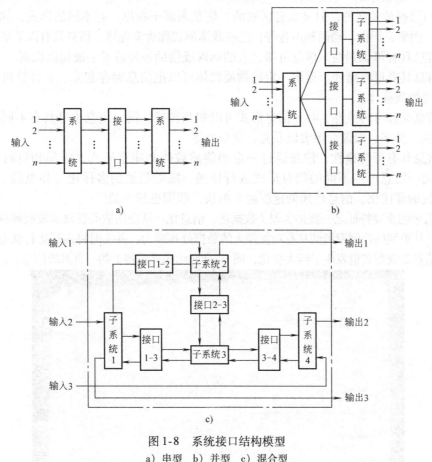

图 1-8　系统接口结构模型

a) 串型　b) 并型　c) 混合型

4. 系统的控制

系统控制就是施控系统通过信息的流动与变换，使被控系统按照给定的目标和状态运行而施加的一种作用。

任何系统的控制都包括以下几个方面：施控系统、反馈信息通道、指令信息通道、被控系统及其输入与输出，如图 1-9 所示。

系统控制方法具有不同的类型。根据施控系统的不同，可相应地划分为机器控制系统（即自动控制系统）和人工控制系统；按控制方式不同，可分为开环控制系统、反馈控制（闭环控制）系统、前馈控制系统、大系统的集中控制与分散控制、多级递阶控制等。现代数控机床主要有闭环控制系统、前馈控制系统等。

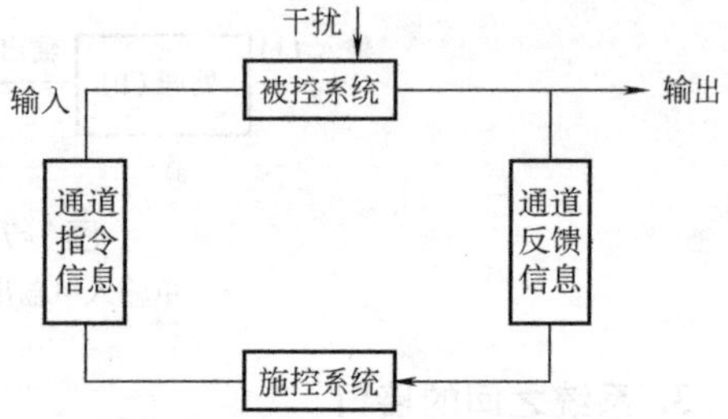

图 1-9　系统控制的示意图

1.3.2　系统信息

信息是系统的重要组成部分，是对系统的组织性、结构性、有序性程度的量度，也是将系统的内在展现出来的一种形式。

信息与数据是关联的，但又是有区别的。信息来源于数据，有不同的形式，如字符、符号、文字、图形、影像、动画和声音等，这些载体形式称为多媒体。信息具有以下基本性质。

1）信息具有可识别性。信息可通过人的感观或借助各种技术手段加以识别。

2）信息具有可存储性。运用一定的物质载体可以把信息储存起来，如计算机的存储器以及磁盘等物质载体。

3）信息具有可转换性。各种信息形式可以相互转换，同一信息也可具有不同的信息形式，如语言、文字、图像、图表以及光、电信号等。

4）信息具有可传递性。信息通过一定的物质载体和能量形式在时间和空间中进行传递，并且同一信息可用不同的信息形式进行传递。随着信道的多样化（如电缆、光缆等）与传输工具的现代化，信息传递的速度越来越快，范围也越来越广。

数控机床的重要特征之一就是实现了数据化、信息化。从使用数码管显示发展到应用高分辨率显示器，从单纯的控制发展到具有功能强大的数据处理能力，并实时将内部运行状态全部展现出来，其信息表现形式也发生了巨大变化，图 1-10 所示为显示器上的一页系统信息。

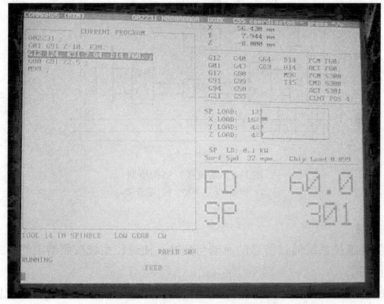

图 1-10　显示器上的一页系统信息

1.3.3 系统方法在数控机床故障诊断与维修中的应用

在接受数控机床故障维修工作任务时，面对一个个机械零件、一条条线路、一大片电子电路不能茫然，要有清晰的思路，正确选择诊断的切入点，此时最好的办法是运用系统方法，做法和步骤如下：

1）从概念上将整机分成几大系统，勾画出系统边界，如机械系统、电气系统、数控系统、检测系统、硬件系统、软件系统等，然后确定系统的层次，达到对纵向、横向脉络都很清楚的目的。

2）勾画故障相关的系统功能图，要尽量利用现有技术资料，也要参阅其他相关的技术资料和书籍。

3）根据故障现象、报警提示、外部特征、故障发生过程进行故障机理分析，初步确定故障属于哪个系统，将此系统作为下一步诊断重点，同时确定哪些系统属于关联系统。

4）排查每一单元（子系统）输入与输出的连接状况，分别测试（检查）这些输入与输出信号，确定其是否正常。

5）根据测试（检查）结果，有针对性地缩小故障查找范围。当确定故障大约出自某个单元之后，要对这个单元内部状况及工作原理进行详细分析，还可以测绘出局部电气原理图（或机械结构图）。

6）必要时要把系统分割开来，断开一个子系统的信号前后联系，另外输入相应的控制信号，以判断此单元输出是否正常，如果输出不正常则可以判定问题就在这个单元。单独供给输入控制信号时，要特别注意原来信号的性质、大小，以及不同运行状态下控制信号的状态和它的作用。

7）详细分析各单元之间的输入与输出关系，以及相互之间的控制关系。

8）对重点怀疑的单元进行单独脱机测试，即将故障单元从系统中拿出，接到另一个正常系统中试验，如利用其他相同型号的数控机床或专用测试装置进行试验，以锁定故障位置。

9）在诊断系统故障时，可运用"黑盒子"方法，即针对某个单元而言只要输入、输出正常，就先不要究其内部，应尽快查找系统中不正常的地方，顺势推进，各个击破。

10）要充分利用系统信息，包括报警号、诊断信息、PLC梯形图、系统参数、故障显示等。要清楚每个信息的含义，特别要注意某些一瞬即过的显示信息。

思考与练习

1. 什么是系统方法？
2. 系统特性具有哪些内容？举例说明。
3. 如何在数控机床中建立起系统的概念？
4. 信息的基本性质有哪些？

单元 **1** 数控机床故障诊断与维修基础

单元练习题

1. 数控机床故障的出现为什么会有必然性?
2. 机械磨损的三个阶段是什么?
3. 可靠性指标有何实际意义?
4. 举例说明系统的整体性。
5. 系统的接口形式有哪些?
6. 系统控制具有哪些特点?
7. 信息与数据是什么关系?
8. 在数控机床故障诊断与维修中如何运用系统方法?

单元2 数控机床的故障诊断技术

 学习目标

1. 了解数控机床故障诊断工作的意义。
2. 理解数控机床故障诊断技术的含义。
3. 掌握设备故障诊断技术的概念。
4. 掌握数控系统故障自诊断的规律。
5. 掌握数控系统故障诊断现场的工作方法。

 内容提要

　　数控机床运行中不可避免地会出现各种故障，关键是如何迅速进行诊断，尽快锁定故障部位，并及时排除解决，以保证正常使用，提高生产率。

　　本单元从介绍故障诊断技术的起源开始，通过对设备的故障诊断技术分析，阐述数控系统故障诊断方法，同时对现场工作方法和使用仪器进行详细介绍，以达到提高现场故障诊断、故障排除工作能力的目的。

2.1　故障诊断技术概述

2.1.1　故障诊断技术

1. 故障诊断技术的起源与发展

　　故障诊断技术是一门国内外发展迅速、用途广泛、效果良好的设备工程新技术。

　　故障诊断技术起源于军事需要，是在研究装备故障的基础上，逐步应用先进检测方法和监测手段而发展起来的技术。后来随着电子技术、光学技术、计算机数据处理技术以及可靠性技术的融入，对装备的运行状态监测更为科学，故障诊断技术更加完善。

　　近几年，故障诊断技术取得了更大的发展，并且从军用扩大到工业和民用。在现代工业生产中，机械设备运行的连续化、高速化、自动化带来了生产率的大幅度提高，然而这时设备一旦发生故障，就会造成比过去严重得多的经济损失。因此，工业领域普遍要求减少设备故障，最好能采取预测、预报的有效措施，以降低故障率。

　　故障诊断技术在现代设备的生产、调试、使用和维护中起着极为重要的作用。故障诊断技术不仅要预防故障发生，而且对于已发生的故障也能及早发现原因，以利于迅速采取修复措施。

2. 设备的故障诊断技术

设备的故障诊断技术，就是"在设备运行中或基本不拆卸全部设备的情况下，掌握设备的运行状态，判定产生故障的部位和原因，进行动态预测，预报未来状态的技术"。因此，它是防止故障发生的有效措施，也是设备维修的重要依据。

任何运行的设备都会产生机械的、温度的、声音的、电和磁的各种物理特征反应，因此根据这些特征反应可以判断设备的运行状况。如果某些反应超过原始量值范围，即初步认为该设备存在异常或故障。由于设备只有在运行中才能产生这些反应，这就是强调要在动态下进行故障诊断的重要原因。

积极推广设备故障诊断技术，有益于实现现代化设备管理，促进维修机制改革，克服维修不足及维修过剩问题，以达到设备寿命周期费用最经济和设备综合效率最高的目标。

3. 设备故障诊断技术的应用目的

设备故障诊断技术的应用目的至少包括以下几点。

1）保障设备安全，防止突发故障。

2）保证设备精度，提高产品质量。

3）实施状态维修，节约维修费用。

4）避免设备事故造成的经济损失。

5）给企业带来较大的经济效益。

2.1.2　故障诊断技术涉及的相关技术

许多新技术都是综合技术的应用，设备的故障诊断技术即是如此，同时它在发展过程中不断汲取更新的技术，使得应用效果进一步提高。目前，设备的故障诊断技术已经涉及的相关技术如下：

1. 检测技术

检测技术是根据不同的诊断目的，选择适当的技术手段，以最方便的方式对诊断对象的状态信号进行采集、测试的一项基本技术。

2. 信号处理技术

信号处理技术是从伴有环境噪声和其他干扰的综合信号中，把最能反映设备状态的特征信号提取出来的一项基本技术。

3. 模式识别技术

模式识别技术是将经过处理的状态信号的特征进行识别和判断，对是否存在故障，以及故障部位、原因和严重程度予以确定的一项基本技术。

4. 预测技术

预测技术是对未来发生或目前还不够明确的设备状态进行预估和推测，以判断故障的发展趋势，以及何时可能进入危险范围的一项基本技术。

5. 故障机理研究

故障机理研究是弄清故障的形成与发展过程，分析故障的形态特征，进一步掌握故障特征并建立故障档案的技术。

6. 控制和校正技术

控制和校正技术是对容易产生故障的过程以及已经存在的异常所采取的一系列有效措施

和手段的技术。

7. 计算机应用技术

设备诊断的大部分工作都要依靠计算机的逻辑运算、信息处理和储存等功能去实现，特别是精密诊断和专家系统，没有基于计算机技术的条件是难以完成诊断工作的。

8. 网络应用技术

利用网络应用技术可借助互联网实现足不出户的远程诊断，同时使专家技术资源得到共享。

思考与练习

1. 如何认识故障诊断技术的起源与发展过程？
2. 何谓设备的故障诊断技术？
3. 为什么要强调在动态下进行故障诊断？

2.2 数控系统的故障诊断技术

2.2.1 数控系统的自诊断功能

数控系统产品具有技术密集的特点，要迅速而准确地查明故障原因并确定故障部位，不借助诊断技术是有难度的，有时甚至是不可能的。随着微型计算机技术的不断发展，诊断技术也由简单的诊断朝着多功能的高级诊断或智能化诊断方向发展，对诊断能力的评价已是当今衡量某一个控系统性能指标的一个重要方面。

现代数控系统本身具备故障自诊断功能，能够"在系统运行中或基本不拆卸的情况下，掌握系统当前运行状态的信息，预知系统的异常和劣化的动向，或查明产生故障的部位和原因，以便采取必要的对策"。

数控系统的自诊断功能包括如下几项。

（1）动作诊断　监视机床各个动作部分，判定不良动作的部位。主要诊断部位是 ATC、APC 和机床主轴等。

（2）状态诊断　观察机床各电动机带动负载时的运行状态。主要诊断部位是主轴和进给轴。

（3）点检诊断　定时检查液压元件、气动元件和强电柜内的主要电气元件。

（4）操作诊断　监视操作方面的错误和程序错误。

2.2.2 数控系统的自诊断方法

1. 启动诊断（Start Up Diagnostics）

启动诊断是指数控系统每次从通电开始至进入正常的运行准备状态为止，系统内部诊断程序自动执行的诊断。诊断的内容为系统中最关键的硬件和系统的控制软件，如 CPU、存储器、I/O 单元等模块以及 CRT/MDI 单元，软盘驱动单元等装置或外部设备。有的数控系统启动诊断程序还能对配置进行检查，用以确定所有指定的设备、模块是否已正常地连接，甚至还能对某些重要的集成电路，如 RAM、ROM、LSI（专用大规模集成电路）是否插装到位，选择的规格型号是否正确进行诊断。只有当全部项目都确认正确无误之后，整个系统才能进入正常运行的准备状态。否则，数控系统将通过 CRT 画面或用硬件（LED 发光二极管）以报警方式指出故障信息。倘若启动诊断过程不能结束，系统就不能投入运行。

启动诊断程序在数秒钟结束，一般不会超过1min，此时系统会有显示结果，或者系统进入正常显示页面，即表示启动诊断结束。

例如，FANUC 公司的 11 系统启动诊断程序在执行时，通过系统主板上的 LED 发光二极管反映诊断情况，诊断执行过程按 9—8—7—6—5—4—3—2—1 的过程变化，启动正常结束时停在 1 的位置，CRT 同时显示画面。

这些数字变化过程反映出不同的检查内容，分别如下：

9——对 CPU 进行复位，并开始执行诊断指令。

8——进行 RAM 试验检查。如出错，则显示 b，表示 RAM 检查出错。

7——对 RAM 进行清除，即对上述试验内容清除为 0，为正常运行做好准备。

6——对 BAC（总线随机控制）芯片进行初始化。如果检查通不过，显示 A，则说明主板与 CRT 之间传输有问题。如果显示 C，则表示有不用的单元被连接，如板插错了。如果显示 F，表示 I/O 板或连接用的电缆不好。如果显示 H，表示所连的连接单元识别号不对。如果显示 c，表示光缆传输出错。如果显示 J，表示 PLC 或接口转换未输出信号。

5——对 MDI 进行检查。

4——对 CRT 进行初始化。

3——显示 CRT 初始画面（如软件系列号、版本号）。此时若显示 L，表示 PLC 未通过检查，即 PLC 控制软件有误。若显示 O，则表示系统未通过初始化，表明系统的控制软件有问题。

2——完成系统的初始化工作。

1——系统可以正常运行。如此时不是显示 1 而是 E，则表示系统出错。即系统的主板或 ROM 板上硬件有故障，或者是数控系统控制软件有故障。

当出现上述其中之一故障时，CRT 会显示相应的报警信息，但故障出现而 CRT 不能显示报警信息时，只能依据 LED 发光二极管的显示来判断。

2. 在线诊断（On Line Diagnostics）

在线诊断是指数控系统处于正常运行状态时，通过系统的内装程序，对系统本身，与数控装置相连的各个伺服驱动单元、伺服电动机、主轴伺服驱动单元和主轴电动机，以及外部设备等自动进行的诊断、检查。只要系统不停电，在线诊断就不会停止。

在线诊断的内容很丰富，一般分为自诊断功能的状态显示和故障信息显示两部分。其中自诊断功能状态显示有上千条，常以二进制的 0 或 1 来显示状态。借助状态显示可以判断出故障发生的部位，常见的有如下几种。

（1）接口显示 即通过区分故障发生在数控装置内部，还是发生在 PLC 或机床侧，了解数控装置和 PLC、数控装置和机床之间的接口状态以及数控装置内部状态，这个诊断功能能显示接口信号是接通的还是断开的。

（2）内部状态显示　它可分成以下几部分。

1）由于外因造成不执行指令的状态显示。例如：数控系统是否处于到位检查中；是否将进给速度倍率设定为0%；是否处于机床锁住状态；是否处于等待速度到达信号接通；在螺纹切削时，是否处于等待主轴1转信号；在主轴每转进给时，等待位置编码器的旋转等。

2）复位状态显示，如系统是否处于急停状态或是否处于外部复位信号接通等。

3）存储器异常状态显示。

4）位置偏差值的显示。

5）旋转变压器或感应同步器的频率检测结果显示，它可用于频率的调整。

6）伺服控制信息显示。

7）存储器内容显示等。

（3）故障信息内容　许多故障信息都以报警号和适当注释的形式在显示器上显示，内容一般有上百条，大致可分成以下几大类。

1）过热报警类。

2）系统报警类。

3）存储器报警类。

4）编程/设定类。这类故障均为操作、编程错误引起的软故障。

5）伺服类。即与伺服单元和伺服电动机有关的故障报警。

6）行程开关报警类。

7）印制电路板间的连接故障类。

上述在线诊断功能及报警信息显示，对数控系统的操作者和维修人员分析系统故障原因以及确定故障部位有直接帮助。

3. 离线诊断（Off Line Diagnostics）

当数控系统故障已显现，需要停止加工或停机检查时，就是离线诊断（或称脱机诊断）。离线诊断可以在现场进行，也可以在维修中心或数控系统制造厂进行。

1）离线诊断的主要目的是故障定位，而且力求把故障定位在尽可能小的范围内。例如缩小到某个模块，某个印制电路板或板上的某部分电路，甚至某个芯片或器件。这种更为精确的故障定位，对于彻底修复故障系统是十分必要的。数控系统离线诊断应作以下测试。

① CPU 测试。对 CPU 指令数据格式进行测试，用以检查控制程序是否工作。

② 存储器 RAM 测试。可发现读入程序是否被破坏。

③ 位置控制测试。可发现坐标位置偏离、机床无法起动等毛病。

④ I/O 接口测试。测试接口的输入、输出是否符合要求等。

2）在现场的离线诊断采用系统的自诊断功能。通过自诊断画面显示的硬件和 I/O 接口电路的状态，来判断故障所在。

3）在维修中心或数控系统制造厂的离线诊断要采用数控系统硬件测试面板、改装过的数控系统或专用测试装置进行。诊断用软件的依据是存在于数控系统中的控制软件版本，这样对于不同的系统诊断更为方便。

4. 伺服系统的诊断（Sevor Diagnostics）

伺服驱动控制系统是电子控制装置，通常要设计完备的自监测和保护电路，并具备诊断功能。

1）通常采用不同颜色的 LED 来指示故障产生的可能原因，如过热报警、过流报警、过电压报警、欠电压报警、I^2t 值监控（用于电源电路）等。

2）随着伺服技术的迅速发展和普及应用，现代数控系统中大量采用数字伺服系统，通过 LED 发光二极管显示各种故障信息，同时进行参数设置与调整。

3）新型交流数字伺服系统将诊断技术推向新阶段，如利用数控系统的 CRT 画面可直接显示出各种伺服数据项和波形，从而实现伺服系统的设定、调整以及对控制轴的闭环动态特性进行诊断。日本 FANUC 公司生产的 16、18 系统以及 0i 系统，都具备这种功能。

5. 可编程序控制器诊断（PLC Diagnostics）

目前数控系统都设计了具有监测和故障诊断作用的环节，通过 PLC 控制软件能监控每一控制动作，如果出现异常就不执行下一动作，同时巡回监测其他动作部分，发现异常立即进入报警和应急处理状态。通过 PLC 动态梯形图显示画面中信号的明暗或颜色的变化来判定数控机床故障的具体部位，取代用万用表进行测量的传统方法，是有效诊断故障的方法之一。这种方法对数控机床厂家编制有报警号的故障诊断非常有效，但要求诊断者必须理解并掌握数控机床 PLC 具体控制原理。新型数控系统的 PLC 还具有信号追踪、分析功能以及信号的强制功能，根据此项功能可以判断故障出现前后系统输入/输出信号的状态变化，诊断出信号无效是系统内部还是系统外部故障所致。

2.2.3 数控系统高级诊断

随着电子产品和微型计算机的性能价格比的提高，特别是软件技术的迅速发展，近年来，一些新的故障诊断概念和方法成功地引入数控系统，即高级诊断技术。这些高级诊断技术已经走向实用，主要有以下几种。

1. 通信诊断

通信诊断也称远距离系统诊断或"海外诊断"。德国的西门子公司率先在数控系统中采用了这种诊断功能。用户只需把数控系统中专用通信接口连接到普通电话线上，西门子公司维修中心的专用通信诊断计算机的数据电话也连接到电话线路上，然后由计算机向数控系统发送诊断程序，对测试数据进行分析并得出结论，随后再将诊断结论和处理办法通知用户。通信诊断系统除用于故障发生后的诊断外，还可为用户作定期的预防性诊断，维修人员不必亲临现场，只需按预定的时间对机床做一系列试运行检查，在维修中心分析诊断数据，以发现可能存在的故障隐患。这类数控系统必须具备远距离诊断接口及联网功能。

2. 自修复系统

所谓自修复系统就是在数控系统内设有备用模块，在数控系统的软件中装有自修复程序，该软件运行时一旦发现某个模块有故障，系统即将故障信息显示在 CRT 上，同时自动寻找是否有备用模块。如有，系统能自动使故障模块脱机而接通备用模块，从而较快地进入正常工作状态。由此可见，所谓自修复实际上是冗余概念的一种应用。这种方案非常适用于无人管理的自动化工厂或不允许长时间停止工作的重要场合。

美国的 Cincinnati Milacron 公司生产的 950 数控系统就采用了这种自修复技术，在 950 数控系统的机笼空余处插装了一块备用的 CPU 板，一旦系统中所用的 4 块 CPU 板中任何一块出现故障，均能立即用备用板替代故障板。

自修复技术需要将备板插入到机笼中的备用插槽上。从理论上讲，备用模块的品种越多越好，但这无疑增加了系统的成本，所以往往只是配备一些极其重要的或易出故障的备用板，而且要求备用板与系统其他部分的通信联系应与被替换的模板相同，所以此方案只适用于总线结构的数控系统。

3. 具有人工智能（AI）功能的专家故障诊断系统

所谓专家故障诊断系统是指这样的一种系统：

1）在处理实际问题时，本来需要由具有某个领域的专门知识的专家来解决，通过专家分析和解释数据并做出决定。为了像专家那样地解决问题，以计算机为基础的专家系统就需要力求收集足够的专家知识。

2）专家系统利用专家推理方法的计算机模型来解决问题，并且得到的结论和专家相同。因此，专家系统的重要部分是推理，这也是专家系统不同于一般的资料库系统和知识库系统的区别。在后两者的系统中，只是简单地储存答案，人们可在机器中直接搜索答案，而在专家系统中储存的不是答案，而是进行推理的能力与知识。

根据上述原理，FANUC 公司已将专家系统引入 15 系统中，用于故障的诊断。它是由知识库（Knowledge Base）、推理机（Inference Engine）和人机控制器（Man Machine Control, MMC）三部分组成的。其中，知识库存储在 15 系统的存储器中，它储存着专家们掌握的有关 CNC 的各种故障原因及处理方法。推理机具有推理的能力，能够根据知识推导出结论，而不是简单地去搜索现成的答案。因此，它所具有的推理软件能够以知识库为根据，分析、查找故障的原因。FANUC 15 系统的推理机是一种后向推理策略的高级诊断系统。所谓后向推理，是指先假设结论，然后回头检查支持结论的条件是否具备，如条件具备，则结论成立。所以它不同于先有条件、后得结果的前向推理，因此能更快地获得诊断结论。

使用时，普通操作者通过 15 系统上的 MDI/CRT 操作，只作简单的会话式问答操作，就能如同专家一样，诊断出数控系统或机床的故障。

4. 基于 Internet 的远程诊断

随着数控机床的广泛应用，用户对数控机床的要求也越来越高，不仅要求其具有高自动化的性能，同时也要求具有很高的工作可靠性、维持很高的工作效率。这些都对生产厂商提出了越来越高的要求，在保证产品质量的同时，还要求厂商提供及时有效的技术支持和完善的售后服务。为达到上述目的，生产厂商必须对其产品的工作状况了如指掌，进而对用户使用的机床存在的各方面的问题进行准确判断，及时地提出合适的处理方案。此外，还能对未发生故障的机床做出准确的预测，合理安排维修计划，减少因数控机床突发故障而引起的经济损失，提高售后服务质量。

基于 Internet 的数控机床远程状态监视与故障诊断系统的应用，使上述目的的实现成为可能。该功能既可使机床制造商受益，又可使机床制造商与用户建立起长期和密切的关系，同时为制造厂商和用户创造巨大的经济效益。

（1）远程诊断系统的主要特点

1）采用多种网络接入方式形成一个完整的企业级诊断系统，实现对远程设备的实时监控和管理，能及时、准确地掌握和控制设备的状态，为设备的安全运行提供可靠的技术保障，同时也可以形成全国范围内的诊断网络。

2）有利于实施多样化协同服务，实现企业和异地专家对设备故障进行实时会诊，提高诊断的准确性和可靠性。

3）有利于数据的积累和资源共享。远程诊断系统要求数据格式必须规范化和标准化，从而能够形成统一的数据库，实现大范围内的诊断知识与诊断数据的共享。

4）具有良好的可扩展性。借助 Internet 远程诊断系统可以灵活地扩展，可以扩大到世界范围。

（2）远程诊断可为用户带来的利益　数控机床远程诊断可以实现预知维修，及早发现故障隐患，减少机床停机时间，防止突发事故，提高生产率。当发现故障隐患无法停机时，可以指导用户控制机床加工，把损失降到最低。把机床制造厂的专用知识传递给机床操作人员和维修人员，使机床利用率最高。合理预测机床寿命，使机床在保质、保产情况下超期服役。

（3）远程诊断可为机床制造商带来的利益　通过对机床使用情况进行质量跟踪，可以不断提高机床质量，同时也对机床制造商的设备进行状态管理，实现事后维修、计划维修和预知维修的有机融合。而且在设备寿命周期内如果需要服务，还可以减少服务人员和费用。

（4）远程状态监测与故障诊断系统的组成　将嵌入式网络数据采集器安放在机床现场，传感器测得的模拟信号接入数据采集器中，经信号调理、A－D 转换，由 Modem 经 Internet 将采集的数据传至数控机床制造商远程诊断中心，实现连续实时地采集设备状态数据，然后对数据进行处理而得到诊断结果。同时，远程的服务中心从网上直接获取目前各监测点的设备状态信号和历史数据，从而形成一个完整的监测系统，实现远程对用户机床故障的早期诊断和及时维修，达到安全、高效生产的目的。

思考与练习

1. 数控系统的高级诊断有哪几种？
2. 何谓具有人工智能（AI）功能的专家故障诊断系统？
3. 远程诊断系统的主要特点是什么？

2.3　数控机床现场故障诊断

2.3.1　调查故障的常规方法

>> **小贴士**　数控机床现场故障诊断过程如同医生对病人问诊、查看、号脉及用听诊器检查一样。

数控机床种类颇多，发生故障的原因往往也比较复杂，各不相同。调查故障通常按以下步骤进行。

1. 调查故障现场，充分掌握故障信息

数控系统出现故障后，不要急于动手处理，首先要查看故障记录，向操作人员询问故障出现的全过程。在确认通电对机床无危险的情况下再通电观察，特别要注意确定以下主要故障信息：

1）故障发生时报警号和报警提示是什么，哪些指示灯和 LED 发光二极管指示了什么报警。

2）如果没有报警，系统处于何种工作状态，系统的工作方式及诊断结果（诊断内容）是什么。

3）故障发生在哪个程序段，执行何种指令，故障发生前进行了何种操作。

4）故障发生在何种运行速度下，进给轴处于什么位置，与指令值的误差量有多大。

5）以前是否发生过类似故障，现场有无异常现象，故障是否重复发生。

2. 分析故障原因，确定检查的方法和步骤

在调查故障现象、掌握第一手材料的基础上再分析故障的起因。故障分析可采用归纳法和演绎法。

1）归纳法是从故障原因出发摸索其功能联系，调查原因对结果的影响，即根据可能产生该种故障的原因分析，看其最后是否与故障现象相符来确定故障点。

2）演绎法是从所发生的故障现象出发，对故障原因进行分割式的分析方法。即从故障现象开始，根据故障机理，列出多种可能产生该故障的原因，然后对这些原因逐点进行分析，排除非故障的原因，最后确定故障点。

3）分析故障原因时应注意以下几点：

① 要充分调查故障现场，尽量多掌握第一手材料。

② 要准确地列出故障问题，全面地列出可能引发故障的原因。

③ 要开阔思路，对数控系统、电气系统、机械系统即所谓光、机、电、液、气等进行综合判断。

④ 在深入分析故障现象的基础上，筛选和判断故障原因并拟订排除故障的方法、内容和步骤。

2.3.2 数控系统故障的诊断和排除

在故障诊断过程中，应充分利用数控系统的自诊断功能，如系统的启动诊断、运行诊断、PLC 的监控功能等，根据需要随时检测有关部分的工作状态和接口信息，同时还应灵活应用数控系统故障检查的一些行之有效的方法，如交换法、隔离法等。

在诊断故障过程中还应掌握以下原则。

1. 先外部后内部

数控机床是机械、液压、电气一体化的机床，其故障的特征必然要从机械、液压、电气这三者综合反映出来。当数控机床发生故障后，维修人员应先采用望、闻、听、问等方法，由外向内逐一进行检查。例如数控机床的行程开关、按钮开关、液压气动元件以及印制电路板插头插座、边缘接插件与外部或相互之间的连接部位、电控柜插座或端子排等机电设备之间的连接部位，因其接触不良造成信号传递失灵，是产生数控机床故障的重要因素。此外，由于工业环境中温度、湿度变化较大，油污或粉尘对元件及电路板的污染、机械的振动等，对信号传送通道的接插件都将产生严重影响。在检修中要注意这些因素，首先检查这些部位，就可以迅速排除较多的故障。另外，尽量避免随意地启封、拆卸，盲目的大拆大卸往往会扩大故障，使设备大伤元气，丧失精度，降低性能。

2. 先机械后电气

由于数控机床是一种自动化程度高、技术复杂的先进机械加工设备，机械故障一般较易察觉，而数控系统故障的诊断难度要大些。先机械后电气就是首先检查机械部分是否正常，如导轨运行是否灵活，气动、液压部分是否存在阻塞现象等。因为数控机床的故障中有很大部分是由机械动作失灵引起的，所以在故障检修之前，首先排除机械性的故障，往往可以达到事半功倍的效果。

3. 先静后动

维修人员本身要做到先静后动，不可盲目动手，应先询问机床操作人员故障发生的过程及状态，阅读机床说明书、图样资料后，方可动手查找处理故障。其次，对有故障的机床也要本着先静后动的原则，先在机床断电的静止状态，通过观察测试、分析，确认为非恶性循环性故障或非破坏性故障后，方可给机床通电，在运行工况下进行动态的观察、检验和测试，查找故障。对于恶性的破坏性故障，必须先行处理排除危险后，方可通电，在运行工况下进行动态诊断。

4. 先公用后专用

公用性的问题往往影响全局，而专用性的问题只影响局部。例如机床的几个进给轴都不能运动，这时应先检查和排除各轴公用的 CNC、PLC、电源、液压等公用部分的故障，然后再设法排除轴的局部问题。又如电网或主电源故障是全局性的，因此一般应首先检查电源部分，看看断路器或熔断器是否正常，直流电压输出是否正常。总之，只有先解决影响一大片的主要矛盾，局部的、次要的矛盾才有可能迎刃而解。

5. 先简单后复杂

当出现多种故障互相交织掩盖、一时无从下手的情况时，应先解决容易的问题，后解决较难的问题。常常在解决简单故障的过程中，难度大的问题也可能变得容易，或者在排除容易故障时受到启发，对复杂故障的认识更为清晰，从而也有了解决办法。

6. 先一般后特殊

在排除某一故障时，要先考虑最常见的可能原因，然后再分析很少发生的特殊原因。例如数控车床坐标轴回零不准常常是由于减速挡块位置移动造成的，一旦出现这一故障，应先检查该挡块位置，在排除这一常见的可能性之后，再检查脉冲编码器、位置控制等环节。

2.3.3 故障诊断使用的仪器

数控机床故障诊断使用的仪器及其主要诊断功能与作用如下。

1. 测振仪诊断

测振仪是振动检测中最常用、最基本的仪器，它将测振传感器输出的微弱信号放大、变换、积分、检波后，在仪表或显示屏上直接显示被测设备的振动值大小。为了适应现场测试的要求，测振仪一般都做成便携式。图 2-1 所示为 Fluke 810 振动诊断仪。

测振仪用来测量数控机床主轴的运行情况、电动机的运行情况，甚至整机的运行情况。可根据所需测定的参数、振动频率和动态范围、传感器的安装条件、机床的轴承形式（滚动轴承或滑动轴承）等因素，分别选用不同类型的传感器，如涡流式位移传感器、磁电式速度传感器和压电加速度传感器等。

目前常用的测振仪有美国本特利公司的 TK－81 型、德国申克公司的 VIBROMETER－20 型、日本 RION 公司的 VM－63 型以及一些国产的仪器。

测振判断的标准分绝对判断标准和相对判断标准。一般情况下在现场最便于使用的是绝对判断标准，它是针对各种典型对象制定的，如国际通用标准 ISO2372 和 ISO3945。

相对判断标准适用于同台设备。当振动值的变化达到 4dB 时，即可认为设备状态已经发生变化。所以，对于低频振动，通常实测值达到原始值的 1.5～2 倍时为注意区，约 4 倍时为异常区；对于高频振动，将原始值的 3 倍定为注意区，约 6 倍时为异常区。实践表明，评价机器状态比较准确可靠的办法是用相对标准。

2. 红外测温仪诊断

红外测温是利用红外辐射原理，将对物体表面温度的测量转换成对其辐射功率的测量，采用红外探测器和相应的光学系统接收被测物不可见的红外辐射能量，并将其变成便于检测的其他能量形式予以显示和记录。图 2-2 所示为 VT04 可视红外测温仪。

按红外辐射的不同响应形式，分为光电探测器和热敏探测器两类。红外测温仪主要用于检测数控机床上容易发热的部件，如功率模块、导线接点、主轴轴承等，主要有中国昆明物理研究所的 HCW 系列，中国西北光学仪器厂的 HCW－1、HCW－2 型，深圳江洋光公司的 IR 系列，美国 LAND 公司的 CYCLOPS、SOLD 型。

利用红外原理测温的仪器还有红外热电视、光机扫描热像仪以及焦平面热像仪等。红外诊断的判定主要有温度判断法、同类比较法、档案分析法、相对温差法及热像异常法。

图 2-1　Fluke810 振动诊断仪

图 2-2　VT04 可视红外测温仪

3. 示波器诊断

数控系统维修通常用频带宽度为 10～100MHz 范围内的双通道示波器（图 2-3）。它不仅可以测量电平、脉冲上下沿、脉宽、周期、频率等参数，还可以进行两信号的相位和电平幅度的比较，常用来观察开关电源的振荡波形，直流电源或测速发电机输出的纹形，伺服系统的超调、振荡波形，光电编码器的输出波形，还可检查 CRT 电路垂直、水平振荡和扫描波形，视频放大电路的信号等。

4. PLC 编程器诊断

不少数控系统的 PLC 控制器必须使用专用的编程器才能对其进行编程、调试、监控和检查。这类编程器型号不少，如 SIEMENS 公司的 S7、S5，OMRON 公司的 PRO - 13 ~ PRO - 27 等。这些编程器可以对 PLC 程序进行编辑和修改，监视输入和输出状态及定时器、移位寄存器的变化值，在运行状态下修改定时器和计数器的设置值，可强制内部输出，对定时器、计数器和移位寄存器进行置位和复位等。带有图形功能的编程器还可显示 PLC 梯形图，图 2-4 所示为 MITSUBISHI FX - 20P PLC 编程器。

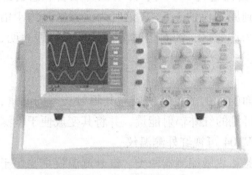

图 2-3 双通道示波器

图 2-4 MITSUBISHI FX - 20P PLC 编程器

5. IC 测试仪诊断

这类测试仪可离线快速测试集成电路的优劣，是数控系统进行片级维修时必需的仪器。它按测试的常用中、小规模数字电路、大规模数字电路和模拟电路分类，如图 2-5 所示。国内常用的有台湾河洛公司的 PRUFER - 20 型手持式常用数字芯片测试仪，它可测试 TTL74、CMOS40，CMOS45、DRAM41、DRAM44 等系列且引脚在 20 个以内的数字集成电路。

英国 ABI 电子公司的 PT3000 型手持式 40 脚数字芯片测试仪，除可测试上述常用系列芯片外，还可测试 PROM、EPROM、DRAM、SRAM 多种存储器芯片，以及测试 TTL75、ULNZ、8Z、DS88、Z80、8T、MC68、86/82 等系列外围接口和微处理器芯片。

PT3200 型模拟芯片测试仪是 ABI 公司的另一种产品，可测试各种运放、比较器、光耦、模拟多路开关、转换阵列、D - A 转换器、A - D 转换器、基准源、电压调节器以及一些特殊电路。

上述两种 PT 型 IC 测试仪，体积和一般数字式万用表差不多，还可使用机内电池，使用十分方便，可测试数控系统维修中所遇到的大多数集成电路，对维修人员十分有用，但价格比较昂贵。

台湾河洛公司的 ALL - 03 或 ALL - 07 型通用编程器也是维修人员所常用的测试、编程仪器，它需要与通用计算机连接，可对各种 EPROM、E^2PROM 及 PAL 等可编程逻辑芯片烧制程序，也可测试 TTL、CMOS 等通用系列芯片。

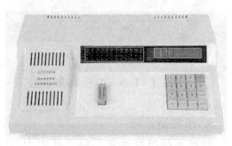

图 2-5 IC 测试仪

6. IC 在线测试仪诊断

这是一种使用通用微型计算机技术的新型数字集成电路在线测试仪器。它的主要特点是能够对焊接在电路板上的集成电路直接进行功能、状态和外特性测试，确认其逻辑功能是否失效。它所针对的是每个器件的型号以及该型号器件应具备的全部逻辑功能，而不管这个器件应用在何种电路中。因此它可以检查各种电路板，而且无需图样资料或了解其工作原理，为缺乏图样而使维修工作无从下手的数控维修人员提供一种有效的手段，目前在国内的应用日益广泛，如图2-6所示。

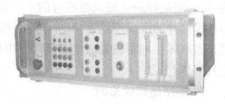

图2-6　IC在线测试仪

常用的维修用在线测试仪原理有两种：一种是使用反驱动原理，即在被测集成电路的输入脚上强行瞬时注入强大的电流，使被测集成电路处于规定的工作状态，采集集成电路输出电平，与存储于计算机测试程序中的正常电平相比较，从而确定被测集成电路的性能是否正常。反驱动作用的时间较短，一般限制在25ms以内，故不会对器件产生不利的影响。采用这一原理的在线测试仪有美国SHLUMBERGER公司生产的S635、国产的超能TL4040等。其中，S635有智能驱动功能，可以根据被测集成电路的性能自动控制反驱动电流强度，在微机中存有三千多种集成电路的测试程序，是一种功能较强的通用在线测试仪。另一种是采用符合比较的原理，用电子开关切换、比较被测集成电路和标准集成电路的输出状态，用符合逻辑判断被测集成电路的优劣。标准集成电路实质就是与被测集成电路同型号的好的集成电路，通过专用测试装置与被测集成电路处于并联状态。采用这一原理的在线测试仪有美国FLUKE公司的900在线测试仪等。另外还有采用针床法和探针法的在线测试仪，它们都必须要有线路图，并预知各测试点的波形，预先做大量工作，编好专用的测试诊断程序，故只适用于批量生产使用。

目前国内使用较多的IC在线测试仪，进口的有新加坡的创能BW4040EX，国产的有北京天龙电子工程公司的超能TL4040，两者性能接近，都具有以下主要测试功能。

1）常用中小规模数字电路在线功能测试。也称ICFT测试，可测试TTL74/75、CMOS4000、DRAM/SRAM等电路，是在线测试的主要功能。

2）集成电路引出脚状态及连接情况测试。可自动测出地线脚、Vcc浮空脚及相连脚，并可存盘记录。当芯片损坏后，相应管脚状态往往会发生变化，如击穿造成信号脚与电源短路而使引脚连线关系发生变化，因此只要和原先正常时所存的记录相比较，就会发现故障所在。当在线功能测试隔离失效时，这种测试可进一步提高查找故障的准确率。

3）VI特性测试。由测试仪产生一个扫描电压，加到被测的电路引出脚（或电路焊接点）上，同时记录其电流变化，从而获得被测点的动态响应阻抗曲线。通常电路的损坏90%都是端口损坏，端口一旦损坏必须改变它的VI曲线，因此只要和正常时所存的VI特性记录相比较，就可找出故障。这种测试对任何电路及分离元件都是有效的，特别是对模拟器件来说，损坏后往往造成端口特性阻抗发生明显变化，因此更容易判别器件的好坏。

4）LSI分析测试。它指的是40脚以下、双列直插式封装的大规模集成电路如8255、8031、Z80等芯片的分析测试。由于LSI电路功能十分复杂，又有多种使用方式，因此采用专用语言来描述其功能，并分成许多子测试，每个子测试只测一项功能。在测试前必须先用一块好的电路板对LSI电路进行学习测试。

目前，上述在线测试系统还不能保证被测电路在任何情况下与相连的电路都隔离成功，如74373、244、245等总线电路，由于其输出挂在总线上，存在着总线竞争，还有板上振荡电路影响、异步连接等，造成在线测试的测量结果不是100%正确。通常，经在线测试通过

单元**2**　数控机床的故障诊断技术

的 IC 一定是好的，测试通不过的不一定是坏的。经验表明，采用在线功能测试确定坏的中小规模芯片的准确率约为 70%。对一些在线测试失败的电路，还需要做进一步检查，确定其是否真坏，如将该集成电路从印制电路板上拆下，再用在线测试仪进行离线测试，最终确定其好坏。

7. 短路追踪仪诊断

短路是电气维修中经常碰到的故障现象，如果使用万用表寻找短路点往往很艰难。例如电路中某个元器件击穿短路，由于在两条连线之间可能并接有多个元器件，用万用表测量出哪一个元器件短路比较困难。再如对于变压器绕组局部轻微短路的故障，一般万用表测量也无能为力。而采用短路故障追踪仪可以快速地找出印制电路板上的任何短路点，如焊锡短路、总线短路、电源短路、多层线路板短路、集成电路及电解电容内部短路、非完全短路等，如图 2-7 所示。

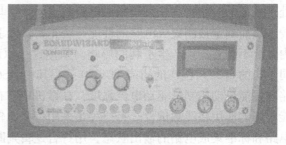

图 2-7　短路追踪仪

创能 CB－2000 型短路追踪仪是比较常见的一种，它采用微电阻测量、微电压测量和电流流向追踪三种方式寻找短路点。三种方式可单独使用，也可以互相验证，共同确定一个短路点。

8. 逻辑分析仪诊断

逻辑分析仪是专门用于测量和显示多路数字信号的测试仪器，通常分 8、16、64 个通道，即可同时显示 8 个、16 个或 64 个逻辑方波信号。与显示连续波形的通用示波器不同，逻辑分析仪显示各被测点的逻辑电平、二进制编码或存储器的内容，通过仿真头可仿真多种常用的 CPU 系统，进行数据、地址、状态值的预置或跟踪检查，如图 2-8 所示。

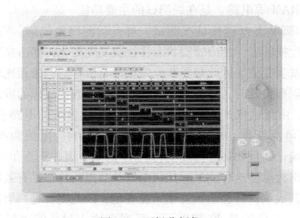

图 2-8　逻辑分析仪

在维修时，逻辑分析仪可检查数字电路的逻辑关系是否正常，时序电路的各点信号的时序关系是否正确，信号传输中是否有竞争、毛刺和干扰。另外，可通过测试软件的支持，对电路板输入给定的数据，同时跟踪测试其输出信息，显示和记录瞬间产生的错误信号，找到故障所在。

逻辑分析仪有多种型号，常见的有 BA－1610、BA－1605、CA1110 型等，采用 16 个通道，频率范围为 50MHz 或 100MHz。

以上八种测量仪表、仪器，有些是数控机床故障诊断与维修常用的，有些则是维修单位在板级维修的基础上提高到片级维修必备的。由于数控系统印制电路板价格昂贵，从国外购置或向国外送修又十分不便，一些大的维修单位常配置这类仪器进行元器件级的修理。

思考与练习

1. 数控机床现场调查故障通常先按哪两个步骤进行？具体内容是什么？
2. 在诊断、排除数控系统故障的过程中应掌握哪些原则？
3. 概述数控机床故障诊断使用的仪器和主要功能与作用。

单元练习题

1. 故障诊断技术的含义是什么？
2. 简述故障诊断的基本技术。
3. 示波器的作用是什么？
4. IC 测试仪与 IC 在线测试仪的区别是什么？
5. 什么是数控系统自诊断？
6. 数控系统如何进行启动诊断？
7. 数控系统高级诊断有哪几种？
8. 数控机床故障诊断使用的仪器有哪几种？

单元3　数控机床机械系统故障的维修

 学习目标

1. 了解数控机床机械系统维修的意义。
2. 理解数控机床机械系统的特点。
3. 掌握对机床运行状态的监视、识别和预测概念。
4. 掌握数控机床机械系统故障的诊断方法。
5. 掌握数控机床机械部件故障的维修方法。

 内容提要

　　数控机床是典型的机电一体化产品。与普通机床相比，数控机床的机械结构更简化，但功能和性能却提高了很多。数控机床机械故障的维修工作主要是主轴部件的维修、进给传动部件的维修和辅助装置的维修三个方面。数控机床机械故障和数控系统故障有一定的内在联系，熟悉机械部件的维护要求、故障诊断及排除方法或手段，对数控机床的维修是很有帮助的。

　　本单元主要内容是数控机床机械系统的维修，涉及机械、液压、气动等相关技术和知识。

3.1　数控机床机械系统

3.1.1　数控机床对机械系统的要求

　　现代数控机床为达到高精度、高效率、高自动化程度，机械系统应满足以下要求。

1. 高刚度

　　数控机床有时要在高速或重载下工作，因此机床的床身、主轴、立柱、工作台和刀架等主要部件均需要具有很高的刚度，以使工作中无变形、无振动。例如：床身应合理布置加强肋，以利于承受重载与重切削力；工作台与滑板具有足够的刚度，以利于承受工件重量；主轴在高速转动，应能承受大的径向转矩和轴向推力；立柱在床身上移动，应能承受大的切削力；刀架在切削加工中应十分平稳且无振动。

2. 高灵敏性

数控机床工作时，主轴既要在高刚度和高速下回转，又要有高灵敏度，故多采用滚动轴承或静压轴承。进给运动部件不仅精度要求比通用机床高，同样也要求有较高的灵敏度，因此工作台的移动由直流或交流伺服电动机驱动，经滚珠丝杠或静压丝杠传动。导轨部件通常用贴塑导轨、静压导轨和滚动导轨等，以减少摩擦力，保证低速运动时无爬行现象。

3. 高抗振性

数控机床的运动部件，除了应具有高刚度、高灵敏度外，还应具有高抗振性，在高速重载下应无振动，以保证加工工件的高精度和高表面质量。

4. 热变形小

数控机床的主轴、工作台、刀架等运动部件，在运动中会产生热量。为保证部件的运动精度，要求各运动部件的发热量少，以防产生热变形。因此立柱一般采用双壁框式结构，在提高刚度的同时，使零件结构对称，防止因热变形而产生倾斜偏移。为使主轴在高速运动中产生的热量少，通常要用恒温冷却装置。为减少电动机运转发热的影响，在电动机上要安装散热装置。

5. 高精度保持性

为了保证数控机床长期具有稳定的加工精度，要求数控机床具有很高的精度保持性。除了各有关零件应正确选材外，还要求采取一些工艺措施，如导轨淬火和磨削、粘贴耐磨塑料等，以提高运动部件的耐磨性，从而达到较高的精度保持性能。

6. 高可靠性

数控机床在自动方式下工作时，尤其是柔性制造系统中的数控机床，长期运转中无人看管，因此要求机床具有高的可靠性。不仅一些运动部件和电气、液压系统保证稳定工作，而且动作频繁的刀库、换刀机构、工作台交换装置等部件，也必须保证长期可靠地工作。

3.1.2 数控机床机械系统的结构

数控机床技术发展迅速，其机械结构已从初期对通用机床局部结构的改进，逐步发展到形成独特的机械结构。

数控机床的机械结构主要由下列各部分组成。

1）机床的基础件，又称为机床大件，通常是指床身、立柱、横梁、滑座和工作台等。

2）主运动传动系统。

3）进给运动传动系统。

4）实现主轴回转和定向的装置。

5）实现某些部件动作和辅助功能的系统和装置，如液压、气动、润滑、冷却、排屑、防护等。

6）刀架或自动换刀装置（ATC）。

7）工作台交换装置（APC）。

8）特殊功能装置，如刀具破损监控装置。

现代数控机床机械结构的发展趋势是：基础件模块化、集成化、机电一体化；主运动传动系统采用电气调速甚至电主轴；进给运动传动系统采用功能部件、无齿轮传动、伺服电动机与丝杠直连等。

图 3-1 所示为 XH715 型立式加工中心的典型结构。

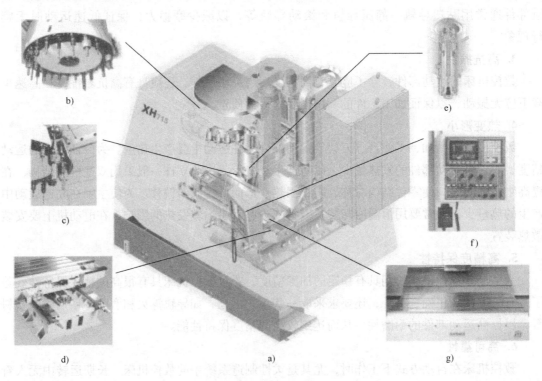

图 3-1　XH715 型立式加工中心的典型结构
a）机床整体　b）刀库　c）自动换刀装置　d）导轨副　e）电主轴　f）数控面板　g）工作台

3.1.3　数控机床机械系统故障的诊断方法

数控机床运行过程中，机械零部件受到冲击、磨损、高温、腐蚀等多种应力的作用，运行状态不断变化，一旦发生故障，往往会导致不良后果。因此，必须在机床运行过程中或不拆卸全部结构的情况下，对机床的运行状态进行定量测定，判断机床的异常及故障的部位和原因，并预测机床未来的状态，从而提高机床运行的可靠性，提高机床的利用率。

>> 小贴士

　　数控机床机械系统故障诊断包括对机床运行状态的监视、识别和预测三方面内容。

　　通过对振动、温度、噪声等进行测定分析，将测定结果与规定值进行比较，以判断机械装置的工作状态是否正常。当然，要做到这一点，需要具备丰富的经验和必要的测试设备。

数控机床机械系统故障的诊断方法分为简易诊断法和精密诊断法两种。

1. 简易诊断法

简易诊断法也称机械检测法，是由维修人员使用一般的检查工具并通过问、看、听、摸、嗅等方式对机床进行故障诊断。简易诊断法能快速测定故障部位，监测劣化趋势，以选择对哪些疑难问题进行精密诊断。

2. 精密诊断法

精密诊断法是根据简易诊断法选择出的疑难问题，由专职人员利用先进测试手段进行精确的定量检测与分析，根据故障位置、原因和数据，确定应采取的最合适的修理方法和时间。

一般情况都采用简易诊断法诊断机床故障的初始状态，只有对那些在简易诊断中提出的疑难问题才进行精密诊断，这样两种诊断技术的使用才最经济有效。

数控机床机械系统故障的诊断方法见表3-1。

表3-1 数控机床机械系统故障的诊断方法

类型	诊断方式	原理及特征	应用
简易诊断法	听、摸、看、问、嗅	借用简单工具、仪器，如百分表、水准仪、光学仪等进行检测。通过工作人员的感官，直接观察形貌、声音、温度、颜色和气味的变化，根据经验来诊断	需要有丰富的实践经验，目前被广泛采用于现场诊断
精密诊断法	温度监测	接触型：采用温度计、热电偶、测量贴片、热敏涂料等直接接触轴承、电动机、齿轮箱等装置的表面进行测量 非接触型：采用先进的红外测温仪、红外热像仪、红外扫描仪等遥测不宜接近的物体	用于机床运行中发热异常的检测具有快速、准确、方便的特点
	振动测试	通过安装在机床上某些特征点的传感器，利用振动计巡回检测，测量机床上特定测量处的总振级大小，如位移、速度、加速度和幅频特征等，对故障进行预测和监测	振动和噪声是应用最多的诊断信息。首先是强度测定，确认有异常时，再做定量分析
	噪声监测	采用噪声测量计、声波计对机床齿轮、轴承在运行中的噪声信号频谱的变化规律进行深入分析，识别和判断齿轮、轴承的磨损失效故障状态	
	油液分析	采用原子吸收光谱仪，对进入润滑油或液压油中的各种金属微粒和外来杂质等残余物的形状、大小、成分、浓度进行分析，判断磨损状态、严重程度和故障机理，有效掌握零件磨损情况	用于测量零件磨损
	裂纹监测	采用磁性检测法、超声波法、电阻法、声发射法等观察零件内部机体的裂纹缺陷	疲劳裂纹可导致重大事故，测量不同性质材料的裂纹应采用不同的方法

思考与练习

1. 数控机床机械系统结构由哪些部分组成？
2. 为什么数控机床机械结构要有高刚度？
3. 为什么数控机床机械结构要有高灵敏度？
4. 什么是简易诊断法？
5. 什么是精密诊断法？
6. 如何运用简易诊断法和精密诊断法？

3.2 数控机床机械部件故障的维修

3.2.1 主轴部件故障的维修

数控机床主轴箱、主轴部件、主轴调速电动机是主运动系统。

主轴部件在主轴箱内，由主轴、主轴轴承、工件或刀具自动松夹机构等组成，对于加工中心还有主轴定向准停机构。

数控机床主轴部件是影响机床加工效果的关键部件，主轴的回转精度直接影响工件的加工精度，而功率大小与回转速度则影响加工效率；主轴自动变速、准停和换刀等功能影响机床的自动化程度。因此，主轴部件必须具有与机床工作性能相适应的高回转精度、高刚度、高抗振性、高耐磨性和较低的温升，同时在结构设计上必须解决好刀具和工件的装夹、轴承的配置、轴承间隙调整、轴承的润滑和密封等问题。

1. 主轴轴承润滑

为了保证主轴有良好的润滑，减少摩擦发热，同时又能把主轴组件的热量带走，通常采用循环式润滑系统。一般采用液压泵强力供润滑油，或在油箱中使用油温控制器控制油液温度。近年来有些数控机床主轴轴承润滑采用高级油脂封放方式，每加一次油脂可以使用 7 ~ 10 年，从而简化了结构，降低了成本，而且维护简单。但为了防止润滑油和油脂混合，通常用迷宫式密封方式。

为满足主轴转速更高速化发展的需要，新的润滑冷却方式相继得到应用，如油气润滑和喷注润滑，这些新型润滑冷却方式不仅能减少轴承温升，还能减少轴承内外圈的温差，以保证主轴热变形极小。

2. 主轴密封

主轴密封件中，被密封的介质往往会以穿漏、渗透或扩散的形式越界泄漏到密封连接处的另外一侧。造成泄漏的基本原因是流体从密封面上的间隙溢出，或由于密封件内外两侧介质的压力差或浓度差，导致流体向压力或浓度低的一侧流动。

图 3-2 所示为卧式加工中心主轴前支承的密封结构，采用的是双层小间隙密封装置。主轴前端车出两组锯齿形护油槽，在法兰盘 4 和 5 上开沟槽及泄漏孔，喷入轴承 2 内的油液流

出后被法兰盘 4 内壁挡住，并经过下面的泄油孔 9 和套筒 3 上的回油斜孔 8 流回油箱。少量油液沿主轴 6 流出时，在主轴护油槽离心力的作用下被甩至法兰盘 4 的沟槽内，经回油斜孔 8 重新流回油箱，达到了防止润滑油液泄漏的目的。

当外部切削液、切屑及灰尘等沿主轴 6 与法兰盘 5 之间的间隙进入时，经法兰盘 5 的沟槽由泄漏孔 7 排出，少量的切削液、切屑及灰尘进入主轴前锯齿沟槽，在主轴 6 高速旋转的离心力作用下仍被甩至法兰盘 5 的沟槽内由泄漏孔 7 排出，达到主轴端部密封的目的。

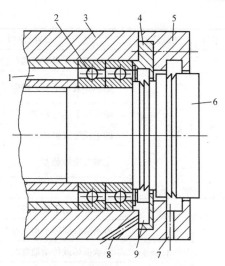

图 3-2 主轴前支承的密封结构
1—进油口 2—轴承 3—套筒 4、5—法兰盘
6—主轴 7—泄漏孔 8—回油斜孔 9—泄油孔

3. 主轴间隙密封结构的调整

要使间隙密封结构能在一定的压力和温度范围内具有良好的密封防漏性能，必须保证法兰盘 4 和 5 与主轴及轴承端面的配合间隙。

1）法兰盘 4 与主轴 6 的配合间隙应控制在 0.1 ~ 0.2mm（单边）范围内。如果间隙偏大，则泄漏量将按间隙的 3 次方扩大；若间隙过小，由于加工及安装误差，容易与主轴局部接触，使主轴局部升温并产生噪声。

2）法兰盘 4 内端面与轴承端面的间隙应控制在 0.15 ~ 0.3mm 范围内。小间隙可使压力油直接被挡住并沿法兰盘 4 内端面下部的泄油孔 9 经回油斜孔 8 流回油箱。

3）法兰盘 5 与主轴的配合间隙应控制在 0.15 ~ 0.25mm（单边）范围内。间隙太大，进入主轴 6 内的切削液及杂物会显著增多；间隙太小，则易与主轴接触。法兰盘 5 沟槽深度应大于 10mm（单边），泄漏孔 7 的直径应大于 $\phi 6mm$，并位于主轴下端靠近沟槽内壁处。

4）法兰盘 4 的沟槽深度大于 12mm（单边），主轴上的锯齿尖而深，一般在 5 ~ 8mm 范围内，以确保具有足够的甩油空间。法兰盘 4 处的主轴锯齿向后倾斜，法兰盘 5 处的主轴锯齿向前倾斜。

5）法兰盘 4 上的沟槽与主轴 6 上的护油槽对齐，以保证被主轴甩至法兰盘沟槽内腔的油液能可靠地流回油箱。

6）套筒前端的回油斜孔 8 及法兰盘 4 的泄油孔 9 的流量为进油孔的 2 ~ 3 倍，以保证压力油能顺利地流回油箱。

这种主轴前端密封结构也适合于普通卧式车床的主轴前端密封。在油脂润滑状态下使用该密封结构时，取消了法兰盘泄油孔及回油斜孔，并且有关配合间隙适当放大，经正确加工及装配后同样可达到较为理想的密封效果。

4. 主轴部件的故障诊断及排除

表 3-2 为主轴部件的故障诊断及排除方法。

表 3-2 主轴部件的故障诊断及排除方法

序号	故障现象	故障原因	排除方法
1	加工精度达不到要求	机床在运输过程中受到冲击	检查对机床精度有影响的各部位，特别是主轴部件，并按出厂精度要求重新调整
		安装不牢固、安装精度低或有变化	重新安装、调整、紧固

（续）

序号	故障现象	故障原因	排除方法
2	切削振动大	主轴箱和床身联接螺钉松动	恢复精度后紧固联接螺钉
		轴承预紧力不够，游隙过大	重新调整轴承游隙。但预紧力不宜过大，以免损坏轴承
		轴承预紧螺母松动，使主轴窜动	紧固螺母，确保主轴精度合格
		轴承拉毛或损坏	更换轴承
		主轴与箱体超差	修理主轴或箱体，使其配合精度、位置精度达到要求
		其他因素	检查刀具或切削工艺问题
3	主轴箱噪声大	主轴部件动平衡不好	重做动平衡
		齿轮啮合间隙不均匀或严重损伤	调整间隙或更换齿轮
		轴承损坏或传动轴弯曲	修复或更换轴承，校直传动轴
		传动带长度不一或过松	调整或更换传动带，不能新旧混用
		齿轮精度差	更换齿轮
		润滑不良	调整润滑油量，保持主轴箱的清洁度
4	齿轮和轴承损坏	变挡压力过大，齿轮受冲击产生破损	按液压原理图，调整到适当的压力和流量
		变挡机构损坏或固定销脱落	修复或更换零件
		轴承预紧力过大或无润滑	重新调整预紧力，并使之润滑充足
5	主轴无变速	电气变挡信号是否输出	检查传感器、开关是否良好
		液压压力不够	检测并调整工作压力
		变挡液压缸研损或卡死	修去毛刺和研伤，清洗后重装
		变挡电磁阀卡死	检修并清洗电磁阀
		变挡液压缸拨叉脱落	修复或更换液压缸拨叉
		变挡液压缸窜油或内泄	更换密封圈
		变挡复合开关失灵	更换新开关
6	主轴不转动	主轴转动指令是否输出	检查数控系统的接口部件
		保护开关没有压合或失灵	检修压合保护开关或更换
		卡盘未夹紧工件	调整或修理卡盘
		变挡复合开关损坏	更换复合开关
		变挡电磁阀内泄漏	更换电磁阀
7	主轴发热	主轴轴承预紧力过大	调整预紧力
		轴承研伤或损坏	更换轴承
		润滑油脏或有杂质	清洗主轴箱，更换新油
8	液压变速时齿轮推不到位	主轴箱内拨叉磨损	若拨叉磨损，予以更换，选用球墨铸铁作拨叉材料，在每个垂直滑移齿轮下方安装塔簧作为辅助平衡装置，减轻对拨叉的压力

3.2.2 主轴辅件故障的维修

1. 刀具自动松夹机构

在数控镗铣床刀具自动松夹机构中，刀柄常采用 7:24 的锥柄，既利于定心，也为松刀带来方便。刀具自动松夹机构用碟形弹簧通过拉杆及夹头将钢球拉入 d_2 孔内，并拉住刀柄的尾部，使刀具锥柄和主轴锥孔紧密配合，夹紧力 F 达 10000N 以上。松刀时通过液压缸活塞推动拉杆压紧碟形弹簧，使夹头将钢球推到 d_1 孔内，夹头与刀柄上的拉钉脱离，刀具即可拔出，进行新、旧刀具的交换。新刀装入后，液压缸活塞后移，新刀具又被碟形弹簧拉紧。刀具自动松夹机构如图 3-3 所示。

表 3-3 为刀具自动松夹机构的故障诊断及排除方法。

表 3-3 刀具自动松夹机构的故障诊断及排除方法

序号	故障现象	故障原因	排除方法
1	换刀时掉刀柄	拉杆头内钢球有损坏现象	更换钢球
		拉杆动作不到位	调整行程开关位置
2	换刀时新刀柄拉不紧	检查刀套上的调节螺母	顺时针旋转刀柄两端的调节螺母，压紧弹簧，顶紧卡紧销
		碟形弹簧有损坏现象	更换碟形弹簧
		碟形弹簧预紧双螺母松动	旋紧双螺母
		液压缸活塞没完全归位	检修液压缸
3	换刀时原刀柄不能松开	液压缸漏油	更换密封装置，使液压缸不漏油
		液压缸活塞推力不够，拉杆头不能降下来	解决液压缸活塞推力不够的问题
		松锁刀的弹簧压力过紧	调节松锁刀弹簧上的螺母，使其最大载荷不超过额定数值
		液压缸内有气体	由泄油阀排出气体
		液压缸内液压油不足	加满液压油

2. 主轴锥孔的清洁

主轴锥孔的清洁十分重要。在活塞拉动拉杆松开刀柄的过程中，压缩空气由喷气头经过活塞中心孔和拉杆中的孔吹出，将锥孔清理干净，以防止主轴锥孔中掉入切屑，把主轴锥孔表面和刀杆的锥面划伤，同时保证刀具的正确位置，如图 3-3 所示。

表 3-4 为刀具自动松夹机构的主轴锥孔不能清洁故障诊断及排除方法。

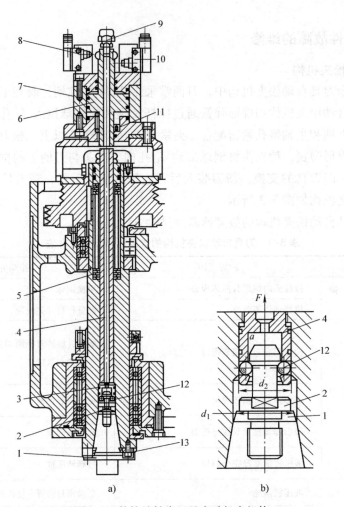

a)   b)

图 3-3   数控镗铣床刀具自动松夹机构

1—刀柄 2—拉钉 3—主轴 4—拉杆 5—碟形弹簧 6—活塞 7—液压缸 8、10—行程开关
9—压缩空气管接头 11—弹簧 12—钢球 13—端面定位键

表 3-4   主轴锥孔不能清洁的故障诊断及排除方法

序号	故障现象	故障原因	排除方法
1	主轴锥孔内不吹气	无压缩空气	解决气源问题
		压缩空气管路堵塞	更换有关管路
		控制电磁阀不动作	更换电磁阀
2	主轴锥孔内含水	压缩空气中含水	降低空气中水分
		空气过滤器进水	排出过滤器内的冷凝水

思考与练习

1. 主轴部件由哪些部分组成？
2. 主轴承如何润滑？
3. 如何调整主轴间隙密封？
4. 主轴锥孔如何润滑？

3.3　数控机床进给传动部件故障的维修

数控机床进给传动系统的任务是实现执行机构（刀架、工作台等）的运动。

数控机床的进给传动机械结构较之传统机床已大大简化，现在多数由伺服电动机经过联轴器与滚珠丝杠副直接相连，只有少数早期生产的数控机床，伺服电动机还要经过 $1\sim2$ 级齿轮或带轮降速再传动滚珠丝杠副，然后再驱动刀架或工作台运动。

进给传动系统的故障直接影响数控机床的正常运行和工件的加工质量，因此加强对进给传动系统的维护和修理也是一项非常重要的工作。

进给传动系统的故障大部分表现为运动质量的下降，如机械执行部件不能到达规定的位置、运动中断、定位精度下降、反向间隙过大、工作台出现爬行、轴承磨损严重且噪声过大、机械摩擦过大等。对这些故障的诊断和排除，经常是通过调整各运动副的预紧力、调整松动环节、调整补偿环节等形式进行，以达到提高运动精度的目的。

3.3.1　滚珠丝杠副故障的维修

1. 滚珠丝杠副及有关的维修维护任务

（1）轴向间隙的调整　滚珠丝杠副的轴向间隙直接影响其反向传动精度和轴向刚度。滚珠丝杠副轴向间隙的消除常用双螺母调整法。它的调整原理是：利用两个螺母的相对轴向位移，使两个滚珠螺母中的滚珠分别贴紧螺旋滚道的两个相反的侧面上。用上述方法消除轴向间隙时，应注意预紧力不宜过大，预紧力过大会使空载力矩增加，从而降低传动效率，缩短使用寿命。轴向间隙的调整原则是数控机床在额定满载情况下，刚好实现无间隙进给为最佳状态。

双螺母丝杠的间隙的调整方法有垫片调隙法、螺纹调隙法、齿差调隙法。

垫片调隙法是通过调整垫片 2 的厚度，使螺母 1 的右侧与钢球 4 接触，螺母 6 的左侧与钢球 4 接触，消除滚珠丝杠副的轴向间隙，如图 3-4 所示。螺纹调隙法是通过旋转圆螺母 1，使螺母 5 轴向移动，钢球分别与螺母 7 的右侧和螺母 5 的左侧接触，消除滚珠丝杠副的轴向间隙，如图 3-5 所示。齿差调隙法是在两个螺母的凸沿上各制有圆柱齿轮，而且齿数差为 1，即 $z_2 - z_1 = 1$，两个内齿圈齿数相同，并用螺钉和销钉固定在螺母的两端，调整时先将内齿圈取出，根据间隙的大小，使两个螺

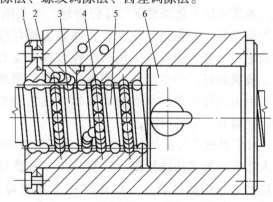

图 3-4　垫片调隙法滚珠丝杠副

1、6—螺母　2—调整垫片　3—反向器　4—钢球　5—丝杠

母分别在相同方向上转过一个齿或几个齿，这样就使两个螺母彼此在轴向上接近了一个相同的距离（因为两边的齿数差是 1，所以实际转过的角度是不同的），如图 3-6 所示。

此外还要消除丝杠安装部分和驱动部分的间隙。

（2）支承轴承的定期检查　应定期检查丝杠支承轴承与床身的连接是否有松动，以及支承轴承是否损坏等。如有以上问题，要及时紧固松动部位或更换支承轴承。

（3）滚珠丝杠副的润滑　为提高传动效率和耐磨性，必须在滚珠丝杠副里加润滑剂，

润滑剂可用润滑油和润滑脂。润滑油为清洁机油，经过壳体上的油孔注入螺母的空间内，一般在每次机床工作前加注一次。润滑脂可采用锂基润滑脂，加在螺纹滚道和安装螺母的壳体空间内，一般每半年对滚珠丝杠上的润滑脂更换一次，更换时先清洗丝杠上的旧润滑脂，然后涂上新的润滑脂。

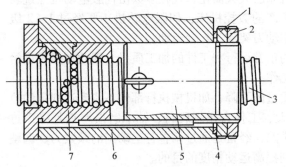 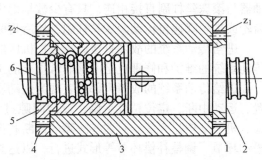

图 3-5　螺纹调隙法滚珠丝杠副　　　　　　　图 3-6　齿差调隙法滚珠丝杠副
1、2—圆螺母　3—丝杠　4—垫片　5、7—螺母　6—螺母座　　1、4—内齿圈　2、5—外齿轮　3—螺母座　6—丝杠

（4）滚珠丝杠副的保护　滚珠丝杠副和其他滚动摩擦的传动件一样，要避免磨料微粒及化学活性物质的进入。如在滚道上落入了脏物或使用肮脏的润滑油，不仅会妨碍滚珠的正常运转，而且会使磨损急剧增加。对于制造误差和预紧变形量以微米计的滚珠丝杠传动副来说，这种磨损就更加敏感，因此有效的密封防护和保持润滑油的清洁就显得十分必要。

通常采用毛毡圈对螺母进行密封。毛毡圈的厚度为螺距的 2～3 倍，而且内孔做成螺纹的形状，紧密地包住丝杠，并装入螺母或套筒两端的槽孔内。密封圈除了采用柔软的毛毡之外，还可以采用耐油橡胶或尼龙材料。由于密封圈和丝杠直接接触，因此防尘效果较好，但也增加了滚珠丝杠副的摩擦阻力矩。为了避免这种摩擦阻力矩，可以采用由较硬质塑料制成的非接触式迷宫密封圈，内孔做成与丝杠螺纹滚道相反的形状，并留有一定的间隙。

对于暴露在外面的丝杠，一般采用螺旋钢带、伸缩套筒、锥形套筒以及折叠式塑料或人造革等形式的防护罩，以防止尘埃和磨粒粘附到丝杠表面。这几种防护罩与导轨的防护罩有相似之处，一端连接在滚珠螺母的端面，另一端固定在滚珠丝杠的支承座上。

2. 滚珠丝杠副的故障诊断及排除方法（表 3-5）

表 3-5　滚珠丝杠副的故障诊断及排除方法

序号	故障现象	故障原因	排除方法
1	工件表面粗糙度值高	润滑油不足，致使溜板爬行	加润滑油，排除润滑故障
		滚珠丝杠有局部拉毛或研磨	更换或修理丝杠
		丝杠轴承损坏，运动不平稳	更换损坏轴承

(续)

序号	故障现象	故障原因	排除方法
2	反向误差大，加工精度不稳定	丝杠轴联轴器锥套松动	重新紧固并用百分表反复测试
		丝杠轴滑板配合压板过紧或过松	重新调整或修研，用 0.03mm 塞尺塞不入为合格
		丝杠轴滑板配合楔铁过紧或过松	重新调整或修研，使接触率达 70% 以上，用 0.03mm 塞尺塞不入为合格
		滚珠丝杠预紧力过紧或过松	调整预紧力，检查轴向窜动值，使其误差不大于 0.015mm
		滚珠丝杠螺母端面与接合面不垂直，结合过松	修理、调整或加垫处理
		丝杠支座轴承预紧力过紧或过松	修理调整
		滚珠丝杠制造误差大或轴向窜动	用控制系统自动补偿功能消除间隙，用仪器测量并调整丝杠窜动
		其他机械干涉	排除干涉部位
3	滚珠丝杠在运转中转矩过大	二滑板配合压板过紧或研伤	重新调整或修研压板，使 0.03mm 塞尺塞不入为合格
		滚珠丝杠螺母反向器损坏，滚珠丝杠卡死或轴端螺母预紧力过大	修复或更换丝杠并精心调整
		丝杠研磨	更换
		伺服电动机与滚珠丝杠连接不同轴	调整同轴度并紧固连接座
		无润滑油	调整润滑油路
		超程开关失灵造成机械故障	检查故障并排除
4	丝杠螺母润滑不良	分油器分油失灵	检查定量分油器
		油管堵塞	清除污物使油管畅通
5	滚珠丝杠副有噪声	滚珠丝杠轴承压盖压合不良	调整压盖，使其压紧轴承
		滚珠丝杠润滑不良	检查分油器和油路，使润滑油充足
		滚珠产生破损	更换滚珠
		电动机与丝杠联轴器联接松动	拧紧联轴器锁紧螺钉

3.3.2 导轨副的维修

导轨副是数控机床的重要执行部件，主要有贴塑导轨、静压导轨、滚动导轨等。

1. 导轨副的维修维护工作任务

（1）滑动导轨的间隙调整　保证导轨面之间具有合理的间隙非常重要。间隙过小，则摩擦阻力大，会加剧导轨磨损；间隙过大，在运动上则失去准确性和平稳性，在精度上失去导向精度。间隙调整的方法有压板调整、镶条调整、压板镶条调整三种。分别如图 3-7 ~ 图 3-9 所示。

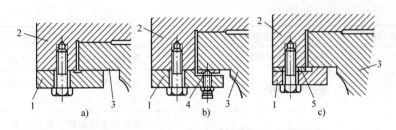

图 3-7　压板调整间隙

1—压板　2—上轨道　3—下轨道　4—镶条　5—垫片

a) 用压板直接调整　b) 通过螺钉与垫片调整　c) 通过压板与垫片调整

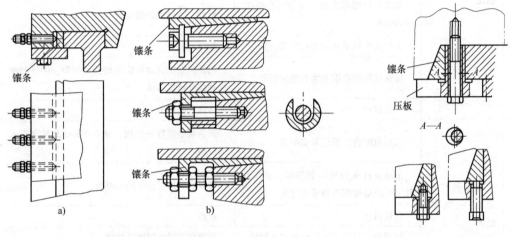

图 3-8　镶条调整间隙

a) 等厚度镶条　b) 斜镶条

图 3-9　压板镶条调整间隙

（2）滚动导轨的预紧　为了提高滚动导轨的刚度，应对滚动导轨进行预紧。预紧可提高接触刚度和消除间隙。在立式滚动导轨上，预紧可防止滚动体脱落和歪斜。常见的预紧方法有过盈配合法和调整法两种。采用过盈配合法，是预加载荷大于外载荷，预紧力产生过盈量为 $2 \sim 3 \mu m$，过大会使牵引力增加。若运动部件较重，其重力可起预加载荷作用，此时若刚度满足要求，可不施加预载荷。采用调整法，是指利用螺钉、楔块或偏心轮调整进行预紧，如图 3-10 所示。

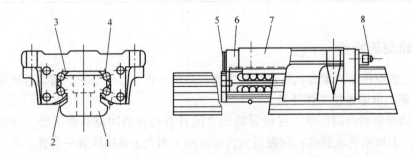

图 3-10　单元式直线滚动导轨

1—导轨体　2—侧面密封垫　3—保持器　4—滚珠　5—端面密封垫　6—端盖　7—滑块　8—润滑油杯

（3）导轨的润滑　导轨面上进行润滑可降低摩擦因数，减少磨损，并且可防止导轨面锈蚀。导轨常用的润滑剂有润滑油和润滑脂，滑动导轨用润滑油，而滚动导轨既可用润滑油也可用润滑脂。对运动速度较高的导轨都采用润滑泵，以压力油强制润滑。这样不但连续或间歇供油给导轨进行润滑，而且可利用油的流动冲洗并冷却导轨表面。为实现强制润滑，必须备有专门的供油系统。

（4）导轨的防护　为了防止切屑、磨粒或切削液散落在导轨面上而引起磨损、擦伤和锈蚀，导轨面上应有可靠的防护装置。常用的刮板式、卷帘式和叠层式防护罩，大多用于长导轨上。在机床使用过程中，应防止损坏防护罩，对叠层式防护罩应经常用刷子蘸机油清理移动接缝，以避免碰壳现象。

2. 导轨副的故障诊断及排除方法（表3-6）。

表 3-6　导轨副的故障诊断及排除方法

序号	故障现象	故障原因	排除方法
1	导轨研伤	机床经长期使用，地基与床身水平有变化，使导轨局部单位面积载荷过大	定期进行床身导轨的水平调整，或修复导轨精度
		长期加工短工件或承受过分集中的载荷，使导轨局部磨损严重	注意合理分布短工件的安装位置，避免载荷过分集中
		导轨润滑不良	调整导轨润滑油量，保证润滑油压力
		导轨材质不佳	采用电加热自冷淬火对导轨进行处理，导轨上增加锌、铝、铜合金板，以改善摩擦情况
		刮研质量不符合要求	提高刮研修复的质量
		机床维护不良，导轨里落下脏物	加强机床保养，保护好导轨防护装置
2	导轨上移动部件运动不良或不能移动	导轨面研伤	用180#砂布修磨机床导轨面上的研伤
		导轨压板研伤	卸下压板调整压板与导轨间隙
		导轨镶条与导轨间隙太小，调得太紧	松开镶条止退螺钉，调整镶条螺栓，使运动部件运动灵活，保证0.03mm塞尺不得塞入，然后锁紧止退螺钉
3	加工面在接刀处不平	导轨直线度超差	调整或修刮导轨，直线度误差在0.015mm/500mm之内
		工作台塞铁松动或塞铁弯度太大	调整塞铁间隙，塞铁弯度在自然状态下小于0.05mm/全长
		机床水平度差，使导轨发生弯曲	调整机床安装水平，保证平行度、垂直度误差在0.02mm/1000mm之内

思考与练习

1. 如何调整滚珠丝杠轴向间隙？
2. 如何润滑滚珠丝杠？
3. 如何预紧滚珠丝杠？
4. 如何做好导轨防护？

单元 **3** 数控机床机械系统故障的维修

3.4 数控机床机械辅助装置故障的维修

3.4.1 刀库和自动换刀装置（ATC）故障的维修

自动换刀装置（ATC）是数控机床的重要机械执行机构。

大部分数控机床（加工中心）的换刀是由带刀库的自动换刀系统依靠机械手在机床主轴与刀库之间自动交换刀具的，也有少数数控机床（加工中心）是通过主轴与刀库的相对运动而直接交换刀具的；数控车床及车削中心的换刀装置大多依靠电动或液压回转刀架完成，对于小规格的零件，也有用排刀式刀架完成换刀的。

自动换刀装置结构复杂，且在工作中频繁动作，所以故障率较高。因此，自动换刀装置的可靠性将直接影响数控机床工作，尤其是加工中心的加工质量和生产率。自动换刀装置刀库和换刀机械手的维护内容、故障诊断及排除主要工作如下：

1. 刀库和换刀机械手维护的工作任务

1）严禁把超重、超长的刀具装入刀库，防止在机械手换刀时掉刀或刀具与工件、夹具等发生碰撞。

2）采用顺序选刀方式时，必须注意刀具放置在刀库上的顺序要正确。其他选刀方式下，也要注意所换刀具号是否与所需刀具一致，防止换错刀具导致事故发生。

3）用手动方式往刀库上装刀时，要确保装到位、装牢靠，并检查刀座上的锁紧是否可靠。

4）经常检查刀库的回零位置是否正确，检查机床主轴回换刀点位置是否到位，并及时调整，防止不能顺利完成换刀动作。

5）要注意保持刀具、刀柄和刀套的清洁。

6）开机时，应先使刀库和机械手空运行，检查各部分工作是否正常，特别是各行程开关和电磁阀能否正常动作。检查机械手液压系统的压力是否正常，刀具在机械手上锁紧是否可靠，发现不正常应及时处理。

2. 刀架、刀库和换刀机械手的故障诊断及排除方法

表3-7列出了刀架、刀库和换刀机械手的故障诊断及排除方法。考虑到数控车床的转塔刀架也有一些故障，故列在一起。

表3-7 刀架、刀库和换刀机械手的故障诊断及排除方法

序号	故障现象	故障原因	排除方法
1	转塔刀架没有抬起动作	控制系统没有T指令输出信号	如未能输出，检查数控系统接口信号
		抬起电磁铁断线或抬起阀杆卡死	修理或清除污物，更换电磁阀
		压力不够	检查油箱并重新调整压力
		抬起液压缸研损或密封圈损坏	修复研损部分或更换密封圈
		与转塔抬起连接的机械部分研损	修复研损部分或更换零件
2	转塔转位速度缓慢或不转位	没有转位信号输出	检查转位继电器是否吸合
		转位电磁阀断线或阀杆卡死	修理或更换电磁阀
		压力不够	检查是否液压故障，调整到额定压力
		转位速度节流阀卡死	清洗节流阀或更换
		液压泵研损卡死	检修或更换液压泵
		凸轮轴压盖过紧	调整调节螺钉
		抬起液压缸体与转塔平面产生摩擦、研损	松开连接盘进行转位试验；取下连接盘配磨平面轴承下的调整垫，并使相对间隙保持在0.04mm
		安装附具不配套	重新调整附具安装，减少转位冲击

序号	故障现象	故障原因	排除方法
3	转塔转位时碰刀	抬起速度或抬起延时时间短	调整抬起延时参数，增加延时时间
4	转塔不正位	转位盘上的撞块与选位开关松动，使转塔到位时传输信号超期或滞后	拆下护罩，使转塔处于正位状态，重新调整撞块与选位开关的位置并紧固
		上、下连接盘与中心轴花键间隙过大，产生位移偏差大，落下时易碰牙顶，引起不到位	重新调整连接盘与中心轴的位置；间隙过大可更换零件
		转位凸轮与转位盘间隙大	塞尺测试滚轮与凸轮，将凸轮调至中间位置；转塔左右窜动量保持在两齿中间，确保落下时顺利咬合；转塔抬起时用手摆动，摆动量不超过两齿的1/3
		凸轮在轴上窜动	调整并紧固转位凸轮的螺母
		转位凸轮轴的轴向预紧力过大或有机械干涉，使转塔不到位	重新调整预紧力，排除干涉
5	转塔转位不停	两计数开关不同时计数或复置开关损坏	调整两个撞块的位置及两个计数开关的计数延时，修复复置开关
		转塔上的24V电源断线	接好电源线
6	转塔重复定位精度差	液压夹紧力不足	检查压力并调到额定值
		上、下牙盘受冲击，定位松动	重新调整固定
		两牙盘间有污物或滚针脱落在牙盘中间	清除污物保持转塔清洁，检修更换滚针
		转塔落下夹紧时有机械干涉（如夹切屑）	检查排除机械干涉
		夹紧液压缸拉毛或研损	检修拉毛研损部分，更换密封圈
		转塔座落在二层滑板之上，由于压板和楔铁配合不牢产生运动偏大	修理调整压板和楔铁，0.04mm 塞尺塞不入
7	刀具从机械手中脱落	刀具超重，机械手卡紧销损坏	刀具不得超重，更换机械手卡紧销
8	机械手换刀速度过快	气压太高或节流阀开口过大	保证气泵的压力和流量，旋转节流阀至换刀速度合适
9	换刀时找不到刀	刀位编码用组合选种开关、接近开关等元件损坏、接触不好或灵敏度降低	更换损坏元件

3.4.2 数控机床液压传动系统的维修

数控机床液压传动系统的主要驱动对象有液压卡盘、静压导轨、液压拨叉变速液压缸、主轴箱的液压平衡、液压驱动机械手和主轴上的松刀液压缸等。

1. 液压传动系统的维护工作任务

1）控制油液污染，保持油液清洁。这是确保液压系统正常工作的重要措施。据统计，液压系统的故障有80%是由于油液污染引发的，油液污染还加速液压元件的磨损。

2）控制液压系统油液的温升。这是减少能源消耗、提高系统效率的一个重要环节。一台机床的液压系统，若油温变化范围大，其后果是：影响液压泵的吸油能力及容积效率；导致系统工作不正常，压力、速度不稳定，动作不可靠；使液压元件内外泄漏增加；加速油液的氧化变质等。

3）控制液压系统的泄漏。泄漏和吸空是液压系统常见的故障。要控制泄漏，首先要提高液压元件及零部件的质量和装配质量以及管路系统的安装质量，其次要提高密封件的质量，并注意密封件的安装使用与定期更换，同时要加强日常维护。

4）防止液压系统振动与噪声。振动会影响液压件的性能，使螺钉松动、管接头松脱，从而引起漏油，因此要防止和排除振动现象。

5）严格执行日常检查制度。液压系统故障存在着隐蔽性、可变性和难于判断性。因此应对液压系统的工作状态进行检查，把可能产生的故障现象记录在日常检修卡上，并将故障排除在萌芽状态，减少故障的发生。

6）严格执行定期紧固、清洗、过滤和更换制度。液压设备在工作过程中，由于冲击振动、磨损和污染等因素，造成管件松动，金属件和密封件磨损，因此必须对液压件及油箱等进行定期清洗和维修，对油液、密封件进行定期更换。

2. 液压传动系统的故障诊断及排除方法（表3-8）

表3-8 液压传动系统的故障诊断及排除方法

序号	故障现象	故障原因	排 除 方 法
1	液压泵不供油或流量不足	压力调节弹簧过松	将压力调节螺钉顺时针转动使弹簧压缩，起动液压泵，调整压力
		流量调节螺钉调节不当，定子偏心方向相反	按逆时针方向逐步转动流量调节螺钉
		液压泵转速太低，叶片不肯甩出	将转速控制在最低转速以上
		液压泵转向相反	调转向
		油的粘度过高，使叶片运动不灵活	采用规定牌号的液压油
		油量不足，吸油管露出油面吸入空气	加油到规定位置，将过滤器埋入油下
		吸油管堵塞	清除堵塞物
		进油口漏气	修理或更换密封件
		叶片在转子槽内卡死	拆开液压泵修理，清除毛刺，重新安装

（续）

序号	故障现象	故障原因	排 除 方 法
2	液压泵有异常噪声或压力下降	油量不足，过滤器露出油面	加油到规定位置
		吸油管吸入空气	找出泄漏部位，修理或更换零件
		回油管高出油面，空气进入油池	保证回油管埋入最低油面下一定深度
		进油口过滤器容量不足	更换过滤器，进油容量应是液压泵最大排量的2倍以上
		过滤器局部堵塞	清洗过滤器
		液压泵转速过高或液压泵装反	按规定方向安装转子
		液压泵与电动机连接同轴度差	同轴度误差应在0.05mm内
		定子和叶片磨损，轴承和轴损坏	更换零件
		泵与其他机械共振	更换缓冲胶垫
3	液压泵发热、油温过高	液压泵工作压力超载	按额定压力工作
		吸油管和系统回油管距离太近	调整油管，使工作后的油不直接进入液压泵
		油箱油量不足	按规定加油
		摩擦引起机械损失，泄漏引起容积损失	检查或更换零件及密封圈
		压力过高	油的粘度过大，按规定更换
4	系统及工作压力低，运动部件爬行	泄漏	检查漏油部件，修理或更换
			检查是否有高压腔向低压腔的内泄
			修理或更换泄漏的管件、接头、阀体
5	尾座顶不紧或不运动	压力不足	用压力表检查
		液压缸活塞拉毛或研损	更换或维修
		密封圈损坏	更换密封圈
		液压阀断线或卡死	清洗、更换阀体或重新接线
		套筒研损	修理研磨部件
6	导轨润滑不良	分油器堵塞	更换损坏的定量分油管
		油管破裂或渗漏	修理或更换油管
		没有气体动力源	检查气动柱塞泵有否堵塞，是否灵活
		油路堵塞	清除污物，使油路畅通
7	滚珠丝杠润滑不良	分油管分油失灵	检查定量分油器
		油管堵塞	清除污物，使油路畅通

3.4.3　数控机床气动系统的维护

　　数控机床一般都使用气动系统，所以厂房内应备有清洁、干燥的压缩空气供给系统网络，其流量和压力应符合使用要求，空气压缩机要安装在远离数控机床的地方。

　　根据厂房内的布置情况、用气量大小，应给压缩空气供给系统网络安装冷冻空气干燥机、空气过滤器、气罐、安全阀等装置。

単元 **3** 数控机床机械系统故障的维修

数控机床的气动系统主要用于主轴锥孔吹气和开关防护门，如图3-11所示。有些加工中心依靠气液转换装置实现机械手的动作和主轴松刀。

数控机床气动系统的维护工作任务如下。

1）保证供给洁净的压缩空气。压缩空气中都含有水分、油分和粉尘等杂质。水分会使管道、阀和气缸腐蚀；油分会使橡胶、塑料和密封材料变质；粉尘会造成阀体动作失灵。应选用合适的过滤器，以清除压缩空气中的杂质。使用过滤器时应及时排除积存的液体，否则当积存液体接近挡水板时，气流仍可将积存物卷起。

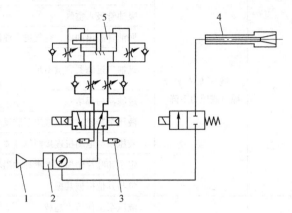

图3-11　加工中心气动控制原理图
1—气源　2—压缩空气调整装置
3—消声器　4—主轴　5—防护门气缸

2）保证空气中含有适量的润滑油。大多数气动执行元件和控制元件都要有适度的润滑。如果润滑不良，将会发生以下故障。

① 摩擦阻力增大则造成气缸推力不足，阀芯动作失灵。

② 密封材料的磨损会造成空气泄漏。

③ 由于生锈造成元件的损伤及动作失灵。

润滑的方法一般采用油雾器进行喷雾润滑。油雾器一般安装在过滤器和减压阀之后。油雾器的供油量一般不宜过多，通常每 $10m^3$ 的自由空气供 $1mL$ 的油量（即 $40 \sim 50$ 滴油）。检查润滑是否良好的简单方法是，用一张清洁的白纸放在换向阀的排气口附近，如果阀在工作3或4个循环后，白纸上只有很轻的斑点，表明润滑良好。

3）保证气动系统的密封性。气动系统密封性不好就会漏气，漏气不仅增加了能量的消耗，还会导致供气压力的下降，甚至造成气动元件工作失常。严重的漏气在气动系统停止运行时，由漏气引起的响声很容易发现；轻微的漏气则应利用仪表，或用涂抹肥皂水的办法进行检查。

4）保证气动元件中运动零件的灵敏性。从空气压缩机排出的压缩空气，包含有粒度为 $0.01 \sim 0.08 \mu m$ 的压缩机油微粒，在排气温度为 $120 \sim 220℃$ 的高温下，这些油粒会迅速氧化，氧化后油粒颜色变深，粘性增大，并逐步由液态固化成油泥。这种微米级以下的颗粒，一般过滤器无法滤除。它们进入到换向阀后便附着在阀芯上，使阀的灵敏度逐步降低，甚至动作失灵。为了清除油污，保证灵敏度，可在气动系统的过滤器之后安装油雾分离器，将油泥分离出来。此外，定期清洗阀也可以保证阀的灵敏度。

5）保证气动装置具有合适的工作压力和运动速度。调节工作压力时，压力表应当工作可靠，读数准确。减压阀与节流阀调节后，必须紧固调压阀盖或锁紧螺母，防止松动。

思考与练习

1. 数控机床主轴部件的故障现象有哪些？如何分别排除？
2. 滚珠丝杠副的故障现象有哪些？如何分别排除？
3. 导轨副的故障现象有哪些？如何分别排除？
4. 刀架、刀库和换刀机械手的故障现象有哪些？如何分别排除？
5. 液压、气动部分的故障现象有哪些？如何分别排除？

3.5 数控机床机械系统的维修案例

XK5040-1 型数控铣床是北京第一机床厂生产的具有较高水平的数控机床。其机械传动简单稳定，液压系统设计比较合理，系统功能齐全。以下是该型号机床的典型故障及排除方法。

1. 主轴无法变速

故障现象：输入主轴变速指令，主轴的变速盘不转，主轴也无缓动，不能正常工作。

（1）变速原理

1）变速时先使主轴缓动（2r/min），以使变速齿轮易于啮合。如图 3-12 所示，齿轮泵 5 的供油经顺序阀 7 而至单向液动机 10，使液动机 10 旋转；接通二位四通电磁阀 8 的 P、B 口，通过液压缸 9 使主轴箱上面的限位开关断开，并使主轴传动箱内的齿轮与液动机 10 接通而实现主轴缓动。

2）主轴变速。接通三位四通电磁阀 11 的 P、A 口，打开双向阀 2 后，接通二位三通阀 12 使主轴变速分配阀卸压，另一部分压力油接通主轴变速分配阀轴上的楔牙离合器并打开星形轮定位销液压缸 3；与此同时，压力油推动双向液动机 13 带动主轴变速分配阀旋转。当变速盘转到所要求的速度时，断开电磁阀 11 的 A、P 口而接通 B、O 口，液动机 13 停动，楔牙离合器断开，星形轮定位销复位再接通主轴变速分配阀的压力油，推动齿轮拨叉液压缸；同时，电气延时继电器控制电磁阀 8 断开，使液动机 10 与主轴传动箱脱开，主轴箱上面的限位开关复位，主轴缓动停止，变速过程结束，主轴可以起动。

（2）故障原因分析与排除

1）齿轮泵 5 的压力不足或没有压力，输出油量不够或不上油；顺序阀 7 卡死，压力油无法通过；液动机 10 没有动作，液压油不清洁造成泵阀的毁坏。

首先检查电动机，分解齿轮泵并进行检查，清洗过滤网、油箱，更换液压油；再清洗顺序阀 7（检查顺序阀泄油口，泄漏不得太大），并将系统压力从 6kgf/cm² 调至 10~12kg/cm²（注意此调整不可在变速过程中或慢转中进行，以免引起变速动作的失常），故障没能排除。

2）溢流阀 1 卡死在开口处，压力油从此泄回油箱，主轴缓动，液动机 10 无法动作，从而使主轴无法变速。清洗调试溢流阀后，故障仍然存在。

3）二位四通电磁阀 8、三位四通电磁阀 11 没有励磁或阀芯卡死。

二位四通电磁阀 8 不换向将使液压缸 9 不动作，无法将液动机 10 和主轴箱连接，主轴不能缓动。三位四通电磁阀 11 的损坏使主轴变速盘无法转动，自然也就无法变速。检查阀 8 和 11 励磁正常，手捅阀芯也能换向，检查阀的出油路，油量正常。

检查主轴箱上液压缸9的伸出顶杆，能正常伸缩。调整其上的限位开关使其能正常发出信号，主轴开始缓动，但变速转盘仍然不转，主轴无法变速，这时基本可判断为主轴箱体内的故障。

4）双向液动机13烧死，离合器没有动力；星形轮定位销液压缸3卡死，离合器别死；二位三通阀12无法换向，使主轴变速分配阀无法卸压，或变速分配阀卡死，无法动作。

拆下主轴箱盖后，用压缩空气（50~60N/cm²）接通主油路试验，液动机13转动正常，定位销能够打开，二位三通阀12换向正常，但主轴变速分配阀始终没有转动。将其拆下检查，发现严重锈蚀，分析为机床装配时防锈不好，停用一段时间后变速分配阀锈蚀卡死。

将主轴变速分配阀在车床上抛光后装好，用高压空气测试旋转正常。清洗、润滑所有零件后装上试车，主轴变速正常。

应注意的是主轴箱盖拆下后，要着重检查一下液压缸的拨叉，后来发现有几次因拨叉磨损后使齿轮啮合不到位的故障。

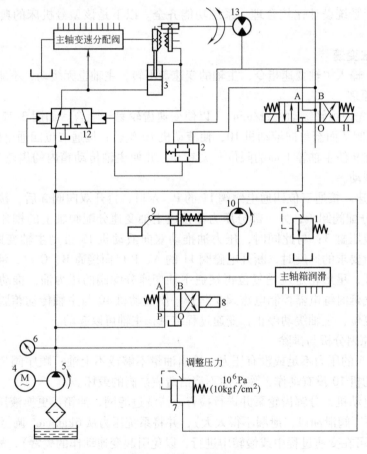

图3-12 液压原理图

1—溢流阀 2—双向阀 3—液压缸 4—电动机 5—齿轮泵 6—压力表 7—顺序阀 8—二位四通电磁阀
9—液压缸 10—单向液动机 11—二位四通电磁阀 12—二位三通阀 13—双向液动机

（3）该型机床的液压故障快速检查 可从以下几方面展开。

1）出现故障后，首先检查压力，压力正常证明齿轮泵5和顺序阀7是好的。

2）其次检查阀 8 和 11，阀正常油路就通畅，油液就能到达执行元件。

3）最后检查主传动箱液压缸 9 的顶杆，它能正常伸缩，主轴就能缓动。

如果上述检查都正常则可判定，问题一定在传动部分和变速分配阀，打开箱盖后用高压空气试验就可查出问题。

2. 主轴不转

故障现象：开机后主轴无法转动。

故障可能原因与排除方法如下：

1）主传动电动机烧坏，失去动力源；V 带过长打滑，带不动主轴；带轮的键或键槽损坏，带轮空转。

检查电动机情况良好，键没有损坏，调整带的松紧程度，主轴仍无法转动。

2）主轴电磁制动器的接线脱落或线圈损坏；衔铁复位弹簧损坏而无法复位；摩擦盘表面烧伤而使其和衔铁之间没有间隙，造成主轴始终处于制动状态。

检查并测量制动器的接线和线圈均正常，拆下制动器发现弹簧和摩擦盘也是好的。

3）传动轴上的齿轮或轴承损坏，造成传动卡死。

拆下传动轴发现轴承（E212）因缺乏润滑而烧毁，将其拆下后，盘动主轴，转动正常。将新轴承装上后试验，主轴运动正常，但主轴制动时间较长，需调整摩擦盘和衔铁之间的间隙。松开锁紧螺母，均匀地调整 4 个螺钉，使衔铁向上移动，将衔铁和摩擦盘间隙调至 1mm 之后，用螺母将其锁紧再试车，主轴制动迅速，故障全排除。

3. 孔的加工表面质量太差

故障现象：零件孔加工的表面质量差，无法使用。

故障原因分析及排除方法如下：

孔的表面质量差的主要原因是主轴轴承的精度降低或间隙增大。主轴轴承是一对双联（背对背）角接触球轴承，当主轴温升过高或主轴旋转精度过差时，应调整轴承的预加载荷。卸下主轴下面的盖板，松开调整螺母的螺钉，当轴承间隙过大、旋转精度不高时，顺时针旋紧螺母，使轴向间隙缩小；主轴升温过高时，逆时针旋松螺母，使其轴向间隙放大。调好后，将紧固螺钉均匀拧紧，经几次调试，主轴恢复精度，加工的孔也达到了表面质量要求。

4. Z 轴不动

故障现象：数控系统程序给出运动指令后，Z 轴没有动作。

故障分析及排除方法如下：

1）Z 轴电动机制动器没有脱开，使 Z 轴处于制动状态。

检查 Z 轴制动器已脱开。

2）Z 轴电动机和中间轴的连接齿轮固定螺钉脱落，丝杠锥齿轮锁紧螺母松动，电动机空转。

检查齿轮固定螺钉没有松动。

3）过渡轴上的连接半轴折断，造成动力无法传输。

抽出过渡轴检查，发现其连接半轴折断。重做新轴装上试车，Z 轴工作正常。

5. 机床强力切削时剧烈抖动

故障现象：机床进行框架零件强力铣削时，Y 轴产生剧烈抖动，正方向运行时尤为明显，负方向运行时抖动减小。

故障分析与排除方法如下：

1）判别伺服电动机电刷是否损坏，编码器是否进油，伺服电动机内部是否进油，电动机磁钢是否脱落。

将电动机和丝杠脱开空运行，电动机运转正常，没有抖动。

2）判别丝杠轴承是否损坏或丝杠螺母是否松动，间隙是否过大。

检查轴承完好，重新紧固螺母，故障仍未排除。

3）判别丝杠螺母间隙是否过大，螺母座和接合面定位销及紧固螺钉是否松动，造成单方向抖动。重新紧固丝杠螺母座，故障消失。

思考与练习

1. 主轴无法变速的故障原因是什么？如何排除？

2. 主轴不转的故障原因是什么？如何排除？

3. 机床强力切削时抖动的故障原因是什么？如何排除？

单元练习题

1. 数控机床机械结构的特点是什么？

2. 主轴部件的维护内容是什么？

3. 主轴部件的常见故障现象有哪些？产生故障的原因是什么？如何排除故障？

4. 滚珠丝杠副的维护内容是什么？

5. 滚珠丝杠副的常见故障现象有哪些？产生故障的原因是什么？如何排除故障？

6. 导轨副的维护内容是什么？

7. 导轨副的常见故障现象有哪些？产生故障的原因是什么？如何排除故障？

8. 刀库和换刀机械手的维护内容是什么？

9. 刀架、刀库和换刀机械手的常见故障现象有哪些？

10. 液压传动系统的维护内容是什么？

11. 液压传动系统的常见故障现象有哪些？

12. 气压传动系统的维护内容是什么？

单元4 数控机床电气控制系统的维修

 学习目标

1. 了解数控机床电气控制系统维修工作的意义。
2. 理解数控机床电气控制系统维修工作的特点。
3. 掌握数控机床电气控制系统维修的概念。
4. 掌握数控机床电气控制系统维修工作的规律。
5. 重点掌握数控机床电气控制系统的维修方法。

 内容提要

　　数控机床电气控制系统由交流主电路、交流控制电路以及直流控制电路组成。一般将前者称为"强电"，后者称为"弱电"。简单的区别在于"强电"是24V以上的交流供电，以电器元件、电力电子功率器件为主构成电路，"弱电"是24V及以下的直流供电，以电子器件、集成电路为主构成控制电路。

　　本单元主要介绍数控机床电气控制系统的交流主电路、机床辅助功能控制电路及电源电路，涉及维修电工、电器以及电子等相关技术知识。

4.1 数控机床电气控制系统概述

4.1.1 电气控制系统的特点

　　数控机床自动化程度高，而电气控制系统的功能也是实现自动化的基础。

　　电气控制系统出现故障会给数控机床正常运行带来较大影响。为保证数控机床长时间连续运转，对电气控制系统在运行中的任何不良现象都应及时发现、及时维护，对出现的故障要及时维修解决。

　　数控机床对电气控制系统的基本要求有以下几点

1. 电气控制系统应有很高的可靠性

　　为提高机床的整体性能，电气控制系统从设计到制造都要严格执行可靠性规范，而且还要优先选用新型的电器元件，新型电子电器及电力电子功率器件等。所用的电器元器件都应符合有关国际标准或国家标准，并且每个产品上都具有认证标志，这一点在维修中也要十分注意。

2. 电气控制系统要能适应较宽的工作条件

电气控制系统要符合电磁兼容的国家标准，采用了容错技术及冗余技术等措施，使其适应较宽的工作条件，如能适应交流供电系统电压的波动，对电网系统的干扰有一定的抑制作用，同时系统内部的电与磁既不相互干扰，也不向外部辐射破坏性干扰，同时还能抵抗外部干扰。

3. 电气控制系统要有安全性

为保证操作人员的安全，电气控制系统的各种联锁要有效。

电器装置的绝缘要保证完好，防护要齐全，接地要牢靠，电器部件的防护外壳要具有防尘、防水、防油污的功能。

电柜的封闭性要好，防止外部的液体溅入电柜内部，防止切屑、导电尘埃的进入。

电柜内的所有元件在正常供电电压下工作时不应出现被击穿现象，并且有预防雷电突然袭击的功能。

经常移动的电缆要有护套或拖链防护，防止缆线磨断或短路而造成系统故障。

要有抑制内部部件异常温升的措施，特别是在夏季要使用强迫风冷或制冷器冷却；要有防触电、防碰伤设施。

4. 电气控制系统要具有可维护性

电气控制系统的易损部件要便于更换或替换。元、器件的保护动作要灵敏，但运行中也不能出现误动作现象。对于出现故障的元件，如果故障已排除，所有功能要自动恢复。

5. 电气控制系统应具有良好的控制特性

电气控制系统良好的控制特性体现在被控制的电动机等负载起动平稳、快速响应、无冲击、无振动、无振荡、无异常噪声、无超常温升。

6. 电气控制系统要体现操作的宜人性

电气控制系统要体现宜人性设计，如操作部位与人体平均高度、距离相适应，以符合操作方便、舒适、便于观察的特点，例如要随时能触及急停按钮，保证紧急情况下的快速操作动作。

操作盘的机床主令电器不仅颜色符合标准，还要美观、耐用，各种指示灯颜色正确，亮度明显；主要电器元件要有状态显示、故障指示和明显的安全操作标志。

4.1.2 电气控制系统常见的故障现象

1）电气控制系统电路的复杂程度相对于数控系统的电子控制电路要低，故障现象相对比较明显，因此故障诊断也相对容易。但由于其工作电压高、负载电流大、操作动作频繁等原因，故障率略显高一些。

2）电器元件有机械寿命与电气寿命的技术指标，如果非正常使用，其寿命会大大降低。如接触器触点经常过电流使用会烧损、粘连，提前造成失效。

3）电气控制系统容易受外界影响造成故障，如环境温度过高、电柜内温升过高可能导致有些电器损坏，甚至鼠害也会造成一些电气故障。

4）机床使用过程中的非正常操作能造成意外损坏，如按钮脱落、开关手柄断损、限位开关被撞坏等人为故障。

5）电线、电缆磨损能造成断线或短路，蛇皮线管进冷却水、油液之后长期浸泡，橡胶电线膨胀、粘化，使绝缘性能下降而造成短路、甚至连电放炮。

6）冷却泵、排屑器、电动刀架等使用的异步电动机容易被水浸泡，或者因轴承损坏而造成电动机故障。

思考与练习

1. 数控机床电气控制系统要具有哪些安全性内容？
2. 数控机床电气控制系统的故障特点有哪些？
3. 数控机床电气控制系统常见的故障现象有哪些？

4.2 数控机床电气控制系统电路与元件

4.2.1 数控机床交流主电路

1. 数控机床对使用电源的要求

电源是维持数控系统正常工作的能源支持部分，电源失效或故障的直接结果是造成系统的停机或毁坏整个系统。

国内工厂供电电源是三相交流380V电源，电网电压波动应该在 -15% ~ 10%，频率为 50 ± 1Hz，国产数控机床都应符合这一条件。

有些企业因为电压偏低且不稳定，用电高峰期间电压甚至降低20%以上，还隐藏有高频脉冲等一些干扰，对数控系统具有潜在危害，因此建议在数控机床较集中的车间配置具有自动补偿调节功能的交流稳压供电系统，单台数控机床可单独配置交流稳压器，以确保机床的安全运行。目前大功率电子调整式三相交流稳压器有较高的稳压精度和响应速度，而且价格不高，数控机床可单独选用。

有些数控机床使用以晶闸管为驱动器件的电子控制装置，因此供电电源要按正确相序连接，如果相序接错，晶闸管电路就会失去同步关系造成逆变颠覆故障，此时必须经过辨别相序并改变电源连接来解决。

数控机床使用的是三相交流380V电源，因此安全性也是重要的一环。车间配电柜电源开关的手柄应容易操作，安装位置上限值建议为1.7m，这样可以在发生紧急情况下迅速断电，减少人员伤害和损失。

2. 数控机床交流主电路

三相交流电引入数控机床电气柜内，经总开关后成为母线，其分支有的经保护开关和接触器控制交流异步电动机，给液压系统、冷却系统、润滑系统等提供动力；有的经过三相变压器降压供给主轴或进给伺服系统；也有许多要单相使用，经降压、整流、稳压或经开关电源供给某些电子电器装置使用。图4-1所示

图4-1　数控车床电气柜内部结构图

为数控车床电气柜内部结构图，其上部是数控系统，中部左边是主轴变频器，其余是低压电器元件。图 4-2 所示为 TK1640 数控车床电气系统原理图，图 4-2a 为主电路，图 4-2b 为电源电路。在电气原理图中，三相交流电源引入线用 L1、L2、L3 来标记，接地线以 PE 表示。电源开关之后的三相主电路分别按 U、V、W 顺序标记，分级三相交流电源主电路采用代号 U、V、W 的后面加阿拉伯数字 1、2、3 等标记，如 U1、V1、W1 及 U2、V2、W2 等。电气图的文字符号和图形符号按照国家标准 GB/T 4728—2005 ~ 2008 的规定绘制。

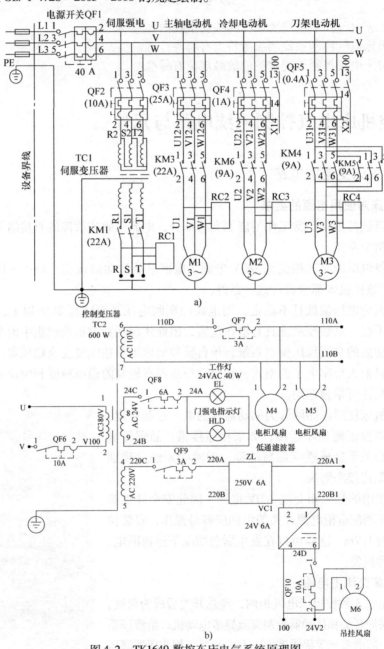

图 4-2　TK1640 数控车床电气系统原理图

a）主电路　b）电源电路

3. 交流主电路电器元件

交流主电路使用的主要低压电器元件通常有低压断路器和交流接触器等，其结构、作用、使用与维护见表4-1。

表4-1　低压电器元件结构、作用、使用与维护

名称	主要结构	作用	使用及维护
低压断路器	由触点、操作机构、灭弧系统和脱扣器等组成	① 接通和分断机床主电路 ② 当电路发生严重过载、短路时，能自动分断故障电路，起到保护其控制的电气设备的作用	① 断路器在分断短路电流后，应在切除上一级电源的情况下，及时地检查触点。若发现有严重的电灼痕迹，或灭弧室已破损，要及时用同型号规格的更换 ② 断路器分断过载电流后若不能重新闭合，是由于热脱扣的双金属片尚未冷却复原，待双金属片冷却后再操作 ③ 电动机起动时断路器立即分断，是过电流脱扣器瞬时整定值太小，需调整瞬间整定值 ④ 断路器由于储能弹簧变形或脱扣器某些零件损坏不能闭合，要及时用同型号规格的更换 ⑤ 应定期清除断路器上的积尘并检查各种脱扣器的动作值
接触器	由电磁机构、触点系统、灭弧装置和其他部件组成	远距离频繁地接通和断开主电路及大容量控制电路的电器，主要控制对象是电动机等其他负载	① 能接通和断开负载电流，但不可以切断短路电流，因此要与熔断器、热继电器、断路器等配合使用 ② 要定期检查，要求可动部分灵活，紧固件无松动，触点表面清洁，不允许在使用中去掉灭弧罩 ③ 接触器触点过热甚至熔焊、衔铁振动和噪声、线圈过热或烧毁、触点磨损、弹簧损坏、出现机械卡阻故障时，应及时用同型号规格的更换
热继电器	由热元件、触点系统和其他部件组成	配合接触器使用，当电路发生过载故障时，能自动分断故障电路，起到保护接在其后的电气设备的作用	① 热元件的整定电流应调节到额定电流的1.1～1.15倍 ② 与热继电器连接的导线截面积要满足载流要求，连接点要牢固，否则因发热会影响热元件正常工作 ③ 手动复位的热继电器动作后，由于热脱扣的双金属片尚未冷却复原，待双金属片冷却后再操作 ④ 热继电器热元件烧断或脱焊、常闭触点接触不良或弹性消失，应及时用同型号规格的更换
熔断器	由熔体和安装熔体的绝缘底座或绝缘管等组成	低压线路及电动机控制电路中起短路保护作用	① 应正确选用熔体和熔断器。不要随意加大熔体，更不允许用金属导线代替熔断器接入电路 ② 对于有动作指示器的熔断器，应经常检查，若发现熔断器有损坏，应及时更换 ③ 更换熔体时应切断电源，并应换上相同额定电流的熔体 ④ 使用时应经常清除熔断器表面积有的灰尘

単元 **4** 数控机床电气控制系统的维修

（续）

名称	主要结构	作用	使用及维护
伺服变压器、控制变压器	由熔体和安装熔体的绝缘底座或绝缘管等组成	适配电压、隔离、抗干扰	① 连接点要牢固 ② 要保持良好的散热 ③ 应经常清除熔断器表面积有的灰尘
接线端子排	由卡板、底座、连接螺钉等组成	连接电路、检查电路	① 连接点要牢固 ② 应经常清除熔断器表面积有的灰尘

交流主电路使用的主要低压电器元件如图4-3所示。

a)

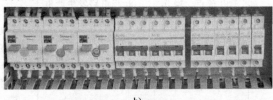

b)

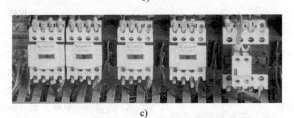

c)

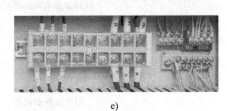

e)

d)

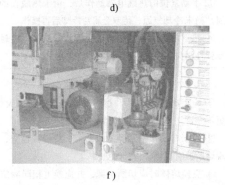

f)

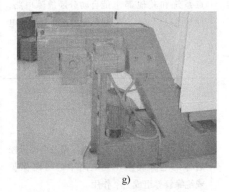

g)

图 4-3　交流主电路使用的主要低压电器元件

a）空气断路器与操作机构　b）空气断路器　c）交流接触器　d）控制变压器与伺服变压器

e）端子排　f）液压站电动机　g）排屑器及冷却泵电动机

4. 交流主电路电器元件的故障维修

交流主电路的一些电器元件具有工作状态指示，故障特征比较明显，可以直接观察到，诊断相对比较容易，对不能直接观察到的故障用万用表等常规仪表辅助检查，可以快速测定故障。

交流主电路的电器都属于有触点的开关，因此出现的故障多与触点有关，如触点氧化、触点烧损、触点接触压力不足、触点发热等，接线螺钉松动也会造成局部发热。此外，电动机过载造成热继电器或断路器脱扣动作，熔断器熔体熔断，接触器线圈烧毁，操作机构失灵等故障也常见。

维修交流主电路的故障时，对检查出确有问题的电器元件要更换，以确保数控机床运行的可靠性。更换时应注意使用相同型号、规格的备件。如损坏的电器元件属于已经过时淘汰的产品，要以新型产品来替换，而且额定工作电压、额定工作电流的等级一定要相符。

从经济方面考虑，对于更换下来的低压电器元件经维修后可在其他场合使用，但决不能继续在数控机床上使用。

4.2.2 数控机床控制电路

1. 数控机床控制电路

数控机床控制电路包括以下部分。

1）交流主电路电器被控制的有关电路。

2）数控系统发出辅助功能控制命令，经可编程序控制器（简称 PLC）进行逻辑控制，对机床电器进行控制的电路。

3）经过机床操作盘的操作，数控系统接受控制命令的控制电路。

2. 控制电路的电器元件

数控机床控制电路中使用的电器元件主要有各种按键、按钮、波段开关、带操作手柄的开关、电源开关、保护开关、微动开关、行程开关、继电器、指示器、指示灯等。此外，也有一些无触点的开关，如电感式接近开关、霍尔式接近开关、光电开关、固态继电器等。这些元件的共同特点是额定电流都不超过 10A。

控制电路如图 4-4 所示，图 4-4a 为交流控制电路，图 4-4b 为直流控制电路，操作盘外形如图 4-5 所示，操作盘电路原理图如图 4-6 所示。

3. 控制电路的主要电器元件结构、作用、使用与维护

图 4-7 为控制电路的元件。控制电路的主要电器元件的结构、作用、使用与维护见表 4-2。

4. 控制电路的主要电器元件维修

数控机床控制电路的故障中，主要是有触点开关的触点氧化或开关疲劳损坏，而无触点开关寿命长、故障率较低、使用较可靠，但也有少量的是使用中出现特性蜕变或由于引线短路而造成的损坏故障。

在数控机床中作为位置检测使用的电器元件避免在油中、化学溶剂，以及酸、碱的条件下工作。

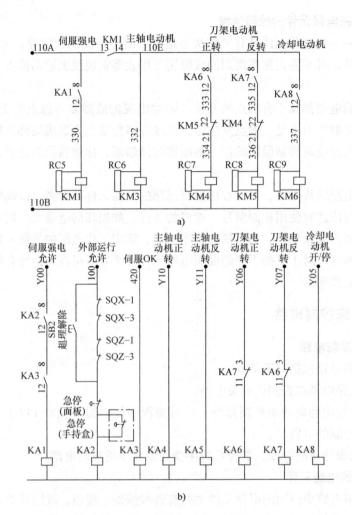

图 4-4 控制电路

a) 交流控制电路 b) 直流控制电路

图 4-5 操作盘外形

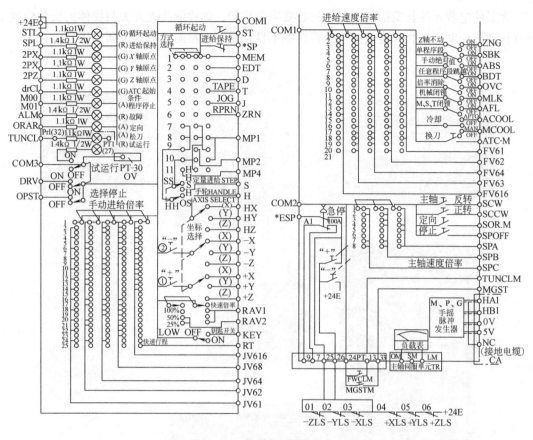

图 4-6   操作盘电路原理图

表 4-2   控制电路的主要电器元件的结构、作用、使用与维护

名称	主要结构	作用	使用及维护
继电器	由电磁机构、触点系统和其他部件组成	切换小电流的控制中间放大（触点数量和容量）	触点容易氧化、接触不良。更换时特别注意识别线圈是直流还是交流，以及电压等级
行程开关	由微动开关、外壳等组成	可作为位置检测、限位检测	容易受到撞击、进水、进油而损坏，注意防护或及时更换触点，容易氧化、接触不良
按钮	由触点、外壳等组成	向电气系统发出动作指令	触点容易氧化、接触不良
电感式接近开关	由感应头、LC 高频振荡器、放大处理电路组成	可作为位置检测、限位检测	这种接近开关所能检测的物体必须是金属导电体。请勿将接近开关置于 200Gauss 以上的直流磁场环境下使用，以免造成误动作
霍尔式接近开关	由霍尔元件、霍尔效应电路、内部开关电路组成	可作为位置检测、限位检测	这种接近开关的检测对象必须是磁性物体。工作时所要求磁场强度为 0.02~0.05T 输出状态分常开、常闭和锁存

单元 **4** 数控机床电气控制系统的维修

为了使电器元件长期稳定工作，务必要定期维护，如检测接近开关与物体的安装位置是否有移动或松动，接线和连接部位是否接触不良，是否有粘附切屑及金属粉尘。

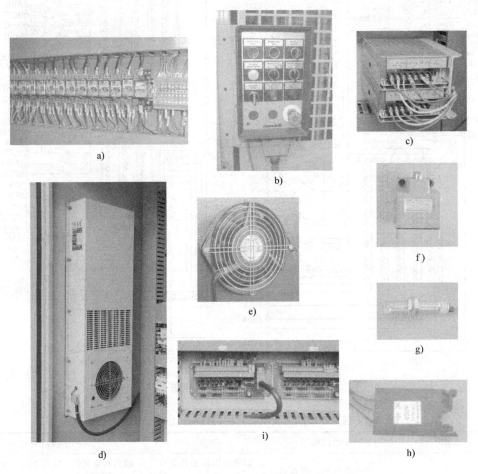

图 4-7　控制电路的元件

a）继电器　b）辅助按钮站　c）开关稳压电源　d）电柜空调机
e）冷却风扇　f）限位开关　g）电感式接近开关　h）灭弧器　i）接口电路板

4.2.3　数控机床电气控制系统的直流电源

数控机床电气控制系统内需要几组工作电源，直流电源是重要的组成部分，也是容易出现问题的部分。对直流电源的要求一是电压稳定，二是过载能力强，三是具有抗干扰能力。

1. 直流工作电源

数控系统用的直流电源现在多采用开关稳压电源，而早年使用的变压器降压－整流－滤波－稳压式电源，维修时偶尔也能遇见。

数控系统所需的直流电源有 5V、12V、±15V、24V 等电压，系统内不同的部位使用的电源电压、电流情况不尽相同，表 4-3 为数控系统中的各种常用直流电压等级。

表4-3　数控系统中常用的直流电压等级

电　压	使用于电路的部位	误　差
直流 300V	驱动器直流中压电源	±10%
直流 24V	接口电路、继电器、风扇、显示器等	±5%
直流 ±15V	模拟型放大器电路	±1%
直流 12V	无触点开关、继电器、显示器等	±1%
直流 5V	主板卡（IC/LSI）电路、编码器	±1%

　　直流电源故障大多数是由于负载引起的，如负载短路、过电流等。直流电源的稳压组件功耗大、热量高，是容易出问题的部件。直流电源都设有熔断器，熔断器起到过电流保护的作用。如果熔断器熔体已经熔断，在更换新的熔体之前一定要消除由于过载引起的过电流因素。

　　对伺服系统供电的直流电压，大多数是经伺服变压器及整流装置所获得的，一般称中压，而实际电压很高，断电后大容量电容还残存有电荷，在维修、检测时一定要用合适的电阻对其泄放，防止电击或烧损器件。

2. 电池

　　数控系统中有些环节在断电情况下需要电池保持延续供电，如有一部分记录加工程序或系统参数的 RAM 器件；或记录坐标位置信息的绝对值编码器等。

　　不同的数控系统选用的电池不一样，有的采用普通 1 号电池，有的采用普通 5 号电池，也有的采用锂电池。根据系统的要求，应按机床说明书规定定期更换。机床运行中，当这些电池电压低到下限时，数控系统会以报警形式提示，此时应以相同型号的电池尽快更换。

　　数控系统电池必须在通电情况下进行更换，否则程序及参数就会丢失，这一点与要求断电维修电器的常规不同，同时操作过程中还要注意不能产生瞬间短路现象。

3. 直流电源的检查

　　直流电源检查是非常重要的环节。首先要检查电源电压是否正常，这是数控机床正常工作最重要的条件。倘若直流电压不正常，必然造成故障停机，甚至造成系统工作状态紊乱。其次要检查电源的供电电路，也要检查由它供电的负载部分，核准是否都是正常的电压，同时还要检查那些不该得电的部分是否也带了电。要注意检查时的安全操作，一定不要让故障扩大。

　　不同的电器需要不同的供电电压，这是非常重要的一点，一旦出错会造成不可弥补的损失。例如有的 CRT 内部没有电源电路，需要外接直流 12V 供电。有的 CRT 内部有电源电路而需要由交流 110V 或 220V 供电，二者不能直接替换。

　　有的继电器外形相同，但线圈有直流 24V 或交流 220V 之分，插错肯定会出问题。

思考与练习

1. 数控机床对使用电源有哪些要求？
2. 维修交流主电路系统的电器元件故障时应注意哪些问题？
3. 直流电源故障的原因有哪些？
4. 更换数控系统电池时应注意哪些问题？

单元 **4** 数控机床电气控制系统的维修

4.3 数控机床电控系统的抗电磁干扰

为提高数控机床整机的工作可靠性，必须按照电磁兼容的原则，严格地实施接地、屏蔽等各种抗干扰措施，提高电气系统的抗干扰能力。

4.3.1 干扰源

干扰是指有用信号与噪声信号两者之比小到一定程度时，噪声信号影响到数控系统正常工作这一物理现象。干扰源分为内部干扰源和外部干扰源两种。

1. 内部干扰源

内部干扰源主要来自电控系统的设计、结构布局及生产工艺缺陷，主要有直流电源滤波不良造成的谐波干扰（俗称交流声）、接地不良或多点接地造成的公共阻抗而引起的耦合干扰、寄生振荡引起的干扰、不同信号的互相感应干扰、分布电容及长线传输造成的干扰、内部放电造成的干扰。

2. 外部干扰源

外部干扰源主要来自使用条件和外界环境因素，与电控系统内部结构和工艺无关，如来自交流电源的工频干扰，数控机床周围有电加工机床、电焊机、其他大型设备产生的电磁干扰，空中雷电及其他各种电磁场干扰。

内部干扰和外部干扰具有相同的性质，在消除和抑制的方法上没有本质的区别。

数控机床电控系统干扰的抑制主要采用接地与屏蔽以及隔离等方法。

在电控系统设计和施工中如能正确地采用接地与屏蔽措施，可以解决大部分的干扰问题。但实际上有些问题却被忽视，给以后的系统调试和运行带来极大的隐患。

4.3.2 系统的接地

1. 接地装置

为了减少系统与大地基准电位之间电位差造成的干扰，措施之一就是尽量减小接地电阻，消除各电路电流流经具有一定阻抗的公共地线时所产生的电压，因此对数控机床电控系统的接地装置有以下要求。

1）接地装置的接地电阻要在要求的数值范围之内，一般为 $4 \sim 7\Omega$ 以下。

2）避免形成接地环路，接地环路会形成感应电磁场，造成电磁耦合噪声。

3）接地装置要有足够的机械强度，连接必须牢固。

4）接地装置要经过防腐处理并能长期耐腐蚀。

接地装置有三种，分别用于电力系统、避雷针以及电子设备。数控机床电气控制系统属电子设备，只有良好的接地才能抑制和降低各种干扰，保证数控系统可靠地工作。接地装置应按特殊要求专门设置，以满足上述要求。绝不能把电力系统的中性线和避雷针上用的地线作为数控机床控制系统的接地装置。

常见的接地装置是一组成辐射状深埋的铜板、铜管或铁棒，每个车间最好设一个。

2. 对各类信号的接地要求

在数控机床电控系统中，根据数控系统、伺服驱动系统以及测量系统等不同的控制要求，分为信号地和屏蔽地（或称保护地）两种。

1）信号地，包括数字信号地、模拟信号地、直流地、交流地等。

在数字电路中，由于数字信号仅取"1"和"0"两个状态，分别以±5V和0V电平信号出现，相对于几十毫伏的噪声电平，其有效信号和噪声之比很大，因此抗干扰能力较强。

而模拟信号一般取之于A-D转换、D-A转换或模拟量给定电路，信号本身很弱。例如：调速比为1：1000的模拟量给定信号的最小量为10V/1000＝10mV；A-D转换的前级取之于位置传感器（如编码器、光栅尺等），信号幅度也仅为几十毫伏。二者的信号幅度都已与噪声信号电平相同，因此模拟地的接法、信号的屏蔽等必须严格，否则就会给系统带来很大误差，甚至不能正常工作。

2）屏蔽地。屏蔽地（也称保护地或机壳地），是为了防止静电感应和电磁场感应而设的，根据不同的屏蔽要求其接法有两种。一种是为了抑制电磁感应源对外界的影响，可采用高导磁材料制作的屏蔽盒，并将其接地。这类感应源有电磁铁、电动机、变压器、电感线圈等。另一种是对信号线抑制外界高频电磁场辐射影响（除上述电磁感应源外，还有无线电台、电视、雷达、雷电等高频电磁场）采用的信号屏蔽方法。

对于信号屏蔽线屏蔽层的接地是有要求的，原则是信号屏蔽线不能中断，即从信号源到接收装置是一条完整的信号屏蔽线。目前数控机床上的位置检测反馈信号、指令控制信号都是一根完整的不中断的信号屏蔽电缆。特殊情况下需要中断时（如经过一个继电器、接插件或接线端子等），其两个屏蔽层必须连接完好。

在制作工艺上，每条屏蔽电缆信号线与屏蔽层之间不能暴露太长，一般要求屏蔽层剥离段长度不能超过10～15mm。屏蔽层外面要有绝缘层，以防止与其他电器有电部分接触相连，引起意外故障。

3. 信号地和屏蔽地的接法

信号地和屏蔽地与接地线的连接要求如下：

1）不能把电力系统的中性线作为地线。为了减少电力系统对控制系统的干扰，在数控机床中不要把电力系统的中性线作为地线来用。为此，数控机床电气系统采用单设地线的三相交流电源，并且严禁把中性线引入电气柜。若个别电器需用单相220V/50Hz电源时，应增加一个隔离

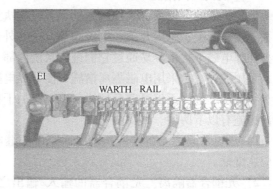

图4-8　电气系统的主接地排

变压器，因为交流电源上中性线的噪声电平对低电平信号来讲干扰非常严重，因此必须加以隔离和抑制。

2）一点接地。数控机床的控制系统按一点接地原则，避免接地电路形成环路产生较大干扰。所谓一点接地法，是把所有电气装置、部件需要接地的端子都汇集连接到一个主接地点，如图4-8所示。如机床电柜强、弱电分设时，只允许再设一个次接地点，主、次接地点之间要采用截面积足够的电线连接，确保内部所有电气装置的接地端子保持在相同的地电位，如图4-9所示。

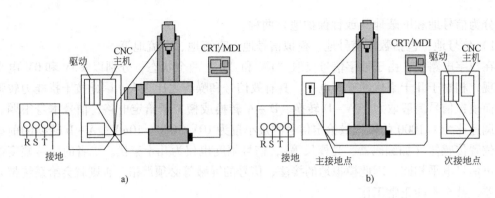

图 4-9 系统的一点接地
a) 一个主接地点 b) 主、次接地点

3) 信号地、屏蔽地与大地地的连接。信号地一般包括逻辑地、模拟地、电源地等；而屏蔽地（指屏蔽盒外壳、屏蔽线、外层金属线等）一般与机壳相接。

多数情况下，信号地与屏蔽地是直接相连的，也与大地地相连，这种方法安装工艺简单，但是要求接地线要粗，接地相连要可靠，并且接地系统的接地电阻保持在4Ω以下，否则会带来较大的干扰，影响系统正常工作。

如果将信号地与大地分开，称之为悬浮地。这种方法有一定的抗干扰能力，但工艺较复杂，并要求其绝缘电阻不能小于50MΩ，否则会随着绝缘下降而带来其他噪声干扰。

4.3.3 干扰的隔离

1. 干扰的隔离措施

数控机床的电控系统除控制主轴和进给等执行机构外，还有大量外部控制对象，如行程开关、操作开关、感应开关、电磁阀等。这些外部电器由于分布很散，距离主控制器又远，各类外部电磁干扰很容易通过它们进入系统内部，给控制系统带来不稳定。为了抑制这类干扰，常用的办法是采用电磁隔离措施，使外界电路与系统内部电路完全隔离，并可以有不同的参考电位，这样不仅可避免地线环路引起的干扰，也使安装工艺简化。常用的输入、输出隔离措施有以下两种。

1) 继电器隔离。在输入、输出回路中，继电器隔离电路比较简单，但缺点是体积大，响应速度低。

2) 光耦合器隔离。光耦合器的输入/输出之间有良好的隔离作用，其性能比前者优越得多。光耦合器由半导体红外发光二极管和光敏晶体管组成，具有输入/输出之间信号传输效率高、响应速度快，以及空间尺寸小、可靠性高、集成度高、安装方便、价格便宜的特点，在各种数控系统中被大量采用。

2. 电控系统内部干扰的抑制措施

1) 机床电控系统内部的放电干扰现象主要有：弧光放电以及火花放电。这是由电路中很多感性负载造成的，例如电动机、电磁铁、继电器、接触器等。这些感性负载中，如果电路瞬间断开，电感中储存的能量要通过断开电路的触点释放，此时就在电感负载上产生感应电压，$U_L = L di/dt$，感应电压与负载电感量 L 和电流的变化率 di/dt 成正比。电路由接通到瞬间断开，电流变化率必定很大，则在该触点上施加一个很高的感应电压，致使触点间产生火花放电，若电流较大（该电流由电路断开前电感上的电流决定）还会产生弧光放电，对电路产生严重干扰。

抑制火花放电干扰的措施是在断开感性负载时提供由于电路断开而放电的回路，就能避免触点打火，也就消除了干扰。

2）对于直流电路中的感性负载，例如直流电磁铁、直流继电器等，在负载上并联一个放电二极管，极性与直流电源相反，如图4-10a所示。这是一种简单实用的方法，当触点K闭合、电路接通时，感性负载上的电流为 $I_L = U_C/R$，此时二极管施以反向电压不导通；当触点K断开时，感性负载 L 上产生感应电压 $U_L = Ldi/dt$，由于 di/dt 是负值，故使二极管VD导通，电感上的能量通过二极管VD引线的回路释放，而不会形成触点打火，其时间常数由 L/R 决定。对二极管VD来说，其耐压要大于 U_C，额定电流要大于 U_L/R。

3）对于交流电路中的感性负载，例如交流接触器、交流电磁阀、电动机等，为消除其通断操作中的接点火花干扰，在负载两端不能采用并联二极管的方法，而是采用阻容吸收回路。该装置由一个电阻和一个电容串联而成，有单相和三相两种类型。

单相阻容吸收回路，用于单相交流感性负载，如交流接触器等，如图4-10b所示。

三相阻容吸收回路，用于三相交流感性负载，如三相交流电动机，如图4-10c所示。

R、C 吸收回路作为一个负载并联在感性负载上，在交流回路中有一定的损耗，因此 R、C 的数值选定满足以下条件：

$R^2 + 1/(\varepsilon C)^2 \gg (\varepsilon L)^2 + R_L^2$（一般取10倍左右），其中 R_L 为电感负载的直流电阻。

R 的额定功率要大于 $U^2 R/\left[R^2 + 1/(\varepsilon C)^2\right]$，其中 U 为 U_C 的有效值。

当 U_C 中谐波分量很大时会减小容抗，因此要增大电阻的额定功率，否则会使电阻过热而烧坏。

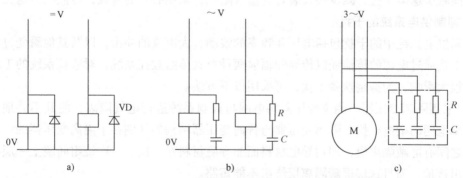

图4-10 抵制火花放电干扰的措施
a）直流电路 b）单相交流电路 c）三相交流电路

3. 抑制长线传输的干扰

数控机床是实时控制系统，从传感器信号传输到中央处理器，再将控制指令送往执行机构，由于其间连接距离很长，尤其是大型机床，连线往往长达几十米。信息在长线上传输时会遇到三个问题：一个是长线传输信号会产生畸变和衰减；二是长线传输易受外界和其他传输信号的干扰；三是长线传输会产生信号延时。为此长线传输中必须采用合适的传输方式，再加以滤波、阻抗匹配以及屏蔽等措施，使长线传输信号不失真、延时小、抗干扰能力强，以提高系统的可靠性和稳定性。

长线传输中的干扰源种类很多，要消除或抑制干扰有以下三种方式。

1）消除或抑制静电耦合干扰。两根导线之间存在分布参数耦合电容，两根平行导线与地之间也存在分布参数电容。减少导线间分布参数耦合电容，最有效的办法是增加导线间距离，并且让两导线交叉而不平行。

减少这种静电耦合感应干扰就要把强电和弱电信号分开增大距离，尤其是动力电缆必须单独走线，而且最好用屏蔽线，动力线不能与信号线平行走线，更不能将它们装在同一电缆中，否则工频干扰不可避免。

2）消除或抑制互感耦合干扰。任何载流电路，只要有交变电流通过，周围空间就会产生交变电磁场，这种交变电磁场对其周围闭合电路会产生交变感应电动势，这就是很普遍的干扰源。尤其是在设备内部的变压器、扼流圈、电磁铁的漏磁，对周围的信号线会产生各种干扰。比较简单可靠的办法是用双绞线或同轴电缆传输信号，就能有效抑制干扰。

双绞线是现代高速计算机等实时控制系统常用的一种传输线，它与同轴电缆相比虽然频带较差，但是有波阻抗高、导线细、柔软、制造容易、成本低等优点，因此目前在数控系统中得到大量的采用。

3）公共阻抗耦合干扰。公共阻抗耦合干扰是指两个以上的电路有一个公共阻抗时，当一个电路的电流流经该公共阻抗时，会在该公共阻抗上产生电压降，该电压降会影响到另一电路，使该电路工作不正常，这种干扰称为公共阻抗耦合干扰，对模拟量小信号控制电路更为严重。这种干扰多数是由于多点接地造成的。因此在电气施工中要明确接地要求，采用汇流排单点接地，同时加大地线导线直径（截面积至少在 $3.5 \sim 5mm^2$ 以上）。减少接地点之间电阻就能减少这类干扰，减少接收装置的输入阻抗，采用必要的滤波，也能减少这类干扰。

4. 抑制供电系统的干扰

车间供电系统中的干扰包括电压和频率的波动，大电流的冲击，以及其他瞬变过程，这些强电干扰通过电源的传输线以传导和辐射两种形式传给数控系统，对数控系统的工作稳定性带来很大影响，为抑制这些干扰，可采用以下方法。

1）采用隔离变压器。隔离变压器将电网与控制系统进行电气隔离，使其不共地，从而大大减少电网的杂电干扰。隔离变压器与普通变压器结构的区别在于隔离变压器的一次、二次绕组之间有屏蔽隔离层，即用导电材料而非导磁材料在一次、二次绕组间绕上一层，只将一端引出接地，而且这层屏蔽隔离层绕组不能短路。

2）采用低通滤波器。电网频率为低频50Hz，而电网干扰多数为电网上的谐波分量或外界的高频射频干扰。因此可用低通滤波器对谐波或高频干扰进行滤除。低通滤波器可由电容和电感（又称扼流圈）组成。对扼流圈的要求是内阻小，体积也小，因此可采用电感线圈绕在磁导率很高的导磁介质上。而电容也可做成串心电容，使接线更容易。

滤波器本身要屏蔽，并接地良好，且要尽量安装在电网刚进入需要滤波的地方。

3）采用交流稳压器。比较理想和实用的供电系统抗干扰的措施是：先通过交流稳压器，再经过隔离变压器和低通滤波器供给数控系统。

1. 数控机床电控系统如何消除和抑制电磁干扰？
2. 对数控机床电控系统的接地装置有哪些要求？
3. 对信号地和屏蔽地与接地线的连接有什么要求？
4. 常用的输入、输出隔离措施有哪些？

4.4 数控机床电气控制系统维修

4.4.1 数控机床电气控制系统维修要点

1）数控机床电气系统的维修涉及"强电"，安全作业十分重要。

首先要提高安全意识，严格遵守安全操作规程，特别要注意人身安全。在没有备好绝缘用具、未采取断电措施下不能进行电气柜内作业。再者是注意设备安全，随时注意操作方法合理、正确，对于原因不明的故障，绝不能盲目处理，一定要追根寻源、分析清楚。

2）对于电气系统故障诊断与维修时必需的带电试验或操作，绝不可一人独行，一定要有监护人员配合，要始终保持清醒的头脑，同时"眼观六路耳听八方"。

3）维修工具使用要得当，大、小工具不要代用。用仪表测量时要注意随时调整在合适的挡位，千万不能用测电阻挡测高电压，以免损坏仪表。

4）电气系统故障诊断与维修工作结束，合闸上电前必须再行仔细检查，要与操作人员呼应后逐级通电，在大型数控机床维修后尤其要注意。合理的方法是按照事先拟好的提纲按顺序进行，即所谓"唱票"操作，以确保安全。

5）对于电气系统故障维修更换的电器元件，一定要观察其初期的运行状态，验证其更换的合理性。

6）做好诊断与维修工作的过程及处理记录。

4.4.2 数控机床电气控制系统维修案例

1. 热继电器失效导致电动刀架不换刀故障的排除

机床名称：CK6140I 数控车床

故障现象与诊断过程：机床运行中出现电动刀架不换刀现象，数控系统 CRT 提示"换刀时间过长"。经诊断时间参数没有更改，控制状态位也都正确。再检测电柜内主电路控制电器后发现热继电器不通，拆下热继电器打开察看，发现双金属片上的电阻丝已烧坏。继续查找烧坏原因，发现电动机的相间电阻接近为 0Ω，再查到电动机接线盒内，发现引线端子内积满了铸铁末，这就是故障的根源。而造成故障根源的原因是操作工清扫机床时经常用气枪吹铁屑。

故障排除：更换同型号新的热继电器，清理电动机接线盒，重新接线，并用塑料袋将接线盒包严，机床电动刀架恢复正常工作，同时提请管理人员要杜绝操作工用气枪清扫机床的现象，否则铁屑进入电气柜危害性更大。

2. 行程开关失效导致不能回参考点的故障排除

机床名称：XK8140 数控铣床，FAGOR – 8025M 系统

故障现象与诊断过程：X 轴不能回参考点。通过系统工作方式 9 进入 I/O 诊断页面，按动 X 轴行程开关相关诊断位无反应，初步判定是 X 轴行程开关损坏。拆开开关发现里面全是切削液，因而造成开关腐蚀损坏。那么切削液是从哪里来的呢？经检查原来工作台下的接水塑料管随 X 轴的运动摇动而造成一小裂口，切削液从裂口渗出并沿工作台浸入开关。

故障排除：更换同型号新的行程开关，开机试验机床回参考点正常。为防止切削液的浸入，更换已裂的塑料管，并用金属管卡固定，使其不再摇动。

> **小贴士** 以上两例说明：故障的表面现象是某个元件的损坏，而引起故障的原因是另外方面的原因，排除故障的同时必须要解决造成故障的根源问题。

3. 电感式接近开关失效导致主轴齿轮不能变挡故障的排除

机床名称：卧式加工中心

故障现象与诊断过程：系统 CRT 报警提示为"主轴齿轮变挡故障"。该机床主轴为三挡齿轮变速，在变速液压缸后装有三个电感式接近开关，分别对应三个变挡位置。在 CRT 上观察这三个开关对应的 PLC 输入地址状态时，发现 1 挡的开关状态始终为 0，因此可以肯定故障出在此开关的电路上。分析 PLC 程序，也证实报警号是由此开关的状态错误而送出的。当打开电柜观察 PLC 的 LED 状态指示时，却发现此开关输入点的 LED 是亮的；再检查变速液压缸的开关实体，开关体上的 LED 也是亮的，与 CRT 显示的不符。故障出在哪里呢？如果不做细致的观察，就可能武断地认为系统 PLC 的 32 位输入模块损坏了。但仔细观察一下 PLC 输入模块的状态 LED，发现对应此开关的 LED 的亮度与本模块上其他输入点正常发光的 LED 相比略低。用万用表测量该输入点与地之间的电压，只有 10V 左右，远低于正常的 24V。再观察感应开关上的 LED，其亮度也较暗。断开开关的输出线，空载测量其与地间的电压，仍为 10V 左右，由此证明是开关损坏，造成输出电压值大大低于额定值，使 PLC 无法识别其为高电平，产生变挡报警。

故障排除：更换同型号新的电感式接近开关后，检测输出电压能达到 24V，机床恢复了正常。

4. MTC – 1T 数控系统电源故障的排除

MTC – 1T 数控系统是国产数控车床控制系统，初期故障为显示屏无显示，查电源输入 220V 正常，打开系统后盖检查，见图 4-11 电源显示部分，5V 电源指示发光二极管不亮，其他四个发光二极管正常发亮。查 3A 玻璃管熔断器已熔断，该部分电路图如

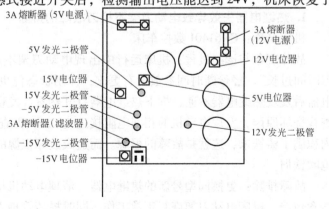

图 4-11　电源显示部分

图 4-12 所示。

该系统的显示器电路工作电压是 12V，5V 电压是供给主板系统的，为何显示器电路的工作电压正常，而显示屏上没有光栅呢？原来该系统采用单频单色显示器，行扫描电路不带行振荡电路，由系统主板送来的行同步脉冲直接加至行激励电路、行输出电路、高压电路来工作。这种电路在主板不工作时，显示屏是不会出现光栅的。经检查 R_1（1.5Ω）已断，VT_1 晶体管 MJE2955T 的 E－B 击穿、C－E 已开路，该管为 U1－7805 集成稳压电路扩展电流而设。由于 5V 的主板系统负载无短路，更换损坏元件后，系统恢复正常。

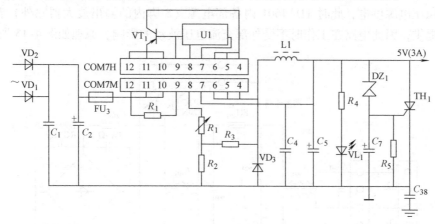

图 4-12　电源部分电路图

5. 开关稳压电源的维修

（1）故障现象　数控系统显示器无显示，测开关电源输出端无输出。

（2）工作原理　该电源为三组直流输出的并联式开关电源，整个电路由一块集成电路（I901）和一只开关晶体管（VT901）控制，开关晶体管采用他励形式工作，由 I901 提供导通激励和截止激励，该电源单独装在一个铁盒内，与外部连接采用接插件。

图 4-13 所示为该开关电源的原理框图，整个电路由交流滤波电路、整流滤波电路、开关控制电路及开关调整电路和低压整流电器等组成。

1）交流滤波及整流滤波电路。

交流电源 220V 通过接线端子进入开关电源，交流电源通过 C_{902}、L_{901}、C_{924}、C_{925}、C_{901}、L_{904} 滤波，防止输入电源对开关电源的干扰，通过 FU_{901}（2.5A）延时熔断器将电源分为两路，一路由 PTC（270N）消磁电阻给消磁线圈提供交流电源，另一路电源加到桥式整流器（VD_{902}～VD_{905}）上，通过 C_{907} 和 C_{926} 滤波，输出近 300V 的直流脉动电压（注意：整流桥上有四只电容）。该电压经熔断器 FU_{902}（1.25A）由开关变压器的 1～7 绕组加到 VT_{901} 上，如图 4-14a 所示。

2）开关集成电路的工作过程。该电源中采用的集成电路型号为 TDA4601，其外形和框图如图 4-14b、c 所示。

TDA4601 的第 8 脚输出正极性脉冲，该脉冲使开关管 VT_{901} 饱和导通，脉冲周期受集成

图 4-13　开关电源的原理框图

电路内锯齿波控制电路的控制。集成电路的 7 脚输出一个负极性脉冲，该脉冲使开关管 VT_{901} 迅速截止，其脉冲周期也受集成电路内锯齿波控制电路的控制。集成电路的 9 脚为供电端，在开机瞬间，通过 VD_{901} 和 R_{902}、R_{919} 提供一个起动电压，这个起动电压在起动时间向 C_{915} 充电，当 C_{915} 的充电电压达到能使集成电路的第 9 脚内的稳压器工作时，TDA4601 起动并开始工作。TDA4601 的第 7 脚和第 8 脚输出使 VT_{901} 工作，一旦电路开始工作，来自开关变压器的 11 ~ 13 绕组（起动绕组）的输出将被 VD_{901} 整流和 C_{915} 滤波，并在 C_{915} 两端建立一个比起动电压更高的电压，这样 VD_{901} 被反向偏置，因而 TDA4601 开始通过其第 9 脚由自己本身的稳压电源供电，此时 TDA4601 内各部电源（8 脚内的输出放大器除外）都由内部稳压电路提供，因此电路在工作时不受外部交流电压波动的影响，原理如图 4-15 所示。

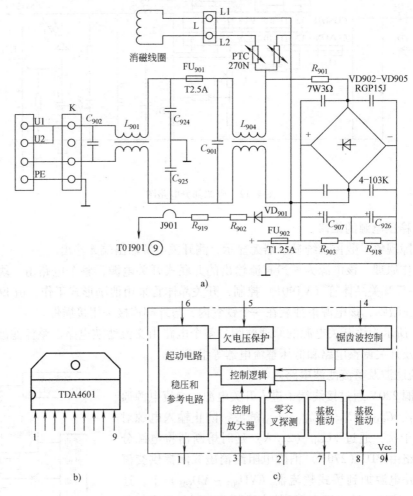

图 4-14 开关电源交流滤波及整流滤波电路
a) 电路原理 b) 外形 c) 集成电路内部框图

TDA4601 的第 5 脚为欠电压保护信号输入端，当输入交流电源电压过低时，经 VD_{901} 和 R_{902}、R_{919} 产生的起动电压也较低，这样有可能使 TDA4601 的第 7 脚和第 8 脚输出的脉冲信号幅度不足，不足以激励开关管 VT_{901}，造成 VT_{901} 因激励而损坏。R_{911} 为欠电压保护取样电阻,当交流电源电压较低时,TDA4601 的第 9 脚的电压也较低,则经 R_{911} 输入到第 5 脚的电压也较低。第 5 脚内的欠电压保护电路动作,并通过逻辑控制电路关闭 TDA4601 的第 7、8 脚的驱动脉冲,从而达到欠电压保护的目的。

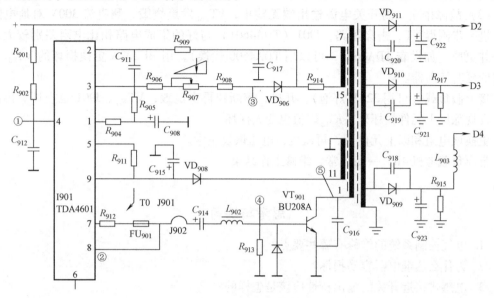

图 4-15 开关电源原理图

TDA4601 的第 4 脚内电路为锯齿波控制电路,由 C_{912} 和 R_{910}、R_{920} 组成 RC 积分电路,该积分电路产生的锯齿波电压由 TDA4601 第 4 脚接入,锯齿波的上升部分对应于开关管 VT_{901} 的导通部分。

TDA4601 的第 1 脚内电路为起动电路稳压器和参考电压稳压器。该稳压器产生一个 4.3V 参考电压,并由 R_{904} 和 R_{905} 将这个参考电压送入控制放大器作比较信号之用。

TDA4601 第 2 脚内电路为零交叉检测电路。开关变压器第 15 脚的输出信号经 TDA4601 的 2 脚提供一个零交叉信息,即零交叉电压。这个电压的零点正好对应于开关管 VT_{901} 即将导通前一瞬间,这个零交叉电压通过零交叉检测电路给逻辑控制电路,最后由 VT_{901} 的导通激励电路产生一个导通脉冲使 VT_{901} 导通。

TDA4601 的第 3 脚内电路为控制放大电路。该电路一方面通过 R_{904} 和 R_{905} 接受来自 I901 的第 1 脚输出的参考电压;另一方面开关变压器绕组 9 ~ 15 上产生的电压通过 VD_{906} 和 R_{908}、R_{907}、R_{906} 也送到 I901 的第 3 脚,进行比较后,通过逻辑电路调整开关管 VT_{901} 基极驱动信号的占空比,从而达到稳压输出的目的。

3)开关调整电路。

开关调整电路主要由开关管 VT_{901} 组成,C_{916} 的作用一方面是吸收 VT_{901} 的集电极尖峰电压,另一方面是延迟 VT_{901} 管的集电极电压上升时间,以减少 VT_{901} 的截止功耗。

电源的稳压过程:当二次电压上升时,C_{913} 两端的负电压也会上升,这样 TDA4601 的 3 脚上的比较电压就要下降,通过控制放大器和逻辑控制电路使开关管 VT_{901} 的基极驱动脉冲占空比发生相应变化,从而使输出电压下降,达到稳压输出的目的。

TDA4601 内设有过电流保护装置。当电源输出端发生短路时,开关变压器的绕组 9 ~ 15

的输出电压下降，即I901第3脚上的电压上升。通过逻辑控制电路，使开关管基极的驱动脉冲发生变化，此时正负驱动脉冲占空比将达1:244，这时电源功耗只有4W，电源二次侧也无输出，起到了过电流保护的作用。

（3）故障排除　测开关电源输出端无输出，VT_{901}发黑烧毁，测直流300V对地电阻为零，进一步测得VT_{901}击穿短路，I901（TDA4601）与好的集成电路相比电阻差别较大，也要一并更换（如没有TDA4601，可以用TDA4600代换），用BU208A更换损坏的VT_{901}，换上好的延时熔断器。

接上假负载（可用220V灯泡），开机，熔断器再次烧毁，VT_{901}、I901也损坏。再次检查，发现除以上元件损坏外，R_{912}阻值也变大损坏。

更换该电阻和以上元件后，再试机，电压恢复正常。

带原负载考机4h，一切正常，维修工作结束。

思考与练习

1. 电气控制系统的维修有哪些要点？
2. 为什么热继电器容易损坏？
3. 电感式接近开关的输出特性应该是怎样的？
4. 集成电路TDA4601各引脚的功能是什么？

单元练习题

1. 数控机床电气系统包括哪些？
2. 简述数控机床电气系统的安全性要求。
3. 数控机床电气系统常有哪些电器元件？常见故障有哪些？
4. 对查出有问题的电器元件如何处理？应注意什么问题？
5. 数控机床控制电路有哪些电器元件？常见故障有哪些？
6. 使用数控系统的电池应注意哪些问题？
7. 试述开关型稳压电源的原理与电路结构。
8. 开关电源更换元件后应注意什么？

单元5 数控系统的故障维修

 学习目标

1. 了解数控系统故障维修工作的意义。
2. 理解数控装置接口信号连接的含义。
3. 掌握数控系统故障维修技术概念。
4. 掌握数控系统故障检查的规律。
5. 重点掌握数控系统故障诊断与维修方法。

 内容提要

数控系统由多个子系统（或称独立单元）组成，包括 CNC 装置、伺服驱动器、反馈测量系统、操作面板、显示单元等。这些单元以一定的适配关系相互紧密地联系，信息流、数据流、能流等在瞬息万变中相互交融。

本单元的主要内容是介绍数控系统的连接构成及各独立单元之间适配关系的信号、处理、传输及执行过程中所出现的故障问题维修，涉及电子电路相关知识。

5.1 数控系统的接口

5.1.1 数控装置的接口连接规范

数控装置是数控系统的控制中枢。数控装置的接口不仅是多输入、多输出的，而且接口的结构形式为混合型，与其他单元的连接关系比较复杂，因此有必要对其加以了解。

数控装置、控制设备和机床之间的接口关系如图 5-1 所示。依据于 JB \ GQ1137—1989《数控装置和数控机床电器设备间的接口规范》及 ISO 4336 —1981（E）和 IEC 出版物 550（数字控制和工业机械之间的接口）标准，这些标准规定了接口连接的通用技术要求，并且将接口按连接功能分为 4 组，即

第 I 组，驱动命令，主要是实现控制轴的运动，具体内容见表 5-1。

第 II 组，测量系统和测量传感器的互联，具体内容见表 5-2。

第 III 组，电源及保护电路，具体内容见表 5-3。

第 IV 组，通/断信号和代码信号，见表 5-4 和表 5-5。

其中表 5-4 为第一类信号，即必需信号，是为了保证人和设备的安全，便于操作的信

号，如"急停""进给保持""数控准备好"等。

表5-5为第二类信号，即任选信号。任选信号并非每台数控机床都使用，而是在特定的数控装置和机床配置条件下才使用的信号，如"M信号""S信号""T信号"等。

表中"信号源→目的地"栏中的"机床"是指机床侧的限位开关、继电器、信号灯、编码器、测速发电机、电磁阀以及操作盘的按钮、开关、指示灯等。

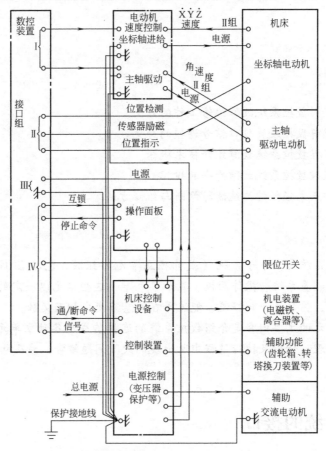

图5-1 数控装置、控制设备和机床之间的接口关系

表5-1 Ⅰ组信号

序号	名称	信号源→目的地	功能说明	信号形式及相互关系	作用及操作
1	指令信号	数控装置→进给驱动	传输转速和方向控制信号	0~±10V 模拟量电压或脉冲数字信号	由数控装置控制进给驱动器
2	指令信号	数控装置→主轴驱动	传输转速和方向控制信号	0~±10V 模拟量电压或脉冲数字信号	由数控装置控制主轴驱动器

表5-2 Ⅱ组信号

序号	名称	信号源→目的地	功能说明	信号形式及相互关系	作用及操作
1	位置检测	机床→数控装置	机床进给轴位置的检测	脉冲或者正弦波信号	用编码器等元件以构成系统位置环
2	位置指示	机床→数控装置	用于主轴位置的指示	脉冲或者正弦波信号	用编码器等元件实现切削螺纹、C轴加工等

（续）

序号	名称	信号源→目的地	功能说明	信号形式及相互关系	作用及操作
3	速度反馈	机床→进给驱动	进给轴电动机速度检测	电压或脉冲信号	用测速机或编码器等实现伺服系统速度环
4	角速度反馈	机床→主轴驱动	主轴电动机角速度检测	电压或脉冲信号	用测速机或编码器等实现伺服系统速度环
5	传感器电源	数控装置→机床	供给传感器工作能量	电压信号	用于坐标轴检测

表 5-3　Ⅲ组信号

名称	信号源→目的地	功能说明	信号形式及相互关系	作用及操作
电源	机床控制→数控装置	数控装置电源	单相交流电压或直流电压	由机床电气柜提供有关工作电压

表 5-4　Ⅳ组第一类信号

序号	名称	信号源→目的地	功能说明	信号形式及相互关系	作用及操作
1	紧急停止	机床→数控装置	中断全部受控的运动和指令	低电平连续信号	控制机床运动的全部输出转换成低电平。尽可能立即起作用并保持到重新起动为止
2	进给保持	机床→数控装置	在控制状态下停止坐标轴的运动。最低限度要求是数控中断机床数控坐标轴的运动指令	低电平连续信号	在控制状态下尽快停止坐标轴的运动，同时在保留不丢失数据的情况下，恢复操作的能力
3	新的数据保持	机床→数控装置	在现行指令执行结束的时候，此信号将使数控停止发出任何更多的指令	低电平连续信号	禁止传送任何新的数据到工作寄存器
4	循环起动	机床→数控装置	在数控控制的自动方式下开始工作	脉冲高电平信号。逻辑上取决于机床的状态	数控将执行新的数据并向机床发出指令
5	按钮紧急停止	数控装置→机床	手动操作装在数控箱上的红色蘑菇头按钮产生此信号	实际上断开电路	按压此按钮断开机床急停装置的电路
6	数控装置准备好	数控装置→机床	表示数控已准备好所有工作方式	高电平连续信号	当此信号变低时紧急停止过程开始

（续）

序号	名称	信号源→目的地	功能说明	信号形式及相互关系	作用及操作
7	在循环中	数控装置→机床	在数控的某一工作方式下，数控执行指令时产生此信号	高电平连续信号。自动工作方式中，当程序停止或程序结束时，此信号变低。在单程序段或手动数据输入方式中，当指令执行完后，此信号变低	指示机床（或操作者）数控正在执行指令。此信号可以用作机床运动的逻辑状态
8	数控方式	数控装置→机床	指示机床已选定了数控工作方式之一（自动、单程序段、手动数据输入方式等）	高电平连续信号	使手动和数控工作方式之间实现互锁
9	手动方式	数控装置→机床	指示机床已选定了手动工作方式	高电平连续信号	使手动和数控工作方式之间实现互锁

表5-5　Ⅳ组第二类信号

序号	名称	信号源→目的地	功能说明	表示法及相互关系	作用及操作
1	准备移动	机床→数控装置	表示许可移动	高电平连续信号	使数控可直接移动坐标轴，与本类的（13）连用
2	行程极限	机床→数控装置	表示机床某一坐标轴已运动到正常行程的极限	低电平连续信号，建议每个坐标轴都是带方向的信号	最低限度要使进给保持起作用
3	快速移动行程极限	机床→数控装置	表示机床某一坐标轴已运动到规定位置行程极限	低电平连续信号，每个坐标轴一个信号	由快速减至较低速，该低速允许在行程极限处停止，而无超程
4	参考位置	机床→数控装置	表示某一坐标轴距参考点位置在规定的距离内	高电平连续信号，每个坐标轴一个信号	允许定位精度的参考位置，尤其是使用增量制或半绝对测量制时
5	手动连续运动命令	机床→数控装置	命令一个坐标轴运动，通常是由操作者从机床面板上给出命令	高电平连续信号，每个坐标轴都有这种信号，而且正向运动一个，负向运动一个，或者每个坐标方向一个，或许有必要用更多的信号确定速度，至少有一个信号用于快速	使操作者有可能直接移动坐标轴
6	报警	数控装置→机床	表示检测到不正常现象	低电平连续信号	准确的作用取决于机床，建议机床执行新的数据

（续）

序号	名称	信号源→目的地	功能说明	表示法及相互关系	作用及操作
7	程序停止	数控装置→机床	与 M 功能程序停止一致	高电平连续信号，当包括 M 功能的程序段命令完成时此信号开始，当"循环起动"起作用时，此信号变为低电平	在程序段中其他命令完成后，结束进一步处理
8	复位	数控装置→机床	当数控复位时，传送此信号。数控由手动操作复位或由执行程序功能结束复位	脉冲高电平信号，在手动操作或包括程序结束在内的程序执行完成后，立刻出现此信号	复位机床电气设备
9	M 信号	数控装置→机床	ISO6983/2 中定义的表示辅助功能的一组 M 代码信号	两位二－十进制数和一个选通信号，这些信号由高电平表示。BCD 数据信号可以是脉冲的，也可以是持续的	使所有需要的 M 功能实现译码
10	S 信号	数控装置→机床	表示主轴速度功能的一组 S 代码信号	两位二－十进制数和一个选通信号，这些信号由高电平表示。BCD 数据信号可以是脉冲的，也可以是持续的	使需要控制主轴速度的所有 S 功能实现译码
11	T 信号	数控装置→机床	表示刀具功能的一组 T 代码信号	两位二－十进制数和一个选通信号，这些信号由高电平表示。BCD 数据信号可以是脉冲的，也可以是持续的	使选择刀具需要的所有 T 功能实现译码
12	其他功能信号	数控装置→机床	机床需要的，表示一些特殊功能的一组代码信号	两位二－十进制数和一个选通信号，这些信号由高电平表示。BCD 数据信号可以是脉冲的，也可以是持续的	使需要的所有特殊功能实现译码
13	坐标轴运动	数控装置→机床	表示数控已准备好，坐标轴可在两个方向的任一方向运动	对于各自坐标轴或方向为高电平连续信号	确保运动是可能的（如检查无限位故障，释放了夹紧等）应与本类的9连用
14	螺纹切削	数控装置→机床	与车螺纹和攻螺纹方式的 G 代码相对应的功能	高电平连续信号	车螺纹或攻螺纹需要的识别条件，如刀具预选，或将进给保持信号译作主轴停止信号

単元 **5** 数控系统的故障维修

5.1.2 数控装置的开关量接口电路

控制装置与机床各个功能模块之间的联系和控制是通过开关量接口（I/O 接口）电路进行的。I/O 接口电路的主要作用，一是进行电平转换和功率放大，二是提高数控装置的抗干扰性能。因为一般数控装置的信号是 TTL 逻辑电路产生的电平，而控制机床的信号不一定是 TTL 电平，且负载较大，因此要进行必要的信号电平转换和功率放大，为防止外界的电磁干扰而引起数控装置的误动作，因此 I/O 接口一般都采用了光耦合器件或继电器，具体的电路如下：

1. 输入电路

1）接收直流输入信号（A）。直流输入信号（A）是从机床到数控装置的信号，一般来自机床侧的按钮、限位开关、继电器触点及微动开关等到数控装置的光耦合器，如图 5-2 所示，这些触点应满足下列条件。

触点容量：DC 30V、16mA 以上；

开路时触点间泄漏电流：1mA 以下（电压 26.4V）；

闭路时触点间的电压降：2V 以下（电流 8.5mA，包括电缆的电压降）。

信号（A）的时序规定如图 5-3 所示。

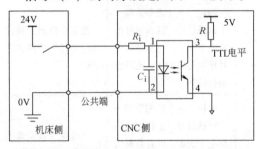

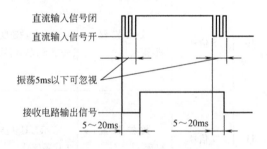

图 5-2　接收直流输入信号（A）的输入电路　　　图 5-3　直流输入信号（A）的时序图

2）接收直流输入信号（B）。直流输入信号（B）也是从机床到数控装置的信号，一般来自高速下使用的无触点开关信号，如接近开关、光电开关，到数控装置的光耦合器，如图 5-4 所示，开关应满足下列条件。

开关容量：DC 30V、16mA 以上；

开路时开关间泄漏电流：1mA 以下（电压 26.4V）；

闭路时开关间的电压降：2V 以下（电流 8.5mA，包括电缆的电压降）。

信号（B）的时序规定如图 5-5 所示。

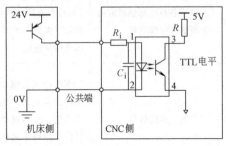

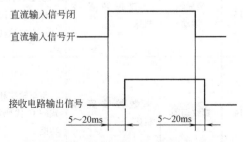

图 5-4　接收直流输入信号（B）的输入电路　　　图 5-5　直流输入信号（B）的时序图

2. 输出电路

直流输出信号用于驱动机床侧的继电器
或发光二极管、信号灯，一般采用晶体管为驱动器件，图 5-6、图 5-7 所示为输出电路，驱动晶体管的参数如下：

输出 ON 时的最大负载电流（包括瞬间电流）：200mA 以下；

输出 ON 时的饱和压降：200mA 时最大为 1.6V，典型值为 1V；

输出 OFF 时的耐压（包括瞬间电压）：24V × (1 + 20%) 以下；

输出 OFF 时的泄漏电流：100μA。

注意当使用机床侧 24V 稳压电源时，电源的 0V 应接到控制单元 0V，不应接机床侧的地。机床侧连接的继电器等感性负载，必须并接续流二极管，续流二极管应设置在靠近负载的部位（200mm 以内），机床侧连接电容负荷时，必须串接限流电阻，包括瞬间值在内的电压、电流必须在额定值范围之内。

输出直接点亮指示灯时会产生冲击电流，很容易损坏输出晶体管，因此需要保护电路，包括瞬间值在内的电压、电流必须在额定值范围之内。

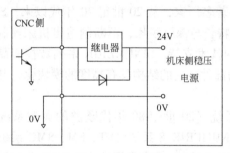

图 5-6　用外部电源的输出电路

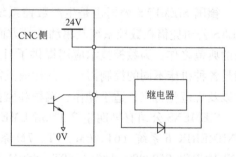

图 5-7　用内部电源的输出电路

> **>> 小贴示**　　I/O 接口是强电与弱电的汇合处，主要连接电缆和插件经常会出问题，还有可能对接口电路造成损害，甚至会造成对数控装置的局部破坏，这是维修工作中要非常重视的问题。

思考与练习

1. 怎样理解数控装置接口连接的 4 组信号的意义？
2. 必需信号主要有哪些，其作用是什么？
3. 光耦合器的原理和作用是什么？
4. I/O 接口的主要作用是什么？

5.2 典型数控系统结构与连接

目前我国数控机床的控制系统中，计算机数控系统的品牌和种类繁多，其中国外的有，日本 FANUC、德国 SIEMENS、美国 CINCINNATI、西班牙 FAGOR、德国 HEIDENHA、日本 MITSUBISHI、法国 NUM 等，其性能优良、功能完善、品种齐全，占有较大的市场份额；国内的有华中、蓝天、航天、开通、广数、凯恩帝、四开等，这些产品功能齐全、价格低、可靠性高，具有较好的应用前景。

日本 FANUC 数控及工业机器人是富士通自动数控公司专门生产的产品，FANUC 数控系统是世界上最有影响的、最畅销的机床控制系统。该公司自 20 世纪 50 年代末期以来，已开发出 40 多种系列的数控系统，特别是 20 世纪 70 年代中期开发出 FS6、FS7 系统以后，所生产的数控系统都是 CNC 系统，如 FS11、FS15、FANUC – 0C/0D、FANUC – 0iA/0iB/0iC、FANUC – 16/16i/18/18i/21/21i、FANUC – 30i/31i/32i/0iD。FANUC 数控产品在各种机床上使用最广，因此也是操作、维护工作中遇到最多的数控系统。

德国 SIEMENS 公司也是生产数控系统的世界著名厂家，从 20 世纪 70 年代以来，SIEMENS 公司凭借在数控系统及驱动产品方面的专业特长与深厚积累，不断制造出机床控制产品的典范之作，为数控技术应用提供了日趋完善的技术支持。SINUMERIK 系列数控产品能满足各种机床不同的控制需求，其构成只需很少的部件。它的结构具有高度的模块化、开放性以及规范化特点，适于操作、编程和监控。

SIEMENS 公司有早期生产的 SINUMERIK 3 系统（20 世纪 80 年代欧洲的典型系统）、SINUMERIK 6 系统（6T、6M、7T、7M 系统）、SINUMERIK 8 系统（8T、8M、8MC 系统）、SINUMERIK 850/880 系统（850T、850M 和 850/880 系统），现在常用的 SIEMENS 公司数控系统有 802 系列（802S、802C、802D）、810 系列、840 系列（840C/840E/840D）等，SIEMENS 公司数控系统采用的是 SIMODRIVE 系列驱动及电动机。

中国数控技术近 20 多年来经历了引进、消化吸收、自主开发和产业化等几个阶段，现已形成一批具有一定实力的国产数控系统生产企业。武汉华中数控股份有限公司以通用工业微机为硬件平台，走以 DOS、Windows 为开放式软件平台的技术路线，从而避开了制约中国数控系统发展的瓶颈（硬件制造的可靠性），技术上取得了重大突破。"世纪星 HNC – 21/22"采用了基于 PC 的新一代开放式体系结构，具有 6 轴联动、全闭环控制、高速、高精度加工和网络通信等功能，现已成为既具有国际先进水平又有我国技术特色的数控产品。为了更好地适应中国现代制造业的飞速发展，满足中国数控机床用户的实际需求，华中数控公司推出精简版世纪星数控系统 HNC – 18i/19i。HNC – 18i/19i 具有完全自主知识版权，可以控制交流伺服驱动系统或步进电动机，更经济、更实用是它的主要特点。HNC – 18i/19i 和 HNC – 21/22 一起构成档次全、技术先进、配套方便、可以应用于多个领域的华中数控系统产品家族。

以下就 FANUC、SIEMENS、华中 3 种典型系统，说明其结构与连接。

5.2.1 FANUC 0 系统的配置与连接

国内数控机床目前使用的 FANUC 数控系统主要是 0 系统和 0i 系统。针对这一实际情况，通过简要介绍这两种系统的连接，达到建立数控系统故障诊断与排除知识基础的目的。

1. FANUC 0 系列数控系统结构

FANUC 0 系统由数控单元本体、主轴和进给伺服单元以及相应的主轴电动机和进给电动机、CRT 显示器、系统操作面板、机床操作面板、附加的输入/输出接口板（B2）、电池盒、手摇脉冲发生器等部件组成。

FANUC 0 系统的 CNC 单元为大板结构，以主板为基础，其他配置有存储器板、图形显示板、可编程序控制器板（PMC - M）、伺服轴控制板、输入/输出接口板、子 CPU（中央处理器）板、扩展的轴控制板、电源单元和 DNC 控制板。这些配置以小印制电路板（PCB）形式插在主印制电路板上，与 CPU 的总线相连。

图5-8 所示为 FANUC 0 系统数控单元的结构图。各部件的排列如图5-9 所示，其功能如下。

1）主印制电路板（PCB）：主 CPU 在该板上，用于系统主控，连接各功能板、故障报警等。

2）电源单元：提供 5V、±15V、±24V 直流电源，用于各板的供电，24V 直流电源还用于单元内继电器驱动。

3）图形显示板：提供图形显示功能，第 2、3 手摇脉冲发生器接口等。

4）PMC 板（PMC - M）：PMC - M 型可编程机床控制器，提供扩展的输入/输出板的接口。

图5-8　FANUC 0 系统数控单元的结构图

5）基本轴控制板（AXE）：提供 X、Y、Z 和第 4 轴的进给指令，接收从 X、Y、Z 和第 4 轴位置编码器反馈的位置信号。

6）输入/输出接口板：通过插座 M1、M18 和 M20 提供输入点，通过插座 M2、M19 和 M20 提供输出点，为 PMC 提供输入/输出信号。

7）存储器板：接收系统操作面板的键盘输入信号，提供串行数据传送接口，第 1 手摇脉冲发生器接口，主轴模拟量和位置编码器接口，存储系统参数、刀具参数和零件加工程序等。

8）子 CPU 板：用于管理第 5、6、7、8 轴的数据分配，提供 RS232C 和 RS422 串行数据接口等。

9）扩展轴控制板（AXS）：提供第 5、6 轴的进给指令，接收从第 5、6 轴位置编码器反馈的位置信号。

10）扩展轴控制板（AXA）：提供第 7、8 轴的进给指令，接收从第 7、8 轴位置编码器反馈的位置信号。

11）扩展的输入/输出接口板：通过插座 M61、M78 和 M80 提供输入点，通过插座 M62、M79 和 M80 提供输出点，为 PMC 提供输入/输出信号。

12）通信板（DNC2）：提供数据通信接口。

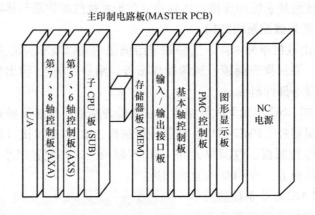

图 5-9 FANUC 0 系统数控单元各部件的排列图

2. FANUC 0 系列数控系统的连接

图 5-10 所示为 FANUC 0 系统基本轴控制板（AXE）与伺服放大器、伺服电动机和编码器连接图。

M184～M199 为轴控制板上的插座编号，其中 M184、M187、M194、M197 为控制器指令输出端；M185、M188、M195、M198 是内装型脉冲编码器输入端，在半闭环伺服系统中为速度/位置反馈，在全闭环伺服系统中作为速度反馈；M186、M189、M196、M199 只作为在全闭环伺服系统中的位置反馈，可以接分离型脉冲编码器或光栅尺。如果选用绝对编码器，CPA9 端接相应电池盒。

说明：图 5-10 中 H20 表示 20 针 HONDA 插头，M 表示"针"，F 表示"孔"。

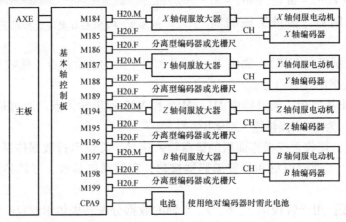

图 5-10 FANUC 0 系统基本轴控制板（AXE）与伺服放大器、伺服电动机和编码器连接图

存储器板存放工件程序、偏移量和系统参数，系统断电后由电池单元供电保存，同时连接着显示器、MDI 单元、第 1 手摇脉冲发生器、串行通信接口、主轴控制器和主轴位置编码器、电池等单元，如图 5-11 所示。

在电源单元中，CP15 为 DC 24V 输出端，供显示单元使用，BN6. F 为 6 针棕色插头；CP1 是单相 AC 220V 输入端，BK3. F 为 3 针黑色插头；CP3 接电源开关电路；CP2 为 AC 220V 输入端，可以接冷却风扇或其他需要 AC 220V 的单元。

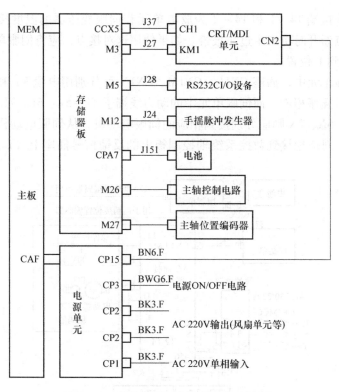

图 5-11 存储器板、电源单元的连接图

图 5-12 所示为内置 I/O 接口连接图，其中 M1、M18 为 I/O 输入插座，共计 80 个 I/O 输入点；M2、M19 为 I/O 输出插座，共计 56 个 I/O 输出点；M20 包括 24 个 I/O 输入点和 16 个 I/O 输出点。这些 I/O 点可以用于强电柜中的中间继电器控制，机床控制面板的按钮和指示灯、行程开关等开关量控制。

3. FANUC 0 系列数控系统控制单元与 S 系列进给伺服系统的连接

FANUC0 系统可配用 S 系列交流伺服放大器（分 1 轴型、2 轴型和 3 轴型 3 种），其电源电压为 200/230V，由专用的伺服变压器供给，AC 100V 制动电源由 NC 电源变压器供给。

图 5-13、图 5-14 所示为 1 轴型和 2 轴型伺服单元的基本配置和连接方法。

图中电缆 K1 为 NC 到伺服单元的指令电缆，K2S 为脉冲编码器的位置反馈电

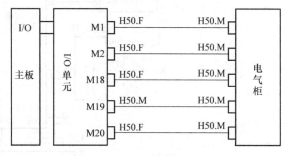

图 5-12 内置 I/O 接口连接图

缆，K3 为 AC 230/200V 电源输入线，K4 为伺服电动机的动力线电缆，K5 为伺服单元的 AC 100V 制动电源电缆，K6 为伺服单元到放电单元的电缆，K7 为伺服单元到放电单元和伺服变压器的温度接点电缆。QF 和 MCC 分别为伺服单元的电源输入断路器和主接触器，用于控制伺服单元电源的通和断。

伺服单元的接线端 T2 - 4 和 T2 - 5 之间有一个短路片，如果使用外接型放电单元应将它取下，并将伺服单元印制电路板上的短路棒 S2 设置到 H 位置，反之则设置到 L 位置。

伺服单元的连接端 T4-1 和 T4-2 为放电单元和伺服变压器的温度接点串联后的输入点, 上述两个接点断开时将产生过热报警。如果使用这对接点, 应将伺服单元印制电路板上的短路棒 S1 设置到 L 位置。

在 2 轴型伺服单元中, 插座 CN1L、CN1M、CN1N 可分别用电缆 K1 和数控系统的轴控制板上的指令信号插座相连, 而伺服单元中的动力线端子 T1-5L、6L、7L 和 T1-5M, 6M、7M 以及 T1-5N、6N、7N 则应分别接到相应的伺服电动机, 从伺服电动机的脉冲编码器返回的电缆也应一一对应地接到数控系统轴控制板上的反馈信号插座上 (L、M、N 分别表示同一个轴)。

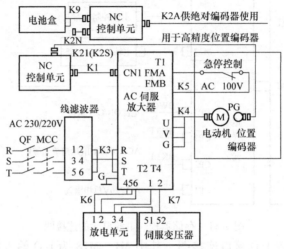

图 5-13　S 系列 1 轴型伺服单元的连接图

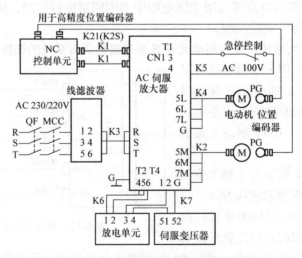

图 5-14　S 系列 2 轴型伺服单元的连接图

图 5-15 所示为 FANUC 的 CNC 与 α 系列 2 轴交流驱动单元组成的伺服系统结构简图。伺服电动机上的脉冲编码器作为位置检测元件也作为速度检测元件, 它将检测信号反馈到 CNC 中, 由 CNC 完成位置处理和速度处理。CNC 将速度控制信号、速度反馈信号以及使能信号输出到伺服放大器的 JVB1 和 JVB2 端口。

4. FANUC 0 系列数控系统伺服设定与优化

（1）柔性齿轮比的设定　在以往的伺服参数中，丝杠的螺距和传动机构丝杠与电动机轴之间的减速比确定后，才可以确定脉冲编码器的脉冲数。所调整的参数一般比较固定，使用较为不便。使用柔性齿轮比功能，脉冲编码器的脉冲数可以适应各种不同的传动机构。

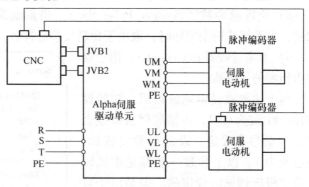

图 5-15　α 系列 2 轴型伺服单元的连接图

图 5-16 表示了柔性齿轮比参数的实际意义，当反馈的脉冲数不能和指令的脉冲数相同时，就可以通过该 n/m 值进行调整，具体的设定方法为

$$\frac{n}{m} = \frac{\text{电动机旋转 1r 时希望的脉冲数}}{\text{电动机旋转 1r 时位置反馈的脉冲数}}（\text{最小公约数}）$$

$$= \frac{10000}{10000 \times 4} = \frac{1}{4}$$

当使用 α 系列电动机，伺服为半闭环系统时，不管使用何种串行位置编码器，电动机旋转时位置反馈的脉冲数取 $1000000p/r$。

当不需要柔性齿轮比功能时，可以将该轴的 n/m 值设定为 0。

参数 PRM37#3 ~ #0 用于选择是否使用分离型的反馈系统，当设定为 1 时，伺服的位置反馈由分离型的接口输入。

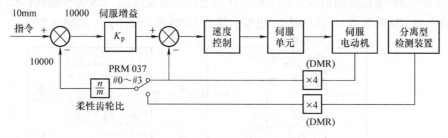

图 5-16　柔性齿轮比参数的实际意义

（2）伺服电动机代码和自动设定以及伺服的优化　在数字伺服的软件中，包括了所有电动机（非负载情况下）最佳的伺服控制参数，该参数在机床调试时将被设定。具体方法可以通过伺服设定画面，在该画面集中了各个控制轴的主要参数，如图 5-17 所示。

1）初始设定位（INITIAL SET BITS）：#1 位为 0 时进行参数自动设定。设定完成后，该位恢复为 1。

2）电动机代码（Motor ID No.）：代码（0 ~ 99），不同规格的电动机有不同代码。

3）AMR：当使用 α 系列电动机时，该值为 0。

4）CMR：指令倍乘比。

5）柔性齿轮比 n/m：根据上述介绍的公式设定。

6）方向设定（Direction Set）：用于设定正确的电动机方向。

单元 **5** 数控系统的故障维修

7）速度脉冲数（Velocity Pulse No.）：使用 α 系列电动机时为 8192/819。

8）位置脉冲数（Position Pulse No.）：当系统为半闭环时，α 系列电动机为 12500/1250；当系统使用全闭环时，取决于每转反馈脉冲数。

9）参考计数器 Ref. counter：用于参考点回零的计数器。

当上述参数设定完成以后，初始设定位的#1 位为 0 时，该轴的伺服参数会进行自动参数设定，设定正常完成后，该位变为 1。以上参数一般都是由机床厂家在机床调试时设定的。但是由于自动设定的参数是 FANUC 公司在系统设计时非负载情况下调试出来的，实际使用时该参数不能满足各种不同负载和机械条件下的最佳参数，所以一般还要根据实际的机床情况进行参数的优化。

Servo set		01000 N0000	
		Xaxis	Zaxis
INITIAL SET BITS		00001010	00001010
Motor ID No.:		16	16
AMR		00000000	00000000
CMR		2	2
Feed gear	N	1	1
(N/M)	M	100	100
Direction Set		111	111
Velocity Pulse No.		8192	8192
Position Pulse No.		12500	12500
Ref.counter		10000	10000
(Value SETTING)			

图 5-17　各个控制轴的主要参数

5. FANUC 0 系列数控系统控制单元与 S 系列交流主轴伺服系统的连接

图 5-18 所示为 S 系列交流主轴伺服系统的连接方法。其中 K1 为伺服变压器二次侧输出的 AC 220V 三相电源电缆，应接到主轴伺服单元的 U、V、W 和 C 端，输出到主轴电动机的动力线应与接线盒里面的指示相符；K3 为从主轴伺服单元的端子 T1 上的 R0、S0 和 T0 输出到主轴风扇电动机的动力线，应使风扇向外排风；K4 为主轴电动机的编码器反馈电缆，其中 PA、PB、RA 和 RB 用作速度反馈信号，01H 和 02H 为电动机温度接点，SS 为屏蔽线；K5 为从 NC 和 PMC 输出到主轴伺服单元的控制信号电缆，接到主轴伺服单元的 50 芯插座 CN1。

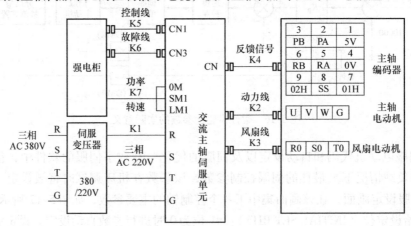

图 5-18　S 系列交流主轴伺服系统的连接方法

5.2.2　FANUC 0i 系统的连接

1. FANUC 0i 系列数控系统结构

FANUC 0i 系列数控系统由控制单元、电源模块、伺服模块、显示单元、MDI 单元等硬件连接组成，如图 5-19 所示。

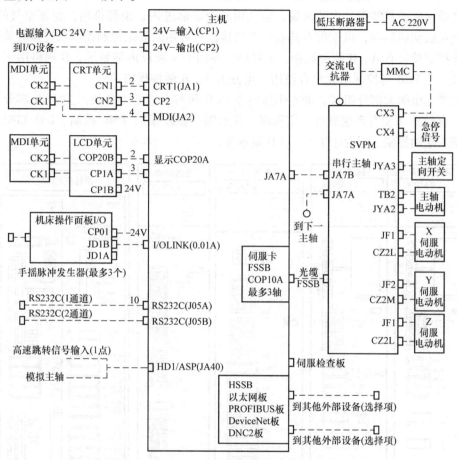

图 5-19　FANUC 0i–A 数控系统组成模块

FANUC 0i 数控系统可以与 FANUCα 系列和 β 系列伺服电动机相连。α 系列主要用于驱动主轴、伺服轴，而 β 系列主要用于换刀机械手和刀库的驱动。

FANUC 0i 系统的连接图如图 5-20 所示。图中，系统输入电压为 DC　24V ± 2.4V，电流约为 7A。伺服和主轴电动机为 AC 200V 输入（不是 220V）。这两个电源的通电及断电顺序是有要求的，不满足要求会报警或损坏驱动放大器。原则是要保证通电和断电都在 CNC 的控制之下。具体见表 5-6。

表 5-6　FANUC 0i 系统接通电源和关断电源顺序

电源接通顺序	① 机床电源（AC 200V）
	② 通过 FANUC I/O LINK 连接的从 I/O 设备，电源为 DC 24V
	③ 控制单元和 CRT 单元的电源（DC 24V）
电源关断顺序	① 通过 FANUC I/O LINK 连接的从 I/O 设备，电源为 DC 24V
	② 控制单元和 CRT 单元的电源（DC 24V）
	③ 机床电源（AC 200V）

下面以 FANUC 0i–A 数控系统为例，说明控制单元、电源模块、主轴模块、伺服轴模块各个接口的定义与连接。

2. FANUC 0i – A 数控系统控制单元的连接

控制单元是塑料外壳，内装风扇，空气由外壳底部进入、顶部排出，保证空气的流动。PCB 安装在机架的后面，机架的左侧有一个插接器，可用来测试控制器以及连接其他用途。

系统控制单元有 A、B 两种规格。A 规格主要用于 4 轴以内的系统，B 规格用于 5 轴以上的系统。主 PCB 与控制单元配合使用，也分为 A、B 两种规格。

控制单元由两大部分组成，即左半边的主 PCB 和右半边的 I/O 板。主 PCB 部分主要有主 CPU、存储器（装有系统软件、宏程序、梯形图、参数等）、PMC 控制、I/O LINK 控制、伺服控制、主轴控制、内存卡 I/F、LED 显示等。

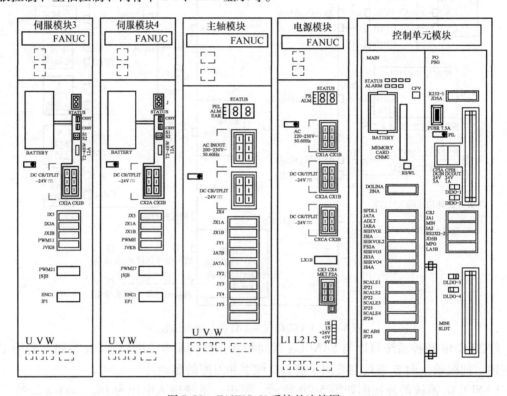

图 5-20　FANUC 0i 系统的连接图

I/O 板部分主要有电源 PCB（内置）、DC – DC 转换器、DI/DO、阅读机/穿孔机 I/F、MDI 控制、显示控制、手摇脉冲发生器控制等。

1）主 PCB 接口的定义，各指示灯及接口的实际位置。具体如图 5-21 所示。

① STATUS——（状态）LED 灯。从电源接通时开始，STATUS LED 灯通过组成不同的亮、灭状态，表示数控系统从电源接通到进入正常运行状态的过程中所需进行的工作流程。当主 PCB 部分发生故障时，便能通过 STATUS LED 灯所表示的状态，进行故障的判定和排除。

② ALARM——（报警）LED 灯。当出现错误时，ALARM LED 灯会与 STATUS LED 灯组成不同的亮、灭状态来表示不同的异常情况。

③ CP8——数据保存用电池接口。一个电池单元可以使 6 个绝对脉冲编码器的当前位置保持 1 年。当电池电压降低时，CRT 显示器上就会出现 APC 报警 3n6 ~ 3n8（n：轴号），当出现 APC 报警 3n7 时，请尽快更换电池。通常应该在 2 ~ 3 周内更换电池，这取决于使用的

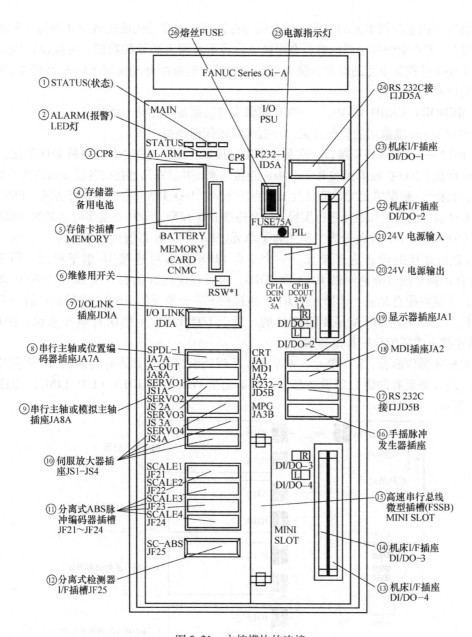

图 5-21　主控模块的连接

脉冲编码器的数量。

　　如果电池电压继续降低，控制器记录的脉冲编码器当前位置就可能丢失。在这种情况下接通控制器的电源，会引起 APC 报警 3n0（请求返回参考位置报警）。

　　④ BATTERY——数控系统断电后进行数据保存的后备锂电池。零件的程序、偏置的数据和系统的参数存储在控制单元的 CMOS 存储器中。上述数据甚至在主电源切断时也不会丢失。后备电池在出厂前就已经安装在控制单元中，这个电池可以使存储器中的内容保存一年。

　　当电池电压降低时，在 CRT 显示器上就会出现 BAT 的系统报警字样，并且电池报警信号也输出给 PMC。当这一报警信息出现时，请尽快更换电池。通常来说，电池应该在 2～3 周内更换，这依据系统的配置而定。如果电池电压下降，存储器中的内容就不能继续保存。

在这种情况下接通控制单元的电源，就会因为存储器的内容丢失而出现910报警（SRAM奇偶性报警），需要全清存储器内容，在更换电池后重新输入必要的数据。更换控制单元的电池时一定要保持控制单元的电源为接通状态。如果在电源断开的情况下断开存储器的电池，存储器的内容就会丢失。

⑤ MEMORY CARD CNMC——PMC编辑卡与数据备份存储卡的接口。

⑥ RSW1——维修用的旋转开关，一般无需做任何调整。

⑦ JD1A——I/O LINK接口，它是一个串行接口，用于连接NC与各种I/O单元，如把机床操作面板、I/O扩展单元或Power Mate连接起来，并且在所连接的各设备间高速传送I/O信号（位数据）。根据单元的类型以及I/O点的不同，I/O LINK有多种连接方式。PMC程序可以对I/O信号的分配和地址进行编程，用来连接I/O LINK。I/O点最多可达1024/1024点。

在I/O LINK中，设备分为主单元和子单元。FANUC 0i系统的控制单元为主单元，通过JD1A进行连接的设备为子单元。一个I/O LINK最多可连接16组子单元。用于I/O LINK连接的两个接口分别叫做JD1A和JD1B，对所有单元（具有I/O LINK功能）来说是通用的。连接电缆总是从一个单元的JD1A连接到下一个单元的JD1B。连接到最后一个单元时，最后一个单元的JD1A是无需连接的。对于I/O LINK中的所有单元来说，JD1A与JD1B的连接电缆插脚分配都是通用的。

一般机床操作面板、I/O单元、刀库用β系列伺服模块（如果有的话）、机械手用β系列伺服模块（如果有的话）等设备都与控制单元主PCB上的JD1A（I/O LINK）连接，如图5-22所示。

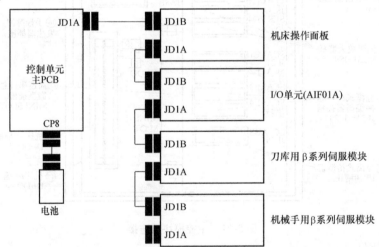

图5-22 I/O LINK的连接

⑧ JA7A——SPDL-1（串行主轴或位置编码器接口），该接口通过电缆与串行主轴伺服模块连接（JA7B接口）。当数控系统连接模拟主轴时，位置编码器的主轴反馈信号与此接口（JA7A）相连，如图5-23a所示。

⑨ JA8A——A-OUT（模拟主轴接口），此接口与模拟主轴放大器连接，控制模拟主轴电动机运转，如图5-23b所示。

⑩ JS1A——SERVO1（伺服模块接口），此接口与伺服模块的系统定义的第1轴接口进行连接。

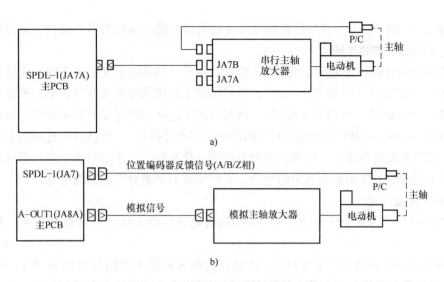

图 5-23 控制单元与主轴单元的连接

a) 串行主轴或位置编码器连接　b) 模拟主轴连接

JS2A——SERVO2（伺服模块接口），此接口与伺服模块的系统定义的第 2 轴接口进行连接。

JS3A——SERVO3（伺服模块接口），此接口与伺服模块的系统定义的第 3 轴接口进行连接。

JS4A——SERVO4（伺服模块接口），此接口与伺服模块的系统定义的第 4 轴接口进行连接。

控制单元与伺服单元的连接如图 5-24 所示。

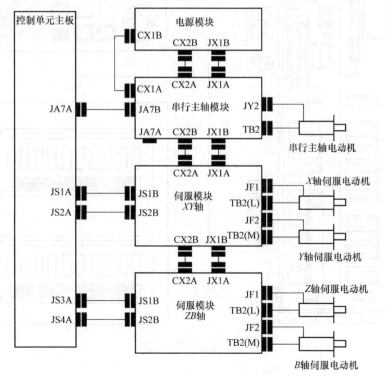

图 5-24　控制单元与伺服单元的连接

单元 **5** 数控系统的故障维修

⑪ JF21——SCALE1 分离型位置检测器（指直线光栅尺等检测器）接口，该接口用于连接系统定义的第1轴的光栅尺。

JF22——SCALE2（光栅尺2接口），该接口用于连接系统定义的第2轴的光栅尺。

JF23——SCALE3（光栅尺3接口），该接口用于连接系统定义的第3轴的光栅尺。

JF24——SCALE4（光栅尺4接口），该接口用于连接系统定义的第4轴的光栅尺。

⑫ JF25——SC – ABS（分离式 ABS 脉冲编码器电池接口）。该接口所连接的电池用于绝对型光栅尺位置数据的保存。仅当使用分离型绝对检测器时，才使用该电池。当电动机内装绝对脉冲编码器时，使用放大器中的电池，不使用分离型绝对检测器的电池。

2）I/O 板接口定义。

DI/DO – 4——内装 I/O 卡接口4。该接口为机床提供 I/O 信号接收器（X）和驱动器（Y）。

DI/DO – 3——内装 I/O 卡接口3。该接口为机床提供 I/O 信号接收器（X）和驱动器（Y）。为了简化与分线板的连接，使用 MIL 规格的扁平电缆连接内置式 I/O 板。

0i 系统内置的 I/O 卡用于机床接口。内置 I/O 卡 DI/DO 的点数为 96/64 点。如果 DI/DO 的点数不够用，可以通过 FANUC I/O LINK 扩展单元：比如分散 I/O。内装 I/O 卡的连接如图 5-25 所示。

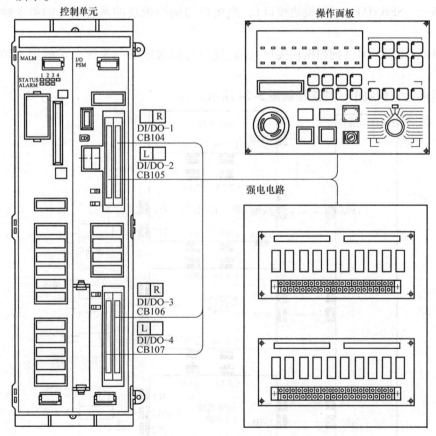

图 5-25　内装 I/O 卡的连接

MINI SLOT——FSSB（高速串行总线接口）。此接口用于与 PC 相连，进行数据通信。

JA3BMPG（手摇脉冲发生器接口）。该接口所连接的手摇脉冲发生器用于在手轮进给方式下用手轮移动坐标轴。0i－TA 系统最多可安装两个手摇脉冲发生器，而 0i－MA 系统最多可安装三个手摇脉冲发生器。

JD5B——I/O 设备 I/F 插槽（RS232C 串行接口）。接口主要用于与外部设备相连，将加工程序、参数等数据通过外部设备输入到系统中或从系统中输出给外部设备时就可通过此接口与数控系统相连接，进行数据的传送操作。

JA2——MDI（手动数据输入装置接口）。该接口用于连接 MDI 单元的一个键盘，用来输入数据，如 NC 加工程序、设置参数等。

JA1——CRT（显示器接口）。该接口用于连接显示器，显示器端的接口为 JA1（LCD 时）、CN1（CRT 时）。

CP1B——DCOUT（24V 电源输出接口）。该接口与显示单元相连，为显示单元提供电源，在显示单元侧的接口是 CP5（LCD 时）、CN2（CRT 时）。

CP1A——DCIN（24V 电源输入接口）。该接口与外部直流 24V 电源连接，为控制单元提供电源。

DI/DO－2——内装 I/O 卡接口 2。该接口为机床提供 I/O 信号接收器（X）和驱动器（Y）。

DI/DO－1——内装 I/O 卡接口 1。该接口为机床提供 I/O 信号接收器（X）和驱动器（Y）。

JD5A——与 JD5B 一样，是 I/O 设备 I/F 插槽（RS232C 串行接口）。I/O 设备用来将 CNC 的程序、参数等各种信息，通过外部设备输入到 CNC 中，或从 CNC 中输出给外部设备。手持文件盒就是 0i 系统 I/O 设备之一。I/O 设备的接口与标准 RS232C 兼容，因此 0i 系统就可以和任何具有 RS232C 接口的设备进行连接。

PIL——电源指示灯。当控制单元接通直流 24V 电源后，该 LED 灯亮。

FUSE——熔丝（7.5A）。

3. FANUC 0i－A 数控系统电源模块的连接

1）电源模块型号表示如下：

$$\text{PSM} \quad — \quad \square \quad \square$$
$$①\qquad②\qquad③\qquad④$$

① 电源模块（Power Supply Module）。

② 制动形式。"无"表示再生制动，R 表示能耗制动，V 表示电压转换型再生制动，C 表示电容模块。

③ 输出功率。

④ 输入电压，"无"表示 200V，HV 表示 400V。

例：PSM－15 即表示输入电压为 200V，输出功率为 15kW，再生制动的电源模块。

2）PSM－15 电源模块各指示灯的定义及各接口的定义和接线走向。电源模块的连接如图 5-26 所示。

① TB1——直流电源输出端。该接口与主轴模块、伺服模块的直流输入端连接，为模块和伺服模块提供直流电源。

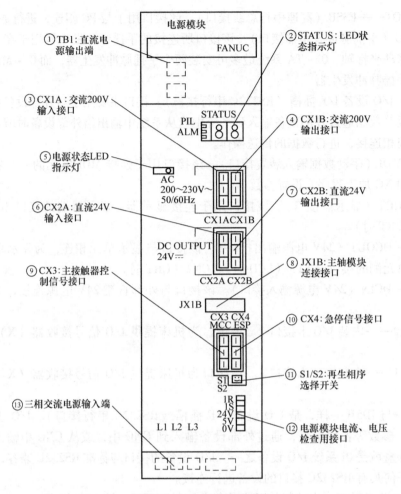

图 5-26　电源模块的连接

② STATUS——表示 LED 状态。用于表示电源模块所处状态，出现异常时，显示相关的报警代码。

③ CX1A——交流 200V 输入接口。

④ CX1B——交流 200V 输出接口。该接口与主轴模块的 CX1A 接口连接。

⑤ 电源状态 LED 指示灯。在该指示灯完全熄灭后，方可对模块电缆进行各种操作，否则有触电危险。

⑥ CX2A——直流 24V 输入接口。

⑦ CX2B——直流 24V 输出接口。一般该接口与主轴模块的 CX2A 连接输出急停信号。

⑧ JX1B——主轴模块连接接口。该接口一般与主轴的 JX1A 连接，作通信用。

⑨ CX3——主接触器控制信号接口。该接口给主接触器提供控制信号，从而控制输入电源模块的三相交流电的通断。

⑩ CX4——急停信号接口。该接口用于连接机床的急停信号。

⑪ S1/S2——再生相序选择开关。一般出厂默认设定为 S1 短路。

⑫ 电源模块电流、电压检查用接口。以 PSM – 15 为例，各插针的用途见表 5-7。

⑬ 三相交流电源输入端。

表 5-7　电源模块电流、电压检查用接口插针表

插针	说明
IR	L1 相的电流值（50A/1V）
IS	L21 相的电流值（50A/1V）
24V	24V 的控制电源电压
5V	5V 的控制电源电压
0V	0V 端

4. FANUC 0i – A 数控系统控制单元与伺服模块的连接

伺服模块接收从控制单元发出的进给速度和位移指令信号，经一定的转换和放大后，驱动伺服电动机，进而驱动机械传动机构，驱动机床的执行部件实现精确的工作进给和快速移动。

FANUC 公司的 α 系列伺服模块主要分为 SVM、SVM – HV 两种，其中 SVM 型的一个单独模块最多可带三个伺服轴，而 SVM – HV 型的一个单独模块最多可带两个伺服轴。根据不同的 CNC 系统选用不同的接口类型，A 型（TYPEA）、B 型（TYPEB）和 FSSB 三种。FANUC 0i – MA 数控系统属于 B 型接口类型。

1) 伺服模块型号表示如下：

$$\text{SVM} \ \square \ – \ \square \ / \ \square \ / \ \square \ \square$$
$$① \qquad ② \qquad ③ \qquad ④ \qquad ⑤ \ ⑥$$

① 伺服模块（servo module）。

② 轴数：1——第 1 轴伺服模块，2——第 2 轴伺服模块，3——第 3 轴伺服模块。

③ 第 1 轴最大电流。

④ 第 2 轴最大电流。

⑤ 第 3 轴最大电流。

⑥ 输入电压，"无"表示 200V，HV 表示 400V。

例：SVM1 – 12 表示输入电压为 200V、第 1 轴、最大电流为 12A 的伺服模块。

伺服的连接分 A 型和 B 型，由伺服放大器上的一个短接棒控制。A 型连接是将位置反馈线接到 CNC 系统，B 型连接是将其接到伺服放大器。0i 和近期开发的系统用 B 型，0 系统大多数用 A 型。两者与伺服软件有关，不能任意使用。连接时最后的放大器的 JX1B 需插上 FANUC 公司提供的短接插头，如果遗忘会出现#401 报警。另外，若选用一个伺服放大器控制两个电动机，应将大电动机电枢接在 M 端子上，小电动机接在 L 端子上，否则电动机运行时会听到不正常的嗡嗡声。

FANUC 系统的伺服控制可任意使用半闭环或全闭环，需要设定闭环形式的参数和改变接线。

2）SVM1-12 伺服模块各指示灯的定义及各接口的定义和接线走向。伺服模块的连接如图 5-27 所示。

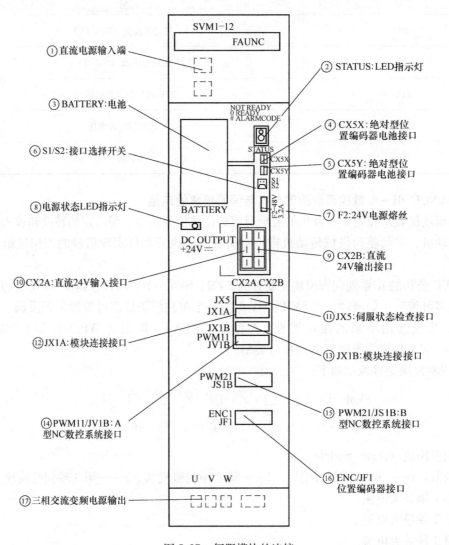

图 5-27　伺服模块的连接

① 直流电源输入端。该接口与电源模块的输出端、主轴模块、伺服模块的直流输入端连接。

② STATUS——LED 指示灯。用于表示伺服模块所处的状态，出现异常时，显示相关的报警代码。

③ BATTERY——电池。该电池用于系统断电后，保存绝对型位置编码器的位置数据。

④ CX5X——绝对型位置编码器电池接口。一般地，与电池连接或在使用分离型电池盒时，与上一伺服模块的 CX5Y 连接。

⑤ CX5Y——绝对型位置编码器电池接口。一般在使用分离型电池盒时，与下一伺服模块的 CX5X 连接。

⑥ S1/S2——接口选择开关。S1 为 A 型接口，S2 为 B 型接口。

⑦ F2——24V 电源熔丝。

⑧ 电源状态 LED 指示灯。在该指示灯完全熄灭后，方可对模块电缆进行各种操作，否则有触电危险。

⑨ CX2B——直流 24V 输出接口。一般该接口与下一伺服模块的 CX2A 连接，输出急停信号。

⑩ CX2A——直流 24V 输入接口。一般该接口与主轴模块或上一伺服模块的 CX2B 连接，接收急停信号。

⑪ JX5——伺服状态检查接口。该接口用于连接伺服模块状态检查电路板。通过伺服模块状态检查电路板可获取伺服模块内部信号的状态。

⑫ JX1A——模块连接接口。一般该接口与主轴或上一个伺服模块的 JX1B 连接，作通信用。

⑬ JX1B——模块连接接口。一般该接口与下一个伺服模块的 JX1A 连接。

⑭ PWM11/JV1B——A 型 NC 数控系统接口。

⑮ PWM21/JS1B——B 型 NC 数控系统接口。该接口与 FANUC 0i 系统控制单元相对应的伺服模块接口 JSnA（n 为轴号）连接。

⑯ ENC/JF1——位置编码器接口。该接口只在使用 B 型接口类型时使用。

⑰ 三相交流变频电源输出端。该接口与相对应的伺服电动机连接。

5. FANUC 0i–A 数控系统控制单元与主轴模块的连接

CNC 数控系统中的主轴模块用于控制驱动主轴电动机。在加工中心中，主轴带动刀具旋转，根据切削速度、工件或刀具的直径来设定相对应的转速，对所需加工的工件进行各种加工。而在车床中，主轴则带动工件旋转，根据切削速度、工件或刀具的直径来设定相对应的转速，对所需加工的工件进行各种加工。

1）主轴模块型号如下：

$$SPM\ \underset{①}{\square}\ /\ \underset{②}{\square}\ \underset{③}{\square}\ \underset{④}{}$$

① 主轴模块（spindle module）。

② 电动机类型，"无"表示 α 系列，C 表示 αC 系列。

③ 额定输出功率。

④ 输入电压，"无"表示 200V，HV 表示 400V。

FANUC 公司的 α 系列主轴模块主要分为 SPM、SPMC、SPM–HV3 种。主轴电动机需要的控制有两种接口：模拟（DC 0~10V）和数值（串行传送）输出。模拟接口可用于其他公司的变频器及电动机。

用 FANUC 主轴电动机时，主轴上的位置编码器（一般是 1024 线）信号应接到主轴电动机的驱动器上（JY4 口）。驱动器上的 JY2 是速度反馈接口，两者不能接错。

2）SPM–15 主轴模块各指示灯的定义及各接口的定义和接线走向。主轴模块的连接如图 5-28 所示。

① TB1——直流电源输入端。该接口与电源模块直流电源输出端、伺服模块的直流输入端连接。

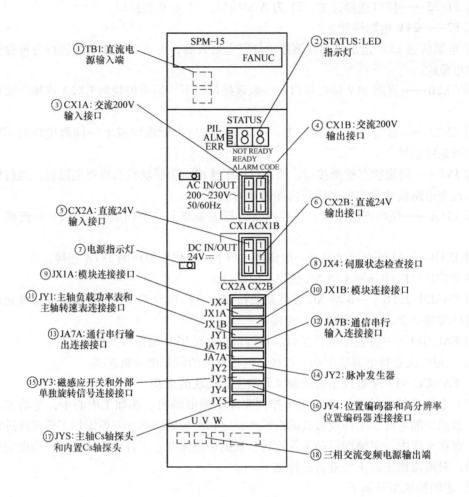

① TB1: 直流电源输入端
② STATUS: LED 指示灯
③ CX1A: 交流200V 输入接口
④ CX1B: 交流200V 输出接口
⑤ CX2A: 直流24V 输入接口
⑥ CX2B: 直流24V 输出接口
⑦ 电源指示灯
⑧ JX4: 伺服状态检查接口
⑨ JX1A: 模块连接接口
⑩ JX1B: 模块连接接口
⑪ JY1: 主轴负载功率表和主轴转速表连接接口
⑫ JA7B: 通信串行输入连接接口
⑬ JA7A: 通行串行输出连接接口
⑭ JY2: 脉冲发生器
⑮ JY3: 磁感应开关和外部单独旋转信号连接接口
⑯ JY4: 位置编码器和高分辨率位置编码器连接接口
⑰ JYS: 主轴Cs轴探头和内置Cs轴探头
⑱ 三相交流变频电源输出端

图 5-28　主轴模块的连接

② STATUS——LED 指示灯。用于表示伺服模块所处状态，出现异常时，显示相关的报警代码。

③ CX1A——交流 200V 输入接口。该接口与电源模块的 CX1B 接口连接。

④ CX1B——交流 200V 输出接口。

⑤ CX2A——直流 24V 输入接口。一般该接口与电源模块的 CX2B 连接，接收急停信号。

⑥ CX2B——直流 24V 输出接口。一般该接口与下一伺服模块的 CX2A 连接，输出急停信号。

⑦ 电源指示灯。在该指示灯完全熄灭后，方可对模块电缆进行各种操作，否则有触电危险。

⑧ JX4——伺服状态检查接口。该接口用于连接主轴模块状态检查电路板。通过主轴模块状态检查电路板可获取主轴模块内部信号的状态（脉冲发生器和位置编码器的信号）。

⑨ JX1A——模块连接接口。该接口一般与电源的 JX1B 连接，作通信用。

⑩ JX1B——模块连接接口。该接口一般与下一个伺服模块的 JX1A 连接。

⑪ JY1——主轴负载功率表和主轴转速表连接接口。

⑫ JA7B——通信串行输入连接接口。该接口与控制单元的 JA7A（SPDL－1）接口连接。

⑬ JA7A——通信串行输出连接接口。该接口与下一主轴（如果有的话）的 JA7B 接口连接。

⑭ JY2——脉冲发生器。内置探头和电动机 Cs 轴探头连接接口。

⑮ JY3——磁感应开关和外部单独旋转信号连接接口。

⑯ JY4——位置编码器和高分辨率位置编码器连接接口。

⑰ JYS——主轴 Cs 轴探头和内置 Cs 轴探头。

⑱ 三相交流变频电源输出端。该接口与相对应的伺服电动机连接。

5.2.3　SINUMERIK 802 系统

SINUMERIK 802 系统包括 802S/Se/Sbase line、802C/Ce/Cbase line、802D 等型号，它是西门子公司 20 世纪 90 年代开发的集 CNC、PLC 于一体的经济型数控系统。

该系统的性/价比较高，比较适合于经济型与普及型车、铣、磨床的控制。SINUMERIK 802 系列数控系统的共同特点是结构简单、体积小、可靠性高，系统软件功能也比较完善。

SINUMERIK 802S、802C 系列两种系统的区别是：802S/Se/Sbase line 系列采用步进电动机驱动，802C/Ce/Cbase line 系列采用数字式交流伺服驱动系统。

1. 西门子 SINUMERIK 802C 数控系统连接概况

SIEMENS 802S、802C 系列系统的 CNC 结构完全相同，可以进行 3 轴控制及 3 轴联动制，系统带有 ±10V 的主轴模拟量输出接口，可以配具有模拟量输入功能的主轴驱动系统。

SINUMERIK 802C base line CNC 控制器与伺服驱动 SIMODRIVE611U 和 1FK7 伺服电动机的连接如图 5-29 所示；SINUMERIK 802C base line CNC 控制器与伺服驱动 SIMODRIVE base line 和 1FK7 伺服电动机的连接如图 5-30 和图 5-31 所示。

2. 西门子 SINUMERIK 802C 数控系统的接口

西门子 SINUMERIK 802C 数控系统的接口示意图如图 5-32 所示。

1）电源端子：X1，系统工作电源为直流 24V，接线端子为 X1，见表 5-8。

2）通信接口：X2——RS232，在使用外部 PC/PG 与西门子 SINUMERIK 802C base line 进行数据通信（WINPCIN）或编写 PLC 程序时，使用 RS232 接口，如图 5-33 所示。

3）编码器接口：X3 ~ X6，编码器接口 X3、X4 和 X5 为 SUB－D15 芯孔插座，编码器接口 X6 也是 SUB－D15 芯孔插座，在 802C base line 中作为编码器 4 接口，在 802S base line 中作为主轴编码器接口使用，见表 5-9。

4）驱动器接口：X7，驱动器接口 X7 为 SUB－D 50 芯针插座，SINUMERIK 802C base line 中 X7 接口的引脚见表 5-10。

5）手轮接口：X10，通过手轮接口 X10 可以在外部连接两个手轮。X10 有 10 个接线端子，引脚见表 5-11。

6）数字输入/输出接口：X100～X105、X200/X201，共有 48 个数字输入和 16 个数字输出接线端子。

48 个输入接口 X100～X105 的引脚分配见表 5-12，16 个输出接口 X200/X201 的引脚分配见表 5-13。

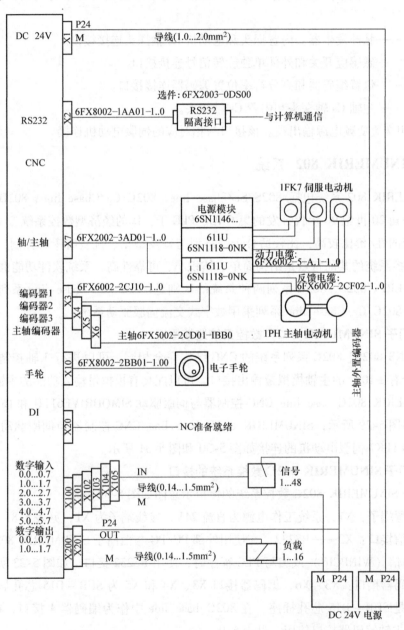

图 5-29　SINUMERIK 802C base line CNC 控制器
与伺服驱动 SIMODRIVE611U 和 1FK7 伺服电动机的连接

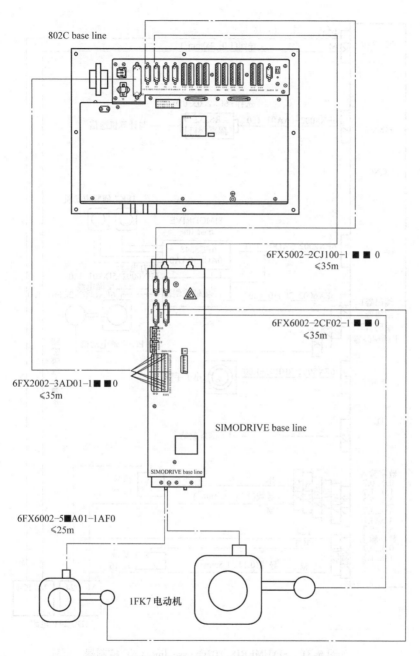

图 5-30   SINUMERIK 802C base line CNC 控制器
与伺服驱动 SIMODRIVE base line 和 1FK7 伺服电动机的连接（1）

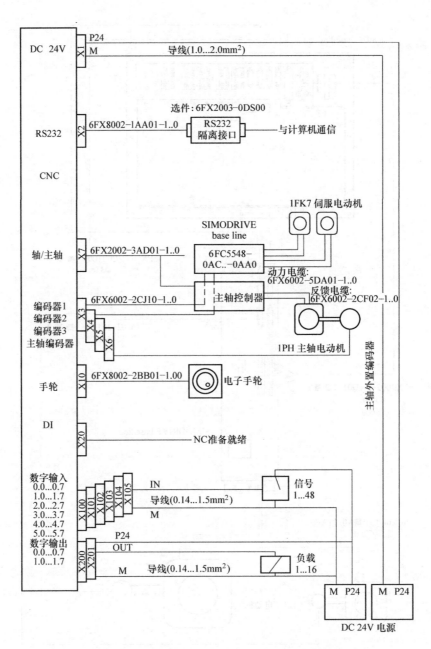

图 5-31 SINUMERIK 802C base line CNC 控制器

与伺服驱动 SIMODRIVE base line 和 1FK7 伺服电动机的连接（2）

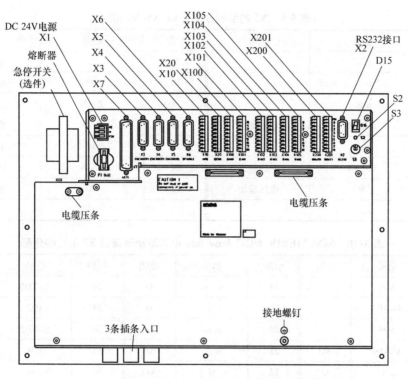

图 5-32 西门子 SINUMERIK 802C 数控系统的接口示意图

表 5-8 系统工作电源

端子号	信号名	说明
1	PE	保护地
2	M	0V
3	P24	直流 24V

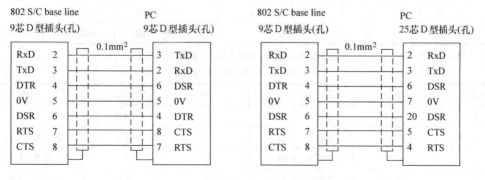

图 5-33 通信接口: X2——RS232

单元 **5** 数控系统的故障维修

107

表 5-9　X3 的引脚分配（X4/X5/X6 相同）

引脚	信号	说明	引脚	信号	说明
1	n. c.		9	M	电压输出
2	n. c.		10	Z	输入信号
3	n. c.		11	Z－N	输入信号
4	P5EXT	电压输出	12	B－N	输入信号
5	n. c.		13	B	输入信号
6	P5EXT	电压输出	14	A－N	输入信号
7	M	电压输出	15	A	输入信号
8	n. c.				

表 5-10　SINUMERIK 802C base line 中的驱动器接口 X7 的引脚分配

引脚	信号	说明	引脚	信号	说明	引脚	信号	说明
1	AO1		18	n. c.	O	34	AGND1	
2	AGND2		19	n. c.	O	35	AO2	
3	AO3		20	n. c.	O	36	AGND3	
4	AGND4	AO	21	n. c.	O	37	AO4	AO
5	n. c.	O	22	M	VO	38	n. c.	O
6	n. c.	O	23	M	VO	39	n. c.	O
7	n. c.	O	24	M	VO	40	n. c.	O
8	n. c.	O	25	M	VO	41	n. c.	O
9	n. c.	O	26	n. c.	O	42	n. c.	O
10	n. c.	O	27	n. c.	O	43	n. c.	O
11	n. c.	O	28	n. c.	O	44	n. c.	O
12	n. c.	O	29	n. c.	O	45	n. c.	O
13	n. c.		30	n. c.		46	n. c.	
14	SE1. 1		31	n. c.		47	SE1. 2＊	
15	SE2. 1		32	n. c.		48	SE2. 2＊	
16	SE3. 1		33	n. c.		49	SE3. 2＊	
17	SE4. 1	K				50	SE4. 2＊	K

注：＊SE1. 1/1. 2 – SE3. 1/3. 2：伺服轴 X/Y/Z 使能；SE4. 1/4. 2：伺服主轴使能。

表 5-11　X10 的引脚分配

引脚	信号	说明	引脚	信号	说明
1	A1＋	手轮 1　A 相＋	6	GND	地
2	A1－	手轮 1　A 相－	7	A2＋	手轮 2　A 相＋
3	B1＋	手轮 1　B 相＋	8	A2－	手轮 2　A 相－
4	B1－	手轮 1　B 相－	9	B2＋	手轮 2　B 相＋
5	P5V	DC　5V	10	B2－	手轮 2　B 相－

表 5-12　X100 ~ X105 的引脚分配

引脚	信号说明	X100 地址	X101 地址	X102 地址	X103 地址	X104 地址	X105 地址
1	空						
2	输入	I 0.0	I 1.0	I 2.0	I 3.0	I 4.0	I 5.0
3	输入	I 0.1	I 1.1	I 2.1	I 3.1	I 4.1	I 5.1
4	输入	I 0.2	I 1.2	I 2.2	I 3.2	I 4.2	I 5.2
5	输入	I 0.3	I 1.3	I 2.3	I 3.3	I 4.3	I 5.3
6	输入	I 0.4	I 1.4	I 2.4	I 3.4	I 4.4	I 5.4
7	输入	I 0.5	I 1.5	I 2.5	I 3.5	I 4.5	I 5.5
8	输入	I 0.6	I 1.6	I 2.6	I 3.6	I 4.6	I 5.6
9	输入	I 0.7	I 1.7	I 2.7	I 3.7	I 4.7	I 5.7
10	M24						

表 5-13　X200/X201 的引脚分配

引脚	信号说明	X200 地址	X201 地址
1	L+		
2	输出	Q 0.0	Q 1.0
3	输出	Q 0.1	Q 1.1
4	输出	Q 0.2	Q 1.2
5	输出	Q 0.3	Q 1.3
6	输出	Q 0.4	Q 1.4
7	输出	Q 0.5	Q 1.5
8	输出	Q 0.6	Q 1.6
9	输出	Q 0.7	Q 1.7
10	M24		

5.2.4　SINUMERIK 840D 数控系统

SINUMERIK 840D 是高档数控系统。

SINUMERIK 840D 由 3 部分组成：数控及驱动单元 CCU（Compact Control Unit）或 NCU（Numerical Control Unit）；人机界面 MMC（Man Machine Communication）；可编程序控制器（PLC）模块。在系统集成时，将驱动单元 SIMODRIVE 611D 和数控单元（CCU 或 NCU）并排放在一起，并用设备总线互相连接。840D 数控系统的模块安装如图 5-34 所示。

840D 数控系统的 MMC、HHU、MCP 都通过一根 MPI 电缆挂在 NCU 上面，MPI 是 SIE-MENS PLC 的一个多点通信协议，因而该协议具有开放性，而 OPI 是 840D 数控系统针对 NC 部分的部件的一个特殊通信协议，是 MPI 的一个特例，不具有开放性，它比传统的 MPI 通信速度要快。MPI 的通信速度是 187.5KB/s，而 OPI 的通信速度是 1500MB/s。

NCU 上面除了一个 OPI 接口外，还有一个 MPI，一个 Profibus 接口，Profibus 接口可以连接所有具有 Profibus 通信能力的设备。Profibus 的通信电缆和 MPI 的电缆一样，都是一根

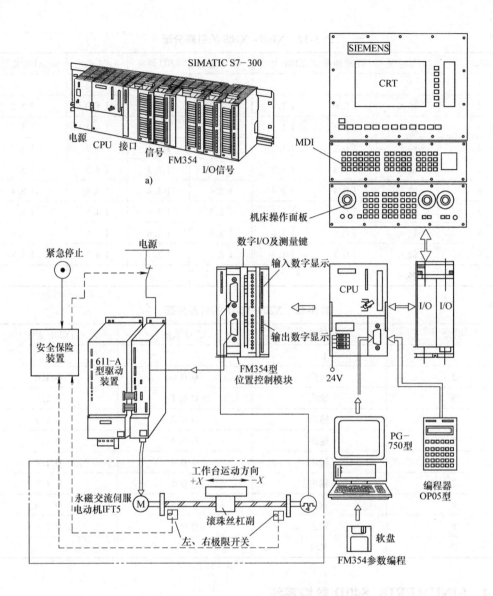

图 5-34 840D 数控系统的模块安装

a）模块式组合 b）连接图

双芯的屏蔽电缆。

在 MPI、OPI 和 Profibus 的通信电缆两端都要接终端电阻，阻值是220Ω，所以如果要检测电缆的好坏情况，可以在 NCU 端打开插座的封盖，测量 A、B 两线间的阻值，正常情况下应该为110Ω。

1. SINUMERIK 840D 数控及驱动单元

1）数控单元 NCU。SINUMERIK 840D 的数控单元被称为 NCU 单元，包括 NC 所有的功能、机床的逻辑控制以及与 MMC 的通信等功能。它由一个 COM CPU 板、一个 PLC CPU 板和一个 DRIVE 板组成。

根据选用硬件，如 CPU 芯片等和功能配置不同，NCU 分为 NCU561.2、NCU571.2、

NCU572.2、NCU573.2（12 轴）、NCU573.2（31 轴）等若干种，NCU 单元中也集成了 SINUMERIK 840D CPU 和 SIMATIC PLC CPU 芯片，包括相应的数控软件和 PLC 控制软件，并且带有 MPI 或 Profibus 接口、RS232C 接口、手轮及测量接口、PCMCIA 卡插槽等，所不同的是 NCU 单元很薄，所有的驱动模块均排列在其右侧，如图 5-35 所示。

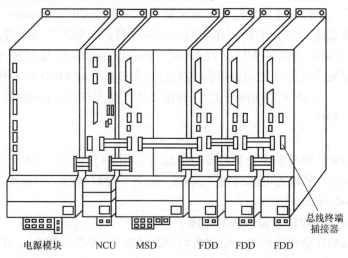

图 5-35　SINUMERIK 840D 数控及驱动单元排列

2）数字驱动。SINUMERIK 840D 配置的驱动采用 SIMODRIVE 611D，它包括两部分：电源模块和驱动模块（也称功率模块）。电源模块主要为 NC 和进给驱动装置提供控制和动力电源，产生母线电压，同时监测电源和模块状态。根据容量不同，凡小于 15kW 均不带馈入装置，记为 U/E 电源模块；凡大于 15kW 均需带馈入装置，记为 I/RF 电源模块，通过模块上的订货号或标记可识别。

SIMODRIVE 611D 数字驱动是新一代数字控制总线驱动的交流驱动，它分为双轴模块和单轴模块两种，相应的进给伺服电动机可采用 1FT6 或者 1FK6 系列，编码器信号为 IVPp 正弦波，可实现全闭环控制。主轴伺服电动机为 1PH7 系列。

2. 人机界面

人机界面负责 NC 数据的输入和显示，实现操作者和数控系统之间的交互，包括 MMC、操作面板 OP（Operation Panel）、机床控制面板 MCP（Machine Control Panel）三部分。

1）MMC。MMC 实际上就是一台计算机，有自己独立的 CPU，还可以带硬盘、软驱；OP 单元正是这台计算机的显示器，而 SIEMENS MMC 的控制软件也在这台计算机中。最常用的 MMC 有两种：MMC100.2 和 MMC103。其中 MMC100.2 的 CPU 为 486，不能带硬盘；而 MMC103 的 CPU 为奔腾，可以带硬盘。一般为 SlNUMERIK 810D 数控系统配 MMC100.2；而为 SINUMERIK 840D 数控系统配 MMC103。

PCU（PC UNIT）是专门为配合 SIEMENS 公司最新的操作面板 OP10、OP10S、OP10C、OP12、OP15 等而开发的 MMC 模块，目前有三种 PCU 模块：PCU20、PCU50、PCU70。PCU20 对应于 MMC100.2，不带硬盘，但可以带软驱；PCU50、PCU70 对应于 MMC103，可以带硬盘。与 MMC 不同的是：PCU50 的软件是基于 Windows NT 的。PCU 的软件被称作 HMI，HMI 分为两种：嵌入式 HMI 和高级 HMI。一般标准供货时，PCU20 装载的是嵌入式

HMI；而 PCU50 和 PCU70 则装载高级 HMI。

2）OP 单元。它一般包括一个 10.4inTFT 显示屏和一个 NC 键盘，根据用户不同的要求，SIEMENS 公司为用户选配不同的 OP 单元，如 OP010、OP010C、OP030、OP031、OP032、OP032S 等。

3）MCP 单元。这是专门为数控机床而配置的，它也是 OPI（Operator Panel Interface）上的一个节点，根据应用场合不同，其布局也不同。目前，MCP 有车床版和铣床版两种。对于 SINUMERIK 840D 应用了 MPI（Multiper Point Interface）总线技术，传输速率为 187.5KB/s。OP 单元为这个总线构成的网络中的一个节点。对 810D 和 840D，MCP 的 MPI 地址分别为 14 和 6，用 MCP 后面的开关 S3 设定。为提高人机交互的效率，又有 OPI 总线，它的传输速率为 1.5MB/s。

3. PLC 模块

SINUMERIK 840D 数控系统的 PLC 部分使用的是 SIMATTC S7-300 的软件及模块，在同一条导轨上从左到右依次为电源模块（power supply）、接口模块（interface module）和机床信号模块（signal module）。

4. SINUMERIK 840D 数控系统的连接

SINUMERIK 840D 硬件连接时，应将数控与驱动单元、PCU、PLC 三部分分别连接，连接时应注意以下问题。

1）电源模块 X161 中 9、112、48 的连接；驱动总线和设备总线；最右边模块的终端电阻（数控与驱动单元）。

2）PCU 及 MCP 的 24V 电源千万注意极性（PCU）。

3）PLC 模块注意电源线的连接；同时注意 SM 的连接和 CCU 或 NCU 与 S7-300 的 IM 模块连线。

4）MPI 和 OPI 总线接线一定要正确。

5. SINUMERIK 840D CNC 单元模块接口

SINUMERIK 840D CNC 单元模块接口端如图 5-36 所示，其中各接口端的意义如下。

1）X101：操作面板接口端，该端口通过电缆与 MMC 及机床操作面板连接。

2）X102：RS485 通信接口端，该端口主要是满足 SIEMENS 通信协议的要求。

3）X111：PLC S7-300I/O 接口端，该端口提供了与 PLC 连接的通道。

4）X112：RS232C 通信接口端，实现与外部的通信，如要由数个数控机床构成 DNC 系统，实现系统的协调控制，则各个数控机床均要通过该端口与主控计算机通信。

5）X121：多路 I/O 接口端，通过该端口，数控系统可与多种外部设备连接，例如与控制进给运动的手轮、CNC I/O 的连接。

6）X122：PLC 编程器 PG 接口端，通过该端口与 SIEMENS PLC 编程器 PG 连接，以此传输 PG 中的 PLC 程序到 NC 模块，或从 NC 模块将 PLC 程序复制到 PG 中，另外还可在线实时监测 PLC 程序的运行状态。

7）X103A、X103B：电动机驱动器 611D 的 I/O 扩展端口，通过扁平电缆将驱动总线与各个驱动模块连接起来，对各个伺服电动机进行控制。

8）X172：数控系统数据控制总线端口，通过扁平电缆与各相关模块的系统数据控制总线连接起来。

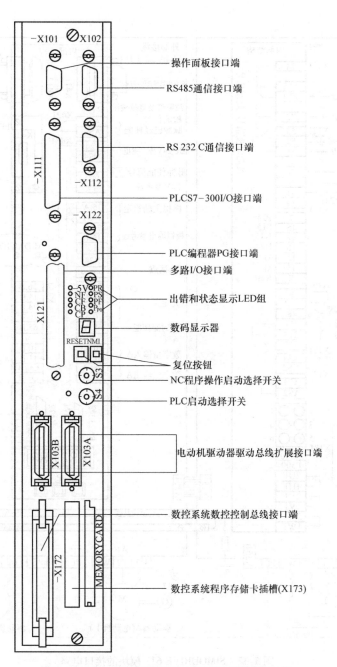

图 5-36　SINUMERIK 840D CNC 单元模块接口端

9）X173：数控系统控制程序存储卡插槽。

6. SIMODRIVE 611 系列驱动的接口

SIMODRIVE 611 系列的驱动分成模拟 611A、数字 611D 和通用型 611U，都是模块化结构，如图 5-37 所示。它主要由以下几个模块组成。

1）电源模块。电源模块提供驱动和数控系统的电源，包括维持系统正常工作的弱电和供给功率模块用的 600V 直流电压。根据直流电压控制方式，它又分为开环控制的 U/E 模块

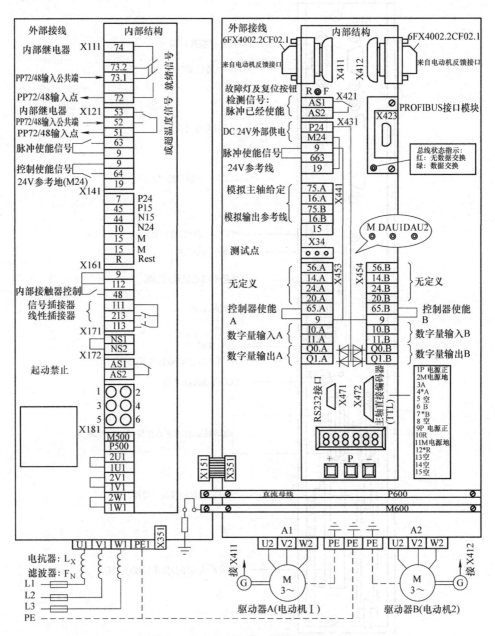

图 5-37　SIMODRIVE 611 模块的接口电路

和闭环控制的 I/O 模块。U/E 模块没有电源的回馈系统，其直流电压正常时为 570V 左右，而当制动能量大时，电压可高达 640V 之多。I/R 模块的电压一直维持在 600V 左右。

2）伺服电动机驱动模块。伺服电动机驱动模块又包括：实现对伺服轴的速度环和电流环的闭环控制的控制模块；为伺服电动机提供频率和电压可变的交流电源的功率模块；主要是对电源模块弱电供电能力进行补充的监控模块。

3）电抗与滤波模块，即对电压起到平稳作用的电抗和对电源进行滤波作用的滤波模块。

电源模块接口端如图 5-37 所示,其中主要接口端的意义如下。

① X111:"准备好"信号,由电源模块输出至 PLC 的电源模块,表示电源正常。

② X121:模块准备好信号和模块的过热信号。由 PLC 输出至电源模块、数控模块,表示外部电路信号正常。准备好信号与模块的拨码开关的设置有关,当 S1.2 = ON,模块有故障时,"准备好"信号取消,而 S1.2 = OFF,模块有故障和使能(63,64)信号取消时,都会取消"准备好"信号,因此在更换该模块的时候要检查模块顶部的拨码开关的设置,否则模块可能会工作不正常。另外,所有的模块过载和连接的电动机过热都会触发过热报警输出。

64:控制使能输入,该信号同时对所有连接的模块有效,该信号取消时,所有轴的速度给定电压为零,轴以最大的加速度停车。延迟一定的时间后,取消脉冲使能。

63:脉冲使能输入,该信号同时对所有连接的模块有效,该信号取消后,所有轴的电源取消,轴以自由运动的形式停车。

9/19:9 是 24V 输出电压,19 是 24V 的地。

③ X141:电源模块工作正常输出信号选择端口。

④ X161:电源模块设定操作和标准操作选择端口。

112:调试或标准方式,该信号一般用在传输线的调试中,一般情况连接到系统的24V 上。

48:主电路继电器,该信号断开时,主电路继电器断开。

⑤ X171。NS1/NS2:主继电器闭合使能,只有该信号为高电平时,主继电器才可能得电。该信号常用来作主继电器闭合的联锁条件(一般按出厂状态使用)。

⑥ X172。AS1/AS2:主继电器状态,该信号反映主继电器的闭合状态,主继电器闭合时为高电平(一般按出厂状态使用)。

⑦ X181:供外部使用的供电电源端口,包括直流电源 600V(P500、M500),三相交流电源 380V。

⑧X351:设备总线,为后面连接的模块供电用。

电源模块上面有六个指示灯,分别指示模块的故障和工作状态。正常情况下绿灯亮表示使能信号丢失(63 和 64),黄灯亮表示模块准备好信号,这时 600V 直流电压已经达到系统正常工作的允许值。图 5-38 所示为 SINUMERIK 840D 电源模块接线端口。

7. 伺服电动机驱动模块

单轴伺服电动机驱动模块如图 5-39 所示,双轴伺服电动机驱动模块如图 5-40 所示。其中主要接口端的意义如下。

1)X411、X412:电动机编码器接口,电动机内置光电编码器反馈至该端口进行位置和速度反馈处理。输入电动机的编码器信号,还有电动机的热敏电阻值,其中电动机的热敏电阻值是通过该插座的 13 和 25 脚输入,该热敏电阻在常温下为 580Ω,$155°$时大于 1200Ω,这时控制板断开电动机电源并产生电动机过热报警。

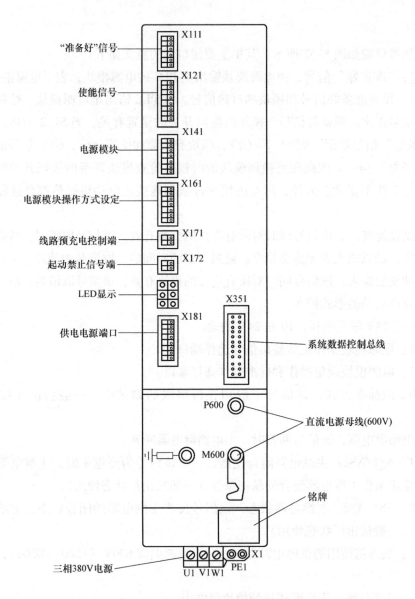

图 5-38　SINUMERIK 840D 电源模块接线端口

2）X421、X422：机床拖板直接位置反馈（光栅）端口，一般为正余弦电压信号。

3）X431：脉冲使能端口，使能信号一般由 PLC 提供。该信号为低电平时，该轴的电源撤销，一般这个信号直接与 24V 短接。

4）X432：高速 I/O 接口端，一般用作 BERO 开关信号的输入口。

5）X341、X351：驱动、数据总线端口。

8. 各模块之间的连接

各模块连接部分之间的关系和连接方法如图 5-41 所示。

1）接地电阻。系统的接地电阻要按照国家标准，其阻值应不大于 0.01Ω。

2）电气柜地线汇总排。电气柜强电和弱电的地线端都要按照国家标准，用符合要求的导线将它们连接到地线汇总排上。图 5-42 所示为电源接线图。

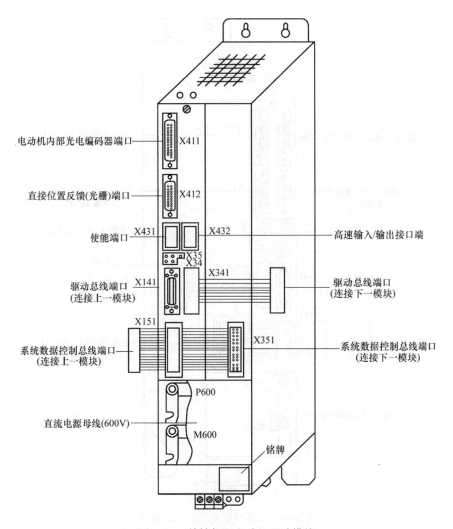

图 5-39　单轴伺服电动机驱动模块

5.2.5　华中"世纪星"数控系统

华中"世纪星"数控系统是在华中高性能数控系统的基础上，满足用户对低价格、高性能、简单、可靠的要求而开发的数控系统，适用于各种车、铣床加工中心等机床的控制，采用国际标准 G 代码编程，与各种流行的 CAD/CAM 自动编程系统兼容。

1. 主要特色

1）基于通用工业微机的开放式体系结构。采用工业微机作为硬件平台，使得系统硬件可靠性得到保证。由于与通用微机兼容，能充分利用 PC 软、硬件的丰富资源，使数控系统的使用、维护、升级和二次开发非常方便。

2）先进的控制软件技术和独创的曲面插补算法。以软件创新，用单 CPU 实现了国外多CPU 结构的高档系统的功能。可进行多轴多通道控制，其联动轴数可达到 9 轴。国际首创的多轴曲面插补技术能完成多轴曲面轮廓的直接插补控制，可实现高速、高精度和高效的曲面加工。

117

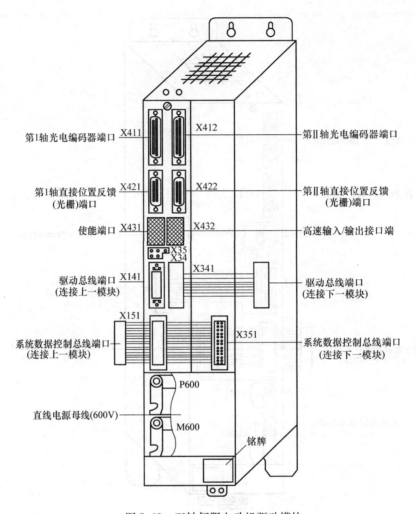

第1轴光电编码器端口 X411
第II轴光电编码器端口 X412

第1轴直接位置反馈 (光栅)端口 X421
第II轴直接位置反馈 (光栅)端口 X422

使能端口 X431
高速输入/输出接口端 X432

X35
X34

驱动总线端口 X141 (连接上一模块)
X341
驱动总线端口 (连接下一模块)

X151
系统数据控制总线端口 (连接上一模块)
X351
系统数据控制总线端口 (连接下一模块)

P600
直线电源母线(600V)
M600
铭牌

图 5-40　双轴伺服电动机驱动模块

3）友好的用户界面。采用汉字菜单操作，并提供在线帮助功能和良好的用户界面。系统提供宏程序功能，具有形象直观的三维图形仿真校验和动态跟踪，使用操作十分方便。

2. 系统配置

华中"世纪星"系列数控系统（HNC–21/22T、HNC–21/22M）采用开放式体系结构，内置嵌入式工业 PC，配置 8.4in 或 10.4in 彩色 LCD 显示器和通用工程面板，集成进给轴接口、主轴接口、手持单元接口、内嵌式 PLC 接口于一体，采用电子盘程序存储方式以及软驱、DNC、以太网等程序交换功能。HNC–21/22 数控系统配置示意图如图 5-43 所示。

1）NC 键盘。NC 键盘包括精简型 MDI 键盘和 F1～F10 十个功能键，标准化的字母数字式 MDI 键盘介于显示器和急停按钮之间，其中的大部分键具有上挡键功能。当 UPPer 键有效时，指示灯亮输入的是上挡键，F1～F10 十个功能键位于显示器的正下方。NC 键盘用于将零件程序的编制参数输入 MDI 及系统管理操作等。

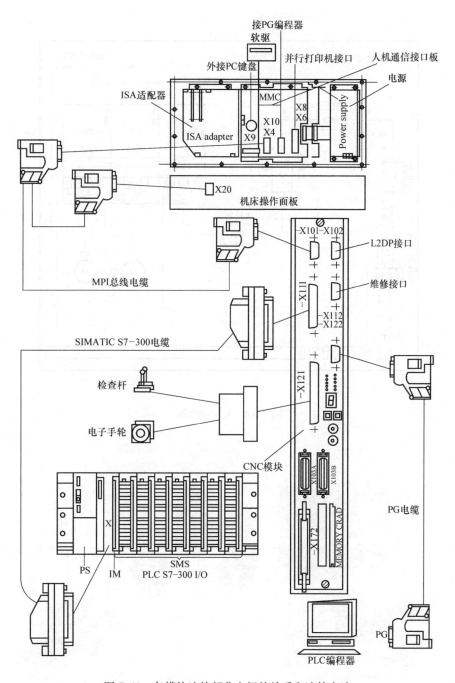

图 5-41　各模块连接部分之间的关系和连接方法

　　2）机床控制面板 MCP。标准机床控制面板的大部分按键（除急停按钮外）位于操作台的下部，急停按钮位于操作台的右上角。机床控制面板用于直接控制机床的动作或加工过程。操作台左上部的 LCD 显示器（分辨率为 640×480），用于汉字菜单、系统状态、故障报警的显示器和加工轨迹的图形仿真。

　　3）手持单元。手持单元由手摇脉冲发生器、坐标轴选择开关组成，用于手摇方式增量进给坐标轴。

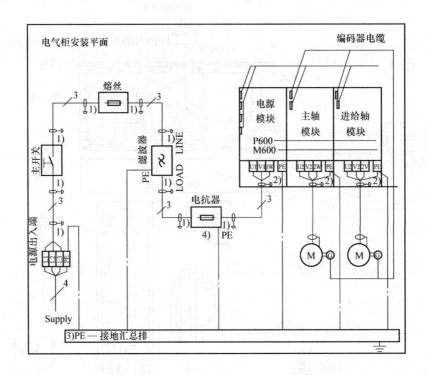

图 5-42 电源接线图

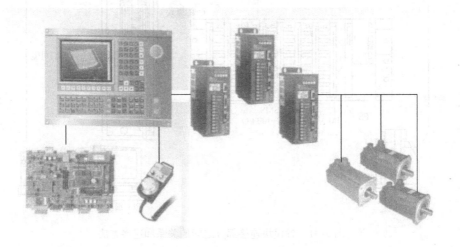

图 5-43 HNC – 21/22 数控系统配置示意图

3. 华中世纪星 HNC – 21 数控系统的连接

1）HNC – 21 的结构框图如图 5-44 所示。

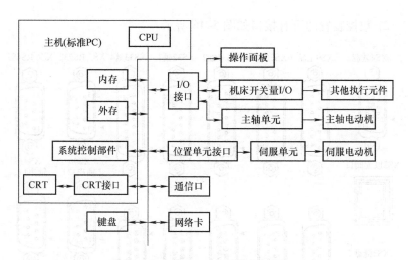

图 5-44　HNC–21 的结构框图

2）HNC–21 的接线示意图如图 5-45 所示。

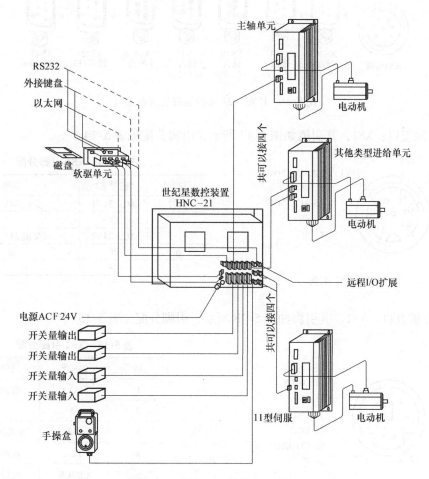

图 5-45　HNC–21 的接线示意图

3) HNC – 21 数控装置的所有接口如图 5-46 所示。

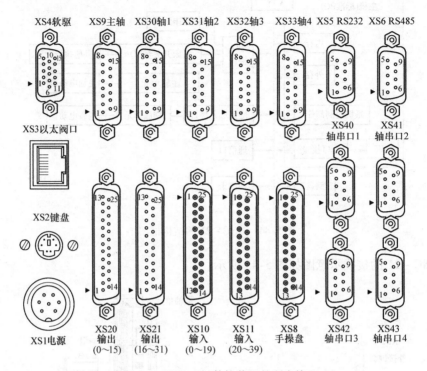

图 5-46   HNC – 21 数控装置的所有接口

① 电源接口：XS1，其引脚如图 5-47 所示，引脚分配见表 5-14。

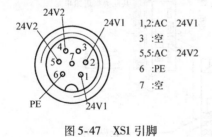

1,2:AC 24V1
3 :空
5,5:AC 24V2
6 :PE
7 :空

图 5-47   XS1 引脚

表 5-14   XS1 引脚分配

引脚号	信号名	说明
1，2	AC 24V1	交流 24V 电源
3	空	
4，5	AC 24V2	交流 24V 电源
6	PE	地
7	空	

② PC 键盘口：XS2，其引脚如图 5-48 所示，引脚分配见表 5-15。

1: DATA
2: 空
3: GND
4: VCC
5: CLOCK
6: 空

图 5-48   XS2 引脚

表 5-15   XS2 引脚分配

引脚号	信号名	说明
1	DATA	数据
2	空	
3	GND	电源地
4	VCC	电源
5	CLOCK	时钟
6	空	

③ 以太网口：XS3，其引脚如图 5-49 所示，引脚分配见表 5-16。

表5-16 XS3引脚分配

引脚号	信号名	说明
1	TX_D1+	发送数据
2	TX_D1-	发送数据
3	RX_D2+	接收数据
4	BI_D3+	空置
5	BI_D3-	空置
6	RX_D2-	接收数据
7	BI_D4+	空置
8	BI_D4-	空置

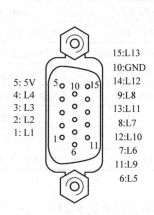

```
8: BI_D4-
7: BI_D4+
6: RX_D2-
5: BI_D3-
4: BI_D3+
3: RX_D2+
2: TX_D1-
1: TX_D1+
```

图 5-49　XS3 引脚

④ 软驱：XS4，其引脚如图 5-50 所示，引脚分配见表 5-17。

表5-17 XS4引脚分配

引脚号	信号名	说明
1	L1	减小写电流
2	L2	驱动器选择 A
3	L3	写数据
4	L4	写保护
5	5V	驱动器电源
6	L5	驱动器 A 允许
7	L6	步进
8	L7	0 磁道
9	L8	盘面选择
10	GND	驱动器电源地、信号地
11	L9	索引
12	L10	方向
13	L11	写允许
14	L12	读数据
15	L13	更换磁盘

```
5: 5V        15:L13
4: L4        10:GND
3: L3        14:L12
2: L2         9:L8
1: L1        13:L11
              8:L7
             12:L10
              7:L6
             11:L9
              6:L5
```

图 5-50　XS4 引脚

⑤ RS232：XS5（DB9 头孔座针），其引脚如图 5-51 所示，引脚分配见表 5-18。

表5-18 XS5引脚分配

引脚号	信号名	说明
1	-DCD	载波检测
2	RXD	接收数据
3	TXD	发送数据
4	-DTR	数据终端准备好
5	GND	信号地
6	-DSR	数据装置准备好
7	-RTS	请求发送
8	-CTS	准许发送
9	-RI	振铃指示

```
1: -DCD
2: RXD
3: TXD
4: -DTX
5: GND
6: -DSR
7: -RTS
8: -CTS
9: -R1
```

图 5-51　XS5 引脚

⑥ 远程 I/O 接口：XS6，其引脚如图 5-52 所示，引脚分配见表 5-19。

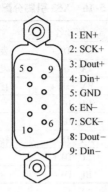

1: EN+
2: SCK+
3: Dout+
4: Din+
5: GND
6: EN–
7: SCK–
8: Dout–
9: Din–

图 5-52　XS6 引脚

表 5-19　XS6 引脚分配

引脚号	信号名	说明
1	EN +	使能
2	SCK +	时钟
3	Dout +	数据输出
4	Din +	数据输入
5	GND	地
6	EN –	使能
7	SCK –	时钟
8	Dout –	数据输出
9	Din –	数据输入

⑦ 手持单元接口：XS8，其引脚如图 5-53 所示，引脚分配见表 5-20。

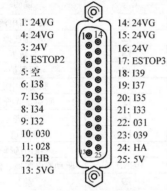

1: 24VG　14: 24VG
4: 24VG　15: 24VG
3: 24V　16: 24V
4: ESTOP2　17: ESTOP3
5: 空　18: I39
6: I38　19: I37
7: I36　20: I35
8: I34　21: I33
9: I32　22: 031
10: 030　23: 039
11: 028　24: HA
12: HB　25: 5V
13: 5VG

图 5-53　XS8 引脚

表 5-20　XS8 引脚分配

信号名	说明
24V、24VG	DC 24V 电源输出
ESTOP2、ESTOP3	手持单元急停按钮
I32 ~ I39	手持单元输入开关量
028 ~ 031	手持单元输出开关量
HA	手摇 A 相
HB	手摇 B 相
5V、5VG	手摇 DC 5V 电源

⑧ 主轴控制接口：XS9，其引脚如图 5-54 所示，引脚分配见表 5-21。

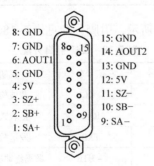

8: GND　15: GND
7: GND　14: AOUT2
6: AOUT1　13: GND
5: GND　12: 5V
4: 5V　11: SZ–
3: SZ+　10: SB–
2: SB+　9: SA–
1: SA+

图 5-54　XS9 引脚

表 5-21　XS9 引脚分配

信号名	说明
SA +、SA –	主轴码盘 A 相位反馈信号
SB +、SB –	主轴码盘 B 相位反馈信号
SZ +、SZ –	主轴码盘 Z 脉冲反馈
5V、GND	DC 5V 电源
AOUT1、AOUT2	主轴模拟量指令输出
GND	模拟量输出地

⑨ 开关量输入/输出接口：XS10/XS11，XS20/XS21 其引脚如图 5-55 所示，引脚分配见表 5-22。

⑩ 进给轴控制接口。

模拟式、脉冲式伺服和步进电动机驱动单元接口：XS30 ~ XS33，其引脚如图 5-56 所示，引脚分配见表 5-23。

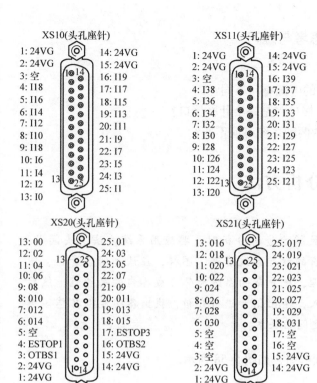

图 5-55　XS10/XS11，XS20/XS21 引脚

表 5-22　XS10/XS11，XS20/XS21 引脚分配

信号名	说　明
24VG	外部开关量 DC 24V 电源地
I0 ~ I39	输入开关量
O0 ~ O31	输出开关量
ESTOP1 ESTOP3	急停按钮
OTBS1 OTBS2	超程解除按钮

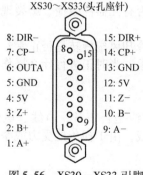

图 5-56　XS30 ~ XS33 引脚

表 5-23　XS30 ~ XS33 引脚分配

信号名	说明
A +、A -	码盘 A 相位反馈信号
B +、B -	码盘 B 相位反馈信号
Z +、Z -	码盘 Z 脉冲反馈信号
5V，GND	DC　5V 电源
OUTA	模拟电压输出
CP +、CP -	输出指令脉冲
DIR +、DIR -	输出指令方向（ + ）

11 型（HSV - 11D）伺服控制接口（RS232 串口）：XS40 ~ XS43，其引脚如图 5-57 所示，引脚分配见表 5-24。

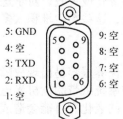

图 5-57　XS30 ~ XS33 引脚

表 5-24　XS30 ~ XS33 引脚分配

信号名	说明
TXD	RS232 发送端
RXD	RS232 接收端
GND	地

单元 **5** 数控系统的故障维修

┌─────────────────────────────────────┐
思考与练习

1. 柔性齿轮比的功能是什么？
2. FANUC 0 和 FANUC 0i 数控系统的电源有何不同？
3. FANUC 0i 数控系统的 I/O LINK 接口，是一个什么接口？
4. SINUMERIK 802S 和 802C 系列的两种系统有何不同？
└─────────────────────────────────────┘

5.3　数控系统故障检查与分析方法

> **小贴士**　　对数控系统进行故障检查与分析时，要应用系统方法解决问题。要尽量收集、利用现有的数控系统资料、图样，在认真研读资料、图样中弄清主要电气原理，把复杂的系统大体分成各自的功能框，然后对每一个功能框的输入、输出信号进行分析，找出各功能框在总体中的地位以及各功能框之间的联系。

在分析数控系统故障时，最好用详细框图，如图 5-58 所示。

5.3.1　常规检查

1. 检查外观

数控系统发生故障后，首先要检查整体外观，查找明显的故障现象。如电源指示是否正常？各熔断器是否出现了熔断指示？每块印制电路板上是否有元器件破损、爆裂现象？连接线是否有脱开？插接件是否有脱落？

然后仔细辨别是否有焦煳味？是否有异常发热现象？冷却风扇旋转是否正常？

要详细地询问操作人员，故障发生时伴随什么异常现象？当时正进行什么操作？

这些情况对故障的原因分析和判断都是十分重要的。

2. 检查连接电缆与连接线

针对有关故障现象，使用仪表和工具进一步检查连接线是否正常，电线、电缆是否导通，导线电阻值是否增大。尤其注意经常活动的电缆或电线，由于拐角处受力或摩擦有可能导致断线或绝缘层损坏。

3. 检查连接端子及接插件

针对故障现象，检查有关的接线端子、单元接插件。这些部件的松动、发热、氧化、电化学腐蚀容易造成断线或者接触不良。

4. 检查局部恶劣条件下工作的元件

某些高热、潮湿、振动、粘灰尘或油污处，容易使元件老化或失效，对于这些地方要认真检查。特别是通风道进出口处，常常会积存大量导电粉尘，这些粉尘堆积太多，一旦落入控制模块就会造成整个模块的烧毁。

5. 检查应定期保养的部件及元器件

有些部件按照规定应定期进行清洗与润滑，如果不进行保养很容易出现故障。如通风道是否堵塞，风扇电动机是否缺少润滑油等。对于早年的数控系统纸带阅读机光电读入部件以及光学元件的透明度也要特别检查，光敏元件及发光元器件的老化有可能会造成读带错误。

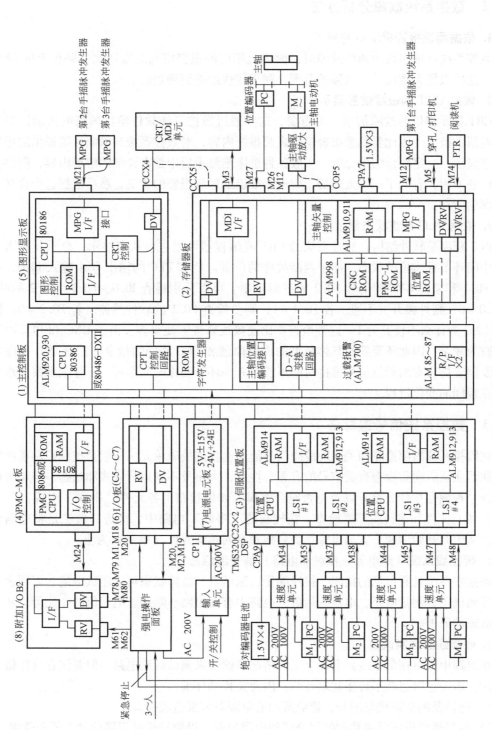

图 5-58 数控系统框图

5.3.2 数控系统故障分析方法

1. 依据面板报警指示灯的提示

数控系统内部出现功能性故障时，面板上相应的报警指示灯或印制电路板上的 LED 灯会亮，这些报警大致提供了故障的范围，利于较快地查到确切的故障点。

2. 依据 CRT 的故障信息显示

CRT 显示提供的故障信息尤为重要，这些通过数控系统软件给出的简明指示，对于故障诊断帮助极大。因此要熟悉报警信息表及报警内容，对数控系统自诊断系统提供的报警号及文字显示，一定要详细地分析。一般各种机床维修手册中都有详细的解释内容，但由于语言翻译的原因，有的字词不太确切，应设法准确地理解报警的含义，然后根据这个含义去检查问题的所在。

3. 依据 PLC 系统状态显示

PLC 程序是软件结构，通过系统的 CRT 或编程器可以进行状态显示，显示其输入、输出及中间环节标志位的状态，便于判断故障的位置。例如 PLC 的输出 Q 由输入 I0.0、中间标志 F0.1 和来自 CNC 的信号 F0.2 的逻辑控制。可以分别检查 I0.0、F0.1、F0.2 的状态，若 I0.0 = 0，则外接开关不通。若 F0.1 = 1，则要检查 F0.1 的软件线路。若 F0.2 = 0，则要检查 CNC 为什么不使其为 1。这种检查要比硬接线系统方便得多。由于 CNC 和 PLC 功能强而且较为复杂，因此还要熟悉具体机型的控制原理和 PLC 使用的指令。注意 PLC 程序中多有触发器支持，有的置位信号维持时间不长，有些环节动作时间很短，不仔细观察很难发现状态在瞬间的变化过程。

5.3.3 数控系统信号追踪法

在数控系统内部追踪相关联的故障信号能快速找到故障单元。一般是按照控制系统框图从前往后或从后向前检查有关信号的有无、性质、大小及不同运行方式和状态，与正常情况相比较，观测存在什么差异以及是否符合逻辑。如果线路由各元件"串联"组成，对"串联"的所有元件和连接线都要检查。在较长的"串联"电路中，优选的做法是将电路分成两半，从中间开始向两个方面追踪，直到找到有问题的元件（单元）为止。

1. 硬接线系统（继电器－接触器电路）**信号追踪法**

硬接线系统具有可见的接线、接线端子、测试点。故障状态可以用试电笔、万用表、示波器等测试工具测量电压、电流的量值，电路中有无短路、断路、电阻值的变化等，从而判断出故障的原因。

2. 硬接线的强制试验

在追踪中可以在信号线路上加上正常情况的信号来测试后续电路，但要注意这样做有其危险性，因为这时忽略了许多联锁环节，因此要特别仔细。

1）把涉及的前级线路断开，避免所加的电源对前级造成损害。

2）尽量地将机床可能移动的部分移到中间位置，以便较长时间移动时不至于碰撞。

3）预先弄清楚所加信号是什么类型，究竟是直流还是脉冲，是由恒流源还是恒压源提供？

4）设定要尽可能小一些（因为有时运动方式和速度与设定关系很难确定）。

5）密切注意已经忽略的联锁可能导致的后果。

6）密切观察直线运动的情况，勿使其超程。

3．CNC、PLC 控制变量的强制

在 PLC 中可以使某一位强制为 1（程序中这一位可能不是 1），这种强制可得到瞬间的效果。若想对标志位或输出长期强制，最好在程序中清除它的定义程序段或使程序段不被执行。

在诊断出故障单元后，亦可利用系统分析法和信号追踪法把故障范围缩小到单元内部某一个部件、某一块集成电路或某一个元件，当然，同时还要用各种检测仪器对某一插件的故障进行定位。

4．交换试验

两个相同的线路，可以对它们进行交换试验。例如先把一台电动机从某个电源上拆下，接到另一个电源上。然后，在这个电源上接另一台电动机，做这个试验可以判断是电动机存在问题还是电源存在问题。

但是在做数控系统内交换某两个轴的试验时，一定要保证该轴所处的大环节（位置环）的正确性，否则闭环关系要受到破坏。例如，交换 X、Y 两个轴的电动机时，若只在驱动器上交换电动机及速度传感器电缆，而没有同时改接位置反馈电缆，这会造成位置反馈错误，系统一启动立即会产生 X、Y 轴测量回路故障报警。同理，对于交换两个轴的驱动器试验，指令信号接线、保护环节接线、反馈接线等都要同时交换，缺一不可。

5.3.4 数控系统维修要点

通过一系列的诊断、检查，一旦故障已经确实锁定在数控系统范畴内，就要考虑对其进行维修，维修时需要注意的事项如下：

1）反复研读数控系统的使用说明文件，参阅数控系统原理、典型数控系统与数控系统维修等有相关内容的书籍、资料，全面了解数控系统结构。

2）要了解清楚所维修的数控系统结构，明白所有接口电缆的走向。

3）要了解清楚每个独立单元的接口内部信号功能及作用；对接口外围电路的适配关系是否出现异常尤要注意，如信号线是否有短路、短路现象等。

4）要熟悉各种集成电路的基本特性，会利用专门的检测仪器（例如逻辑笔、活动 I/O 接口等）进行反复、细致的测量，特别是对接口的检查。

5）在故障现场一般最高做到板级维修（正确地更换印制电路板），对于板内维修一定要在具备条件的场合进行。

6）更换印制电路板时，要了解设定开关的位置、设定电位器的位置，注意短路棒的选择是否与原来状态相同。

7）检查接口必须带电作业时，要注意操作安全，防止出现次生故障。

8）维修过程要有详细记录。

> **≫ 小贴士** 不要随意更换印制电路板，必须在锁定故障范围确定印制电路板规格、型号，设定无误后再换板，盲目换板往往会造成故障的扩大。

思考与练习

1. 如何应用系统方法检查数控系统故障问题？
2. 对数控系统的故障如何实施常规检查？
3. 依据 CRT 的故障信息显示有何意义？
4. 硬接线的强制试验要特别注意什么？

5.4 数控系统维修案例

1. 控制信号不良导致机床振荡故障的排除

设备名称：TK4163 数控镗床。

数控系统：FAGOR – 8025MS。

故障现象：机床三个伺服轴（X，Y，Z）振荡。

故障分析：该机床为全闭环控制系统，各轴均装有光栅位置检测装置，用于测量 X、Y、Z 各轴的实际位置。反馈信号输入 CNC 进行 A – D 转换和细分处理后，送入位置控制单元进行数据处理，而得到精确的位置控制。

由于故障出现时，开机即出现机床三个伺服轴（X，Y，Z）振荡，因而将 Y、Z 轴屏蔽，仅保留 X 轴，再开机时机床 X 轴仍振荡，初步认定故障与光栅位置检测装置及驱动器无关。

在 X 轴驱动器速度给定输入端（VCMD 信号）用示波器测量，其波形如图 5-59 所示。

此波形表明有交流纹波进入了驱动器输入端，由于驱动器的输入阻抗较高，正负随 50Hz 不断变化的交流纹波电压会造成各驱动轴振荡。随即再测量 FAGOR – 8025MS 数控装置的 I/O – 1（37 芯）接插件的 30、31

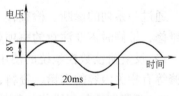

图 5-59 VCMD 信号故障波形

脚，即 X 轴速度模拟输出端，波形为一条直线，无任何干扰，因此判断数控装置与驱动器之间信号中断。经查是到床身的电缆 HONDA – 50 芯插头外壳破裂，插头已呈斜状松脱，造成驱动器的输入端悬空，其原因是此次故障前检查维修机床主轴时，脚踩到电缆插头而造成上述故障。

故障处理：更换插头外壳，锁紧螺钉，机床恢复正常运行。

2. 中间继电器电路引起的系统故障排除

机床名称：SABRE – 750 数控立式加工中心。

生产厂：美国 CINCINNATI – MILACRON 公司

数控系统：Acramatc – 850SX。

故障现象：数控系统自检未通过（SERV 报警）。

故障分析：该设备从接通电源开机到设备可以运行，要经过数控系统初始化、启动诊断软件、系统参数传送、PLC 传送等。其中操作站（OSA）与数控处理器（NC PROCESSOR）采用双绞线电缆连接，负责地址与数据的交换与传送、系统接口总线板（SIBA）与 CINCIN-

NATI－MILACRON 接口总线板（CMIBA）用双芯高速传输电缆连接，负责 PRC 和 I/O 之间的通信。启动诊断软件确定系统配置的硬件是否可操作和有效，它在每次控制器电源接通时启动，即在正常情况下，数控系统主处理板的红色 LED——DUMP、DIMP、DAMP、OSA、MMC、SERV、PCA 等全部点亮，每一个 LED 都代表了系统的某一部分，通过自检便自行熄灭。最终 RUN 绿灯亮，操作系统画面进入第二次主启动，轴驱动单元控制电路加电，否则操作系统画面仍处在系统初始化画面，红色 LED 灯亮，SERV 灯亮即表示轴伺服控制系统板或伺服单元有问题。该设备伺服单元采用 FANUC 三轴驱动系统（A20B－1001－0770/04B），如图 5-60 所示。图中电缆 1 为旋转脉冲编码器到伺服单元电缆，其中 OH1L、OH2L 是过热信号；C8L、C4L、C2L、C1L 是位置反馈信号；PCAL、*PCAL、PCBL、*PCBL 是速度脉冲信号；PCZL、*PCZL 是电动机一转脉冲信号。

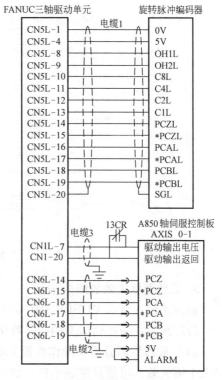

图 5-60　系统接口原理

电缆 2 是连接伺服单元到轴伺服控制系统板的速度、位置反馈信号电缆；5V 及 ALARM 是提供给系统的报警信号，能提示该轴的插头是否插好。电缆 3 则是轴伺服控制系统对伺服单元的运动给定信号，X、Y、Z 三轴均是如此连接。如果将三轴伺服控制系统板的插头拔掉，操作系统画面进入第二次主启动画面，但出现报警"Z AXIS OPEN LOOP"，即 Z 轴反馈开环。为了进一步区分是轴伺服控制系统板还是伺服单元有问题，用 25 针插头（普通计算机并行插头）制作两个信号短接器，分别插入轴伺服控制板，这时操作系统就可以进入第二次主启动画面，报警的消除是因为系统处于模拟闭环状态，但此时不宜做轴驱动单元控制电路加电试验，否则电动机暴走会使故障扩大化。

再将伺服单元的插头全部拔掉，按常规此时应该是某轴的反馈开环报警，但该设备依然是 SERV 点亮，操作系统画面仍处在系统初始化画面。仔细分析电路图，所有的轴伺服控制系统对伺服单元的运动给定信号中均有一个 13CR 常闭触点，正常情况下如图 5-61 所示，系统只要一加电，中间继电器 13CR 线圈就要接通，13CR 常闭触点打开，此时驱动输出电压信号可以供给伺服单元。但检查中间继电器电路发现 2CRT 时间继电器的触点粘合，造成中间继电器 12CR 长期吸合，其常闭触点打开使 13CR 不能吸合，13CR 触点不能打开而短接了运动给定信号，导致数控系统自检不能通过，至此设备故障的原因才彻底查清。

故障排除：更换 2CRT 时间继电器，试机，机床恢复正常。

>> **小贴士**　修理排除故障时不要轻易怀疑电路板有问题，而要由表及里、仔细分析、去伪存真，以免误判造成经济损失。

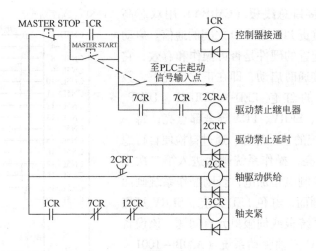

图 5-61　中间继电器电路

3. 操作面板失效故障的排除

数控系统：日本 MITSUBISHI（三菱）MELDAS－L3。

故障现象：操作面板上的一排数字键和菜单键无效。

（1）故障原因分析　操作面板上的键盘都是以矩阵形式向数控装置传送数据的，如果某几个键失效，可能是接触不良。如果一排键不灵，则可能是某一矩阵行线或列线有故障。卸下面板检查，其面板 KS－MD952A 是通过一根 20 芯和一根 8 芯的扁平印制电缆与 M081 接口电路板的接插件连接的，由于空气中水汽和粉尘的腐蚀，扁平印制电缆根部的碳粉导电层已脱落，致使连接不良。

（2）故障排除

1）扁平印制电缆与面板是一体结构，电缆导电体为导电碳粉，无法焊接，采用了压接方法，如图 5-62 所示。图中 1、2 为 2mm 厚的胶木板，在 1 板上根据 20 芯印制电缆的间距钻 40 个孔，另用标准 40 芯计算机扁平电缆，取其 20 芯，电缆头剥去 20mm，从 A 孔穿入 B 孔穿出，并在 B 孔处上锡。图中 3 为印制扁平电缆穿过夹板。为了保证两电缆面接触良好，在印制扁平电缆的背面加以海绵 4。

2）菜单键的 8 芯印制扁平电缆也采用以上方法处理。

3）20 芯和 8 芯计算机扁平电缆直接与 M081 接口电路板的有关点焊接。

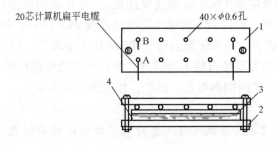

图 5-62　用压接方法解决电缆故障

（3）维修小结　如更换一个 KS – MB952A 面板，询价人民币 1 万多元，交货期要 1 个月，显然要影响生产。由于印制扁平电缆无法焊接，在根部接触不良的情况下，不妨采用上述压接的方法，解决备件昂贵、生产亟需的问题，而且经使用效果良好。

4. 数控系统主板 L3 报警故障的排除

设备名称：XH714 立式加工中心。

生产厂：南通机床厂。

数控系统：FANUC – 0MC。

（1）故障现象　开机后，系统 CRT 显示系统报警为"没有准备好"，观察系统主机板（A20B – 2000 – 0170/06BL2），L3 红色 LED 灯亮。

（2）故障原因分析　FANUC 数控系统在开机时先执行自检，包括各接插板、电缆接插件的情况。L3 灯亮可能原因是存储器板接触不良，L2 灯亮是由于自检未通过，一切故障信号最终都导致 L3 灯亮报警。

1）首先检查并紧固存储器板，但故障依旧。其次用换板法交换存储器板，L3 灯仍然报警亮。证明原存储器板正常，故障点可能在系统主机印制板。

2）分析 L3 报警信息的电路图，如图 5-63 所示，主板 96 芯的插座 OS11，B28 脚到 74LS32 芯片第一脚，插座 QS12，B02 脚到同一芯片的第二脚，74LS32 为四组 2 输入或门。两信号分在插座的两端，故存储器板未插或插接不良，只要缺少其中一个信号，都会引起 L3 灯亮报警。

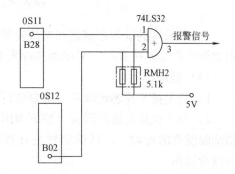

图 5-63　L3 报警信息的电路图

3）测量 OS12（B02）到 74LS32（2）正常，OS11（B28）到 74LS32（1）不通，测量 5V 端与（B28），电阻值为 5.1kΩ，5V 端与 74LS32（2）不通，说明故障在靠近芯片一端。系统主印制电路板采用多层板，经检查从 OS11（B28）到 74LS32 线路，通过金属化孔正反面反复过渡达 5 次之多，其中在图形板插座 GR 的底部发现一过渡金属化孔不通。

（3）故障排除　因失效金属孔位于 GR 插座底部，修理需将 48 脚插座脱离印制电路板。稍有不慎，容易造成新的故障，所以采用了跨接线的方法，将 OS11（B28）直接跨接到74LS32（1）。修理后，开机一切正常。

（4）修理小结　对于多层印制电路板内部的线路中断故障，应采用跨接线的方法来解决，简便有效。

5. 存储器奇偶校验出错报警故障的排除

设备名称：CK6150A 数控车床。

生产厂：上海第二机床厂。

数控系统：FANUC – 3TA。

（1）故障现象　开机后，屏幕显示 C – MOS　PARITY（存储器奇偶校验出错）。

（2）故障原因分析　当数据从主印制板上存放参数和程序的随机存取存储器 RAM 中读出时，若检测到奇偶误差，会产生此报警号。即说明 C – MOS 芯片中有不良品。FANUC –

3TA 数控系统的 RAM 存储器区在主控制板的右下方，如图 5-64 所示。

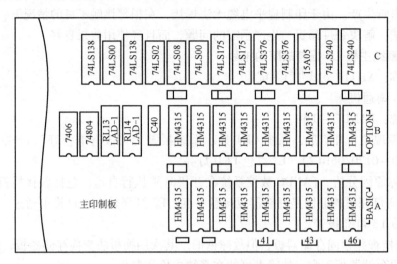

图 5-64　主控制板的存储器区

10MB 长度的纸带存储器和参数安装在印制电路板的 A 行，作为选择件的 10MB 长度的附加纸带存储器在 B 行，采用的芯片为 MC7143。

（3）故障排除

1）将上排 8 片芯片取下。将参数写入开关并置于 ON 位置。

2）合上机床电源的同时，按下 MDI 屏上的注销键 DELETE 和复位键 RESET。这一操作将清除所有的参数、刀具偏移数据和程序等区域。如屏幕仍显示（存储器奇偶校验出错）需继续操作。

3）将上排芯片装上，取下下排芯片。

4）再做第二项操作。一般报警号即会消除。这时数控系统以 1KB 存储容量运行，如加工程序不长，输入机床参数和加工程序，机床即可正常运行。

5）如要恢复正常的存储容量，可用新的芯片。用替代法逐步找出不良的芯片。

6. 系统主板故障的排除

设备名称：CK-7940 数控车床。

生产厂：长城机床厂。

数控系统：德国西门子（SIEMENS 810T-GA3）。

（1）故障现象　开机后 CRT 出现如图 5-65 所示的画面，按任何键均无效；系统处于死机状态。

（2）故障原因分析

1）SIEMENS 810 数控系统的 CNC 参数 250=1，屏幕显示为英文版；250=0 才显示德文版；目前画面已显示德文字母，说明机内 CNC 参数已混乱或丢失。

2）卸下主系统检查，发现 CPU 模块板

OVC	DURCH	PARITY	UEBERWACHUNG
AX=4000	CS=AA34	IP=0421	
BX=0000	SS=0100	SP=0574	
CX=0000	ES=FF00	DI=BA09	
DX=FF00	DS=AA34	SI=02E4	
BP=034A	FLAGS=F202		

图 5-65　故障显示画面

的红指示灯已亮，说明此故障为 CPU 模块板故障。

3）卸下 CPU 模块板检查发现，印制电路板的集成电路芯片的引脚处有较多的粉尘和油污，插板框和主底板也是如此。

4）进一步检查存储器模块板也存在着上述问题。

故障起因是 SIEMENS 810 系统的冷却风扇是往下压风的，在冷却的同时把空间的粉尘和油雾带入系统。由于集成电路芯片引脚之间排列较密，导电的粉尘肯定要造成电路的逻辑混乱，致使发生故障。

（3）故障排除

1）对 CPU 模块板、存储器模块板、主底板、冷却风扇进行清洗，干燥处理。

2）用印制板专用薄膜防护剂对 CPU 模块板、存储器模块板进行绝缘处理。

3）因系统存储的信息已全部丢失，故首先对系统进行初始化处理，然后使用编程器通过 RS232C 接口将本机的数控系统参数、机床参数、报警文本、加工程序、PLC 程序等逐个地输送到系统，机床即恢复运行。

7. 系统显示板故障的排除

设备名称：CK－7940 数控车床。

（1）故障现象　出现同上例相同的现象，经清洗主 CPU 板、存储器板、显示板后，开机能够出现基本画面，但画面略小，且在画面上出现间隔为 10mm 左右的竖亮条。

（2）故障原因分析　经换板判定故障部位是显示板，用放大镜观察显示板的如下部位，如图 5-66 所示，发现印制敷铜线路已蚀断。

（3）故障排除

1）用跨接线将蚀断处短接。

2）用印制板专用薄膜防护剂对所焊部位进行绝缘处理。

（4）修理小结　上述两例故障，在 SIEMENS 系统中属多发性故障，在 810、820 中都会出现，严重的甚至造成集成电路和芯片损坏。针对此类故障应采取的措施如下：

1）强电柜的密封处理，特别是电缆的进出口、盖板等。应尽一切可能防止粉尘侵入。

2）寻找故障点。定期进行清洗保养，当然少不了进行传送程序等一系列较繁琐的操作。所以，做好机床原始备份文件的工作就显得格外的重要。

3）经清洗后，仍然有故障，要特别注意印制板被粉尘污染部位，可用高倍放大镜仔细进行观察，寻找故障点。

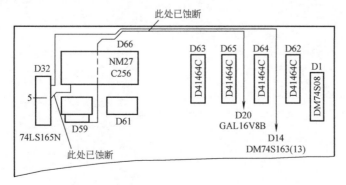

图 5-66　显示板故障部位

思考与练习

1. 数控系统维修的要点有哪些？
2. 为什么驱动器的输入端悬空会导致机床振荡？
3. 为什么短接运动给定信号会导致数控系统自检未通过？
4. FANUC – 0MC 数控系统主板的 L3 报警故障怎样排除？
5. 为什么根据 CRT 显示字母可判断系统主板有故障？

单元练习题

1. 数控系统由哪些子系统组成？它们的适配关系是什么？
2. 数控系统发生故障后，如何进行常观检查？
3. 如何运用指示灯与 CRT 显示分析法检查数控系统故障？
4. 如何运用信号追踪法检查数控系统的故障？
5. 数控装置接口的开关量直流输入信号的主要参数是什么？
6. 开放体系结构的数控装置有哪些优点？
7. 对数控装置进行现场维修时有哪些检查方式？
8. 数控装置的印制电路板可能会出现哪些问题？

单元6 运动驱动控制系统的维修

 学习目标

1. 了解运动驱动控制系统和电动机维修的意义。
2. 理解运动驱动系统与电动机维修分类的含义。
3. 掌握驱动系统维修的结构特点。
4. 掌握驱动系统维修的要点。
5. 重点掌握驱动系统的现场维修方法。

 内容提要

数控机床的运动分直线运动和旋转运动两种。直线运动就是沿坐标轴方向的运动，主要目的是控制机床各坐标轴的进给；而旋转运动又分围绕坐标轴的进给运动和主轴旋转运动，围绕坐标轴运动的目的是控制机床旋转坐标轴的进给，主轴旋转运动的目的是提供切削过程中所需要的主轴转矩和功率，即主运动驱动。无论实现哪种运动，都需要伺服驱动器和电动机。

本单元主要内容是数控机床的运动驱动控制系统和电动机的维修，涉及自动控制、电工、电子、电动机等技术知识。

6.1 进给驱动系统

6.1.1 进给驱动系统的特点

1. 进给驱动系统的性能

 小贴士

数控机床的进给驱动系统（servo system）是高精度的位置随动系统，其作用是准确、快速地执行数控装置发出的运动命令，精确地控制机床工作台的坐标运动。

进给伺服系统包括进给驱动单元及进给伺服电动机，它们应该在以下三个方面满足数控机床整机的要求。

1）精度高。要有较好的静态特性和较高的伺服刚度，以保证机床具有较高的定位精度和轮廓加工精度，定位精度一般为 0.01 ~ 0.001mm，甚至达到 0.1μm。同时伺服系统还应具有较好的动态性能，以保证机床具有较高的轮廓跟随精度。

2）快速响应、无超调。为了提高生产率，进给伺服系统起、制动时，要有足够的加速度，以缩短过渡过程时间，减小轮廓过渡误差。伺服电动机从零转速升到最高转速，或从最高转速降至零转速的时间要小于200ms。要求快速响应、无超调，避免形成过切，影响加工质量。同时，当负载突变时，要求恢复速度稳定的时间极短，且不能有振荡，这样才能得到光滑的加工表面。

3）调速范围宽。在数控加工中，由于所用刀具、被加工材料、主轴转速以及进给速度等工艺条件各不相同，为保证任何情况下都能得到最佳切削条件，要求进给驱动系统在速度均匀、稳定、无爬行条件下具有足够宽的调速范围（通常要大于1:24000）。

以上要求决定了数控机床运动方面的主要性能，如最高移动速度、轮廓跟随精度、定位精度等。此外，一台数控机床不仅要有良好特性的进给伺服系统，而且进给伺服系统与机械传动装置的匹配还要合理，以使整个进给系统处于最佳工作状态，任何妨碍这种状态的因素都属于故障。

2. 进给驱动系统的控制方式

进给驱动系统的控制方式主要按检测信号的反馈形式划分，即全闭环控制、半闭环控制、开环控制。

1）全闭环控制。当反馈信号从安装在工作台上的位置检测器取出后送到数控装置的位置偏差检测器时，即构成全闭环控制系统，主要应用在精度较高的数控机床上，如图6-1a所示。

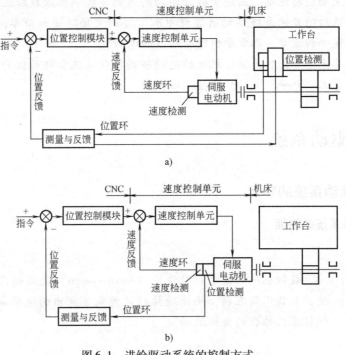

图6-1 进给驱动系统的控制方式

a）全闭环控制 b）半闭环控制

全闭环系统是以运动部件的实际位置与输入指令相比较的结果（差值）来控制的，它能把电气和机械传动等中间环节所产生的误差排除在外，因此定位控制精确。但是，如果机械传动刚性差，或者机械传动有松动，即整个系统会处于不停地调节过程，系统反而会产生"振荡"，使整个进给系统无法工作。

2）半闭环控制。当反馈信号从安装在伺服电动机上或与传动丝杠连接的位置检测器取出后送到数控装置的位置偏差检测器时，即构成半闭环控制系统，如图 6-1b 所示。

半闭环控制系统的反馈信号取出点与运动部件的实际位置之间存在着联轴器间隙、丝杠的螺距误差、丝杠扭转和丝杠轴向弹性变形等环节产生的误差，因此其定位控制精度低于全闭环系统。对于一般精度的数控机床，通过对机械零件的严格选择，必要时再加上采取螺距误差补偿和反向间隙补偿等措施，是可以满足精度要求的。如果机械零件的刚度选择适当，装配满足技术要求，即使在没有补偿的情况下，定位精度也可达（6 ~ 10）μm/300mm。与全闭环系统相比，半闭环系统的装配和调整相对比较容易，所以目前大多数数控机床的进给系统都采用半闭环控制方式。

3）开环控制。开环控制没有位置反馈，结构简单，一度在数控机床发展初期和通用机床数控化改造中起到了极其重要的作用。

开环控制系统通常由步进电动机及驱动器组成，由于受步进电动机本身矩频特性的约束，机床进给控制性能不是很高。现在随着交流驱动系统性能的提升，其价格也在下降，在数控机床中的使用越来越普遍，许多原来使用步进电动机驱动系统的机床已采用数字型交流驱动系统进行更新改造，改善了机床的进给控制性能。

6.1.2 进给驱动系统电路结构

速度控制是进给驱动系统的主要任务，速度控制单元是进给驱动系统的核心，速度环是精准控制电动机转速的保证。

根据伺服电动机的不同，进给驱动有直流伺服系统和交流伺服系统之分。在直流伺服系统中，采用了脉冲宽度调制（PWM）调速控制方法；在交流伺服系统中，采用了变频调速（PWM）调速控制方法。

1. 直流伺服系统

20 世纪 70 ~ 80 年代期间，直流伺服驱动系统曾在数控机床控制领域占主导地位。大惯量直流电动机具有良好的宽调速特性，输出转矩大，过载能力强。由于电动机自身惯量与机床传动部件的惯量相当，因此，所构成的闭环系统只要安装前调整好，安装到机床上几乎不需再做调整，使用十分简便。此类电动机大多配装置或大功率晶体管 IGBT 脉宽调制（PWM）驱动装置。为适应数控钻床、数控冲床等频繁起动、制动及快速定位的要求，又开发了直流中小惯量伺服电动机。

直流伺服晶闸管 SCR 全控桥调速系统如图 6-2 所示。

直流伺服系统中采用脉宽调制调速（PWM）方法时功率放大电路的大功率晶体管处在开关状态下，开关频率保持恒定，用调整开关周期内晶体管导通时间的方法供给电动机能量，从而使电动机电枢两端获得宽度随时间变化的电脉冲，即通过脉宽连续变化，使电枢电压的平均值也连续变化，实现电动机转速的连续调整。直流伺服系统采用脉宽调制调速（PWM）框图如图 6-3 所示，其外形如图 6-4 所示。

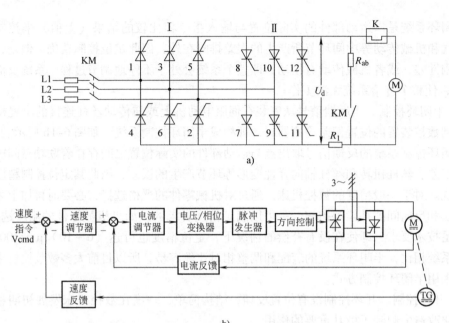

a)

b)

图6-2　直流伺服晶闸管SCR全控桥调速系统

a）二组三相SCR全控桥主电路　b）系统框图

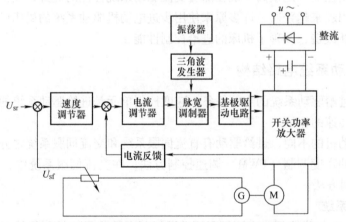

图6-3　直流伺服系统采用脉宽调制调速（PWM）框图

　　直流伺服电动机使用机械换向（电刷、换向器），因此存在一些磨损、需定期维护等方面的问题。而直流伺服电动机优良的调速特性正是通过机械换向得到的，从而使这些缺点无法克服。

2. 交流伺服系统

　　二十多年前，人们一直试图用交流电动机代替直流电动机，但困难在于交流电动机很难达到直流电动机的调速性能。20世纪90年代以后，由于交流伺服电动机结构、控制方法以及制造材料的改进，尤其微电子技术和功率半

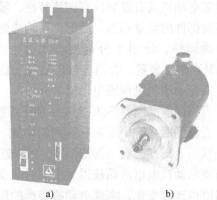

a)　　　　　　　　b)

图6-4　直流伺服系统外形

a）直流伺服驱动器　b）直流电动机

导体器件应用技术的突破性进展，使交流伺服驱动系统发展很快，现在已逐渐取代了直流伺服系统。

交流伺服电动机与直流伺服电动机相比的优点不仅是制造简单、体积小、重量轻、不需要维护，而且适于在恶劣的环境下工作。目前交流伺服控制系统已实现了全数字化，即除了驱动级外，全部功能均由微处理器完成，能高速度、实时地实现前馈控制、补偿、最优控制、自学习等功能。

交流伺服电动机分同步电动机与异步电动机两大类，而交流异步电动机的性能不如交流同步电动机，因此大多数进给伺服系统采用永磁式交流同步电动机。数控机床进给驱动的功率一般不大（数百瓦至几千瓦）。

交流伺服系统中的控制用 PWM 型变频控制调速系统。PWM 型变频控制有多种方式，如正弦波 PWM（SPWM）、矢量角 PWM、最佳开关角 PWM、电流跟踪 PWM 等。

SPWM 是正弦波脉宽调制，是将速度控制的直流电压经电压/频率变换后，形成频率与直流电压成正比的脉冲信号，再经分频器产生幅值一定的三角波和幅值可调的正弦波，这两组波在比较器中进行比较，产生调制好的矩形脉冲。矩形脉冲等幅、等距，但不等宽。在一个周期里，脉宽按正弦分布。在实际电路中，控制正弦波的幅值就可改变矩形脉冲的宽度，从而控制了逆变器（IGBT 功率放大）输出的波形与电动机各相中的电流有效值，实现对交流电动机的转速控制，如图 6-5 所示。

图 6-6 所示为双极性 SPWM 通用型主电路，图 6-7 所示为交流伺服系统框图，图 6-8 所示为交流伺服系统外形。

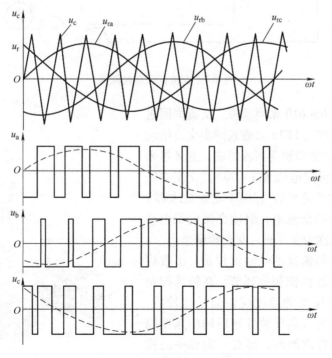

图 6-5　交流伺服 PWM 原理

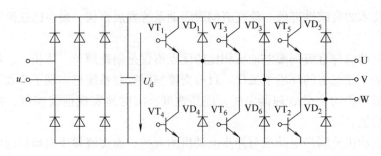

图 6-6　双极性 SPWM 通用型主电路

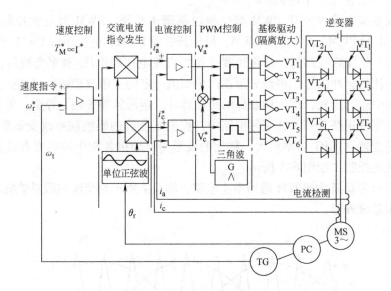

图 6-7　交流伺服系统框图

图 6-9 所示为 6SC610 系列模拟式交流伺服进给系统框图，该系统由 1FT5 永磁式同步交流电动机和 6SC610 系列脉宽调制变频器组成，变频器采用模块化的设计，额定电流为 3 ~ 90A。交流电经整流变为直流，再经逆变器（IGBT 功率放大器）变成频率变化的脉冲交流电，驱动交流伺服电动机运动，这种方式称为交 – 直 – 交变频调速。

交流伺服电动机速度的控制流程是：由数控装置来的速度指令经比例积分环节，在转速控制器中与速度检测电路来的速度反馈信号比较后，由速度控制器经过电流负反馈处理后输出速度控制电流，再送到脉宽调制器，形成一定频率的控制脉冲，脉冲信号放大后由交流换向逻辑电路控制逆变器的输出，由逆变器最终完成对交流电动机速度的控制。

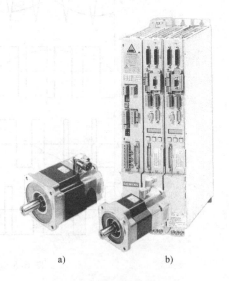

a)　　　　　　b)

图 6-8　交流伺服系统外形
a）交流伺服电动机　b）模块化驱动器

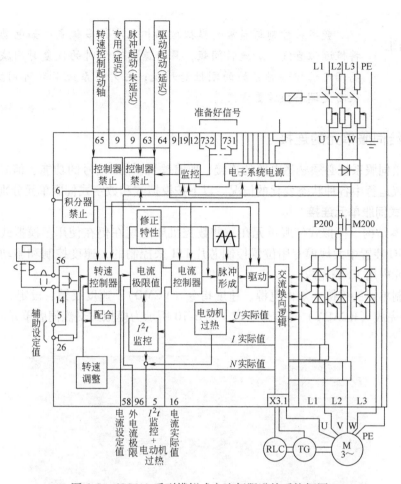

图 6-9　6SC610 系列模拟式交流伺服进给系统框图

这种系统内部还设有许多保护电路，如电压、电流的监控，过载、过热的报警等，还有与外界系统控制的联锁信号，如工作状态、电流设定、准备好等信号。

3. 数字型交流伺服进给系统

数字型交流伺服进给系统的控制、运算、调节等环节全部由标准化微处理器电路来完成，形成数字转差频率矢量控制系统。

所谓标准化微处理器电路，是由 8 位或 16 位微处理器、ROM、RAM，以及标准化外围设备、数字输入/输出接口、可编程序计数器及中断器组成的。一般控制处理需要两个标准化微处理器电路，一个用来执行与速度控制算法有关的任务，如实现速度控制的数字化 PI 补偿算法，另一个可用作执行定子电流和励磁电流分量的控制。

矢量变换工作过程：工频电源经桥式整流变成直流，再用晶体管桥式逆变器变换为电动机供电所需的变频电源，与此同时，按照控制电路输出信号，控制电动机的瞬时值电流。速度控制电路输出与转矩成正比的电流，而函数发生器回路预制励磁电流，并计算出定子电流给定值，再用矢量运算回路计算定子电流相位及与负载转矩有关的差转频率。把差转频率与由速度传感器得到的电动机转速频率综合进行代数运算，得到定子电流频率，并经变换器输出定子电流给定值，从而形成了正弦波 PWM 电流控制。

>>> 小贴士 数字式控制与通常的模拟控制相比有许多优点：如电动机的加速特性近似直线，加速时间短，且使速度变化时的恢复时间减少，可提高轴定位控制时系统的刚性和精度；另外，系统参数可用数字设定，从而使调整操作更方便。

6.1.3 进给伺服单元的连接

维修进给伺服系统必须熟悉电路的连接，所有输入/输出信号的功能、信号的类型、性质，以及系统运行中各种状态变化的情况。以下按模拟式和数字式伺服单元分别进行介绍。

1. 模拟式伺服单元连接

（1）基本结构 模拟式伺服单元在一些数控机床上现在仍在使用。模拟式伺服系统位置环是由 CNC 装置中大规模专用位置控制芯片 LSI 来控制的，速度控制和驱动电流控制在速度控制单元内用 IC 等完成。

速度控制单元的连接一般由电源、速度指令（VCMD）、速度反馈、设定、使能（ENABLE）、准备完成（READY）等信号组成。图 6-10 所示为模拟式交流伺服单元的外连接。

图 6-10 模拟式交流伺服单元的外连接

（2）相关的信号定义（n 是轴号） 从 CNC 装置到速度控制单元的电缆插座内部信号如图 6-11 所示。

1）VCMDn（CNC 输出），速度指令电压信号，变化范围为 $-10 \sim 10V$。

2）TSAn（速度反馈），速度反馈电压信号，变化范围为 $-15 \sim 15V$。

3）GND 信号地。

4）FGn 屏蔽地。

5）PRDYn1/2（CNC 输出），位置控制准备好，触点信号，有效状态为触点闭合。

6）ENBLn1/2（CNC 输出），使能信号，触点信号，有效状态为触点闭合。

7）OVLn1/2（CNC 输入），过载报警信号准备好，触点信号，触点断开时报警。

8）VRDYn1/2（CNC 输入），伺服单元准备好，触点信号，触点闭合为伺服准备好。

插座型号：MA—50RMA

1	VCMDX			33	VCMDZ
2	GND	19	VCMDY	34	GND
3		20	GND	35	
4	TSA X	21	TSAY	36	TSAZ
5	GND	22	GND	37	GND
6		23		38	
7	FGX	24	FGY	39	FGZ
8	PRDYX1	25	PRDYY1	40	PRDYZ1
9	PRDYX2	26	PRDYY2	41	PRDYZ2
10		27	ENBLY1	42	
11	ENBLX1	28	ENBLY2	43	ENBLZ1
12	ENBLX2	29	OVLY1	44	ENBLZ2
13		30	OVLY2	45	
14	OVLX1	31	VRDYY1	46	OVLZ1
15	OVLX2	32	VRDYY	47	OVLZ2
16				48	
17	VRDYX1			49	VRDYZ1
18	VRDYX2			50	VRDYZ2

a)

插座型号：MR-20RMA

1	PRDY1	8		14	PRDY1
2	ENBL1	9		15	ENBL1
3	OVL1	10		16	OVLY1
4	VRDY1	11		17	VRDY1
5		12		18	
6	TSA	13		19	GND
7	VCMD			20	GND

b)

图 6-11　模拟式伺服从 CNC 装置到速度控制单元的电缆插座内部信号
a）CNC 装置侧　b）速度控制单元侧，X、Y、Z 三轴相同

>> **小贴士**　速度指令信号（VCMD 信号）是 CNC 侧送来的最重要的信号，在模拟式的控制中，它是一个 $-10 \sim 10V$ 的信号。当需要判断是伺服系统问题还是其他部件问题时，一般都是先查 VCMD 信号，这是判断伺服系统故障的一个关键参考点。

具体是，速度控制单元若失去 VCMD 信号，伺服电动机不运动，或运动异常。如果有这个信号，而伺服电动机不转动，可能就是伺服单元有问题。当然，在维修实际中情况还要复杂些，但这是一个基本判定原理，是把故障范围缩小的重要一步。

（3）模拟式速度控制单元面板 LED 亮时表示的报警状态及处理

1）BRK 报警（断路器分断）。故障原因及排除方法：如果断路器已分断，则先关断电源，再将断路器按钮按下使其复位，待 10min 后再合上电源；如合上电源后断路器又分断，应检查整流二极管模块或电路板上的其他元件是否已损坏；检查机械负载是否过大，以确认电动机负载电流是否超过额定值。

2）HVAL 报警（高电压报警）。输入的交流电源电压过高；或印制电路板不良。

3）HCAL 报警（大电流报警）。如有报警，则多为速度控制单元上的功率晶体管损坏。用万用表测量晶体管的集电极、发射极之间的电阻，如果阻值小于 100Ω，则表明该晶体管已损坏。

4）OVC 报警（过载报警）。先确认机械负载是否正常，或可能是伺服电动机故障。

5）LVAL 报警（电源电压低报警）。交流电源电压低于正常值的 15%；或伺服变压器与速度控制单元连接不良。

6）TGL5 报警（速度反馈信号断线报警）。确认是否有速度反馈电压或反馈信号线断线，或印制电路板设定错误，如将测速发电机设定为脉冲编码器，也会产生断线报警。

7）DCAL 报警（放电报警）。如果接通电源立即出现 DCAL 报警，多为续流二极管损坏；或印制电路板设定错误，应重新设定有关的短路棒；或伺服系统的加减速频率太高。通常情况下，快速移动定位次数每秒不应超过 1~2 次。

2. 数字式交流伺服单元连接

（1）基本结构　数字式交流伺服一般是用正弦波 SPWM 控制由 IGBT 驱动的系统。速度控制由速度环完成，电流控制在速度环之内由电流调节器闭合完成，位置环需要在 CNC 系统内闭合，控制单元外部连接与模拟式不同。

图 6-12 所示为日本富士 FALDIC – W 系列数字式交流速度控制单元的交流电源、输入/输出信号、控制信号以及电动机的连接，它接受的命令指令可以是 CNC 的模拟信号，也可以是 CNC 的脉冲串信号，控制功能可通过按键和数码显示器来设定，调整、改变都很方便，可完全不用电位器。

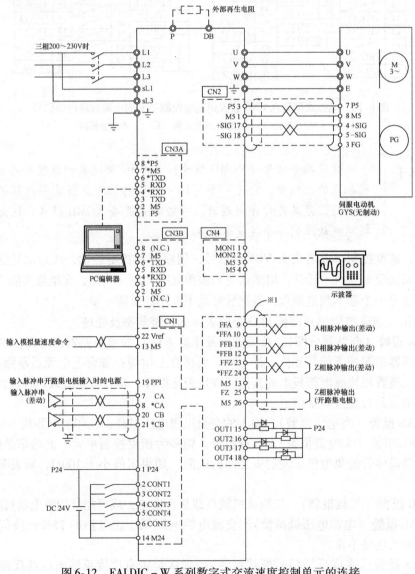

图 6-12　FALDIC – W 系列数字式交流速度控制单元的连接

（2）相关的连接

1）L1、L2、L3 接三相 200~230V 交流电源，sL1、sL2 接单相 200~230V 控制电路的交流电源，U、V、W 接电动机。

2）CN1 的 CA、＊CA、CB、＊CB 是脉冲串形式的输入，可由参数选定 3 种形式：命令脉冲/命令符号；正转脉冲/反转脉冲；90°相位差脉冲信号。

3）CN1 的 Vref、M5 是 ±10V 模拟量输入。

4）CN1 的 FFA、＊FFA、FFB、＊FFB、FFZ、＊FFZ 为送至 CNC 系统的位置反馈信号，均为差动信号输出。

5）CN1 的 CONT1 是伺服 ON、CONT2 是 + 超程、CONT3 是 - 超程、CONT4 是 P 动作、CONT5 是自由命令。

6）CN1 的 OUT1 是伺服就绪、OUT2 是定位结束、OUT3 是伺服报警检出 a、OUT4 是伺服报警检出 b。

7）CN2 的 P5、M5、+SIG、-SIG 是与电动机同轴安装的编码器反馈信号。

8）CN3A、CN3B 是两个 RS485 通信接口。

9）CN4 的 MON1、MON2 是两个监控器输出。

（3）面板　如图 6-13 所示，面板上有 4 个按键和 4 只 7 段 LED 显示器，面板的功能如下：

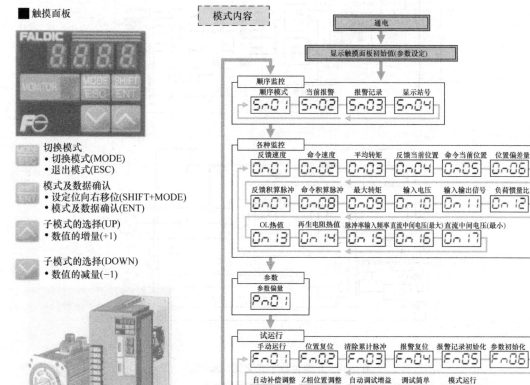

图 6-13　FALDIC－W 系列数字式交流控制单元的面板

1）显示运行状态。

2）显示故障信息。

3）设定、修改驱动器参数，模式内容如图 6-13 所示。

3. 全数字式交流伺服连接方式

（1）基本结构　在全数字伺服系统中，速度环和电流环都采用单片机控制，如 FANUC-0 系统将位置、速度和电流的控制设计在 CNC 内部，即称为轴卡（AXES CARD），如图 6-14a 所示，将调制后的 PWM 信号输出到伺服放大器，使伺服放大器成为简单的功率放大器，如图 6-14b 所示。

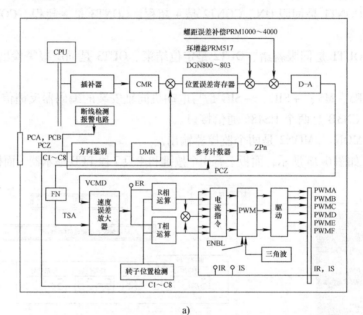

a)

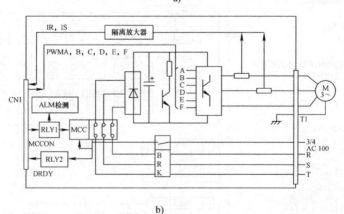

b)

图 6-14　β 型全数字式交流伺服框图

a）轴卡框图　b）功率放大器框图

全数字式交流伺服中，光电编码器既作为位置反馈，又作为速度反馈。由图 6-15 可见，全数字伺服模块中的三环控制均在 CNC 内闭合，由软件调节。位置环比例增益参数、速度环及电流环的比例及积分参数可供用户选择。另外还有速度前馈参数，其目的是减少系统静

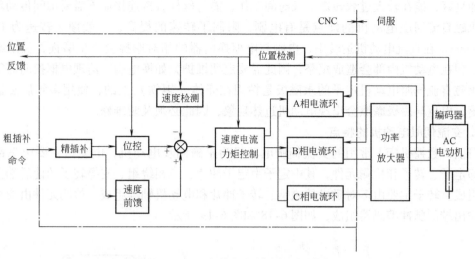

图 6-15 β 型全数字式交流伺服系统图

态误差，提高精度。系统采样周期亦可由用户自己选择，典型的 CNC 采样周期为 10ms。

（2）相关的连接信号 FANUC β 型全数字式交流伺服信号如图 6-16 所示。

a)

01	*PWMAn	08	IRn	14	*PWMDn
02	COMAn			15	COMDn
03	*PWMBn	09	GDRn	16	*PWMEn
04	COMBn	10	ISn	17	COMEn
05	*PWMCn	11	GDSn	18	*PWMFn
06	COMCn	12	*MCONn	19	COMFn
07	*DRDYn	13	GNDn	20	

b)

01	IRn	11	ISn
02	GDRn	12	GDSn
03	*PWMAn	13	*PWMDn
04	COMAn	14	COMDn
05	*PWMBn	15	*PWMEn
06	COMBn	16	COMEn
07	*PWMCn	17	*PWMFn
08	COMCn	18	COMFn
09		19	
10	*MCONn	20	*DRDYn

图 6-16 β 型全数字式交流伺服信号

a）CNC 轴卡侧 b）功率放大器侧

1） ＊PWMAn、COMAn，＊PWMBn、COMBn，＊PWMCn、COMCn，＊PWMDn、COMDn，＊PW-
MEn、COMEn，＊PWMFn、COMFn：以上是 PWM 控制 6 只功率管的驱动信号。

2）IRn、GDRn，ISn、GDSn 是电流反馈信号。

图 6-17 所示为 β 型全数字式交流伺服外形。

6.1.4 进给伺服电动机

现代数控机床上常用的进给伺服电动机有直流伺服电动机和交流伺服电动机两种。

1. 直流伺服电动机的特点

图 6-17 β 型全数字式交流伺服外形

直流伺服电动机具有良好的调速特性，数控机床选用的有小惯量直流伺服电动机和永磁直流伺服电动机（也称大惯量宽调速直流伺服电动机）。尤其永磁直流伺服电动机的低速运转性能良好，能在较大过载转矩下长时间工作，能与丝杠直接连接而不需要中间传动环节。

永磁直流伺服电动机的缺点是有电刷，限制了转速的提高，一般额定转速为1000～1500r/min。在直流电动机运转中，电刷与电枢换向器的相对摩擦会产生磨损，长期磨损下的粉末积在电动机内部会造成短路，因此需要定期维护，如换电刷、清理电枢换向器等。此外，永磁直流伺服电动机定子的永磁极是粘固在壳体（轭铁）上的，使用多年后磁极有可能脱落，电枢与磁极摩擦会出现电动机过热现象，因此必须及时维修。

2. 交流伺服电动机的特点

目前，数控机床上常用的交流伺服电动机为永磁同步电动机，电动机主要由三部分组成，即定子、转子和检测元件，其中定子由定子冲片、三相绕组、支撑转子的前后端盖和轴承等组成。转子主要由多对磁极的磁钢、转子冲片和电动机轴等组成，检测元件由安在电动机非输出端的脉冲编码器组成，如图6-18和图6-19所示。

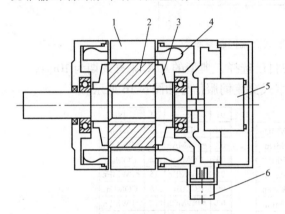 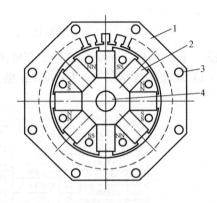

图6-18 永磁交流伺服电动机横剖面

1—定子 2—转子 3—压板

4—定子三相绕组 5—脉冲编码器 6—出线盒

图6-19 永磁交流伺服电动机纵剖面

1—定子 2—永久磁铁 3—轴向通风孔 4—转轴

交流伺服电动机克服了直流伺服电动机的部分缺点，而且转子惯量比直流伺服电动机小，因此动态响应要好。另外在相同体积下，交流伺服电动机的输出功率比直流伺服电动机大，可以达到更高的转速，因此近几年交流伺服电动机成为数控机床的应用主流。

交流伺服电动机一般可"免维护"，这是与直流电动机相比维护工作量大为减少的说法，并不是电动机绝对不出故障。

思考与练习

1. 半闭环控制系统如何达到数控机床要求的定位精度？
2. 进给驱动系统的全闭环控制、半闭环控制、开环控制的应用有哪些不同？
3. 交流伺服系统中最常用什么方式控制调速？
4. 数字式伺服系统的主要优点是什么？
5. 直流伺服电动机与交流伺服电动机的结构有哪些主要区别？

6.2 主轴驱动系统

随着生产力不断提高、机床结构的改进、加工范围扩大的需求，机床主轴的速度和功率也要不断提升，主轴驱动的转速范围也要扩大，主轴电动机的恒功率调速范围更大，并要有自动换刀的主轴准停等控制功能。

6.2.1 主轴驱动系统简述

1）主轴驱动最好采用无级调速系统驱动。一般情况下，主轴驱动只有速度控制要求，少量有 C 轴控制的要求，所以主轴控制系统多数只有速度控制环。

2）由于机床主轴需要恒功率、调速范围大，通常不采用永磁式电动机，往往采用他励式直流电动机和交流笼型感应电动机。

3）数控机床主旋转运动无需丝杠或其他直线运动的机构，机床主轴驱动与进给驱动的结构有很大的差别。

4）同进给伺服系统情况一样，数控机床采用直流主轴驱动系统时，由于直流电动机受到换向器的限制，恒功率调速范围较小。随着微处理器技术和大功率晶体管技术的发展，20世纪 80 年代初期开始，数控机床的主轴驱动普遍采用交流主轴驱动系统。目前国内外生产的新型数控机床基本都采用交流主轴驱动系统，而且将完全取代直流主轴驱动系统。这是因为交流电动机不像直流电动机那样在高转速和大容量方面受到限制，而且交流主轴驱动系统的性能已达到直流驱动系统的水平，甚至在噪声方面还有所降低，价格也比直流主轴驱动系统低。

6.2.2 直流主轴伺服系统

1. 直流主轴控制

直流主轴伺服系统由他励式直流电动机和直流主轴速度控制单元组成。直流主轴速度单元是由速度环和电流环构成的双闭环速度控制系统，系统的主电路采用反并联可逆整流电路，因为主轴电动机的容量大，所以主电路的功率开关器件大都采用晶闸管，控制主轴电动机的电枢电压进行恒转矩调速。主轴直流电动机还可以进行恒功率调速，由励磁控制电路完成，励磁绕组需要由另一直流电源供电，用减弱励磁控制电路电流的方式使电动机升速。

2. 直流主轴电动机

直流电动机具有调速性能良好、精度高、输出力矩大、过载能力强、控制原理简单、易于调整等优点，采用直流主轴速度控制单元之后，只需 2～3 级机械变速即可满足数控机床主轴调速要求，在一些大型、重型数控车床的主轴驱动上仍然使用。

6.2.3 交流主轴伺服系统

1. 交流主轴伺服系统的特点

1）驱动系统采用微处理器控制，因此其运行平稳、振动和噪声小。

2）驱动系统一般都具有再生制动功能，在制动时，既可将电动机能量反馈回电网，起到节能的效果，又起到加快起动、制动速度的作用。

3）全数字式主轴驱动系统可直接使用 CNC 的数字量输出信号进行控制，不必经过 D－A 转换，转速控制精度得到了提高。

4）在数字式主轴驱动系统中，采用参数设定方法对系统进行静态调整与动态优化，系统设定灵活，调整准确。

5）由于交流主轴电动机无换向器，通常不需要进行维修。

6）主轴电动机转速的提高不受换向器的限制，最高转速通常比直流主轴电动机更高，可达到每分钟几万转。

交流主轴速度控制系统外形如图 6-20 所示。

a)   b)

图 6-20　交流主轴速度控制系统外形

a）交流主轴速度控制单元　b）交流主轴电动机

2. 交流主轴电动机

交流主轴伺服电动机均采用三相交流笼型异步电动机。三相交流笼型异步电动机装有对称的三相绕组，而在圆柱体的转子铁心上嵌有均匀分布的导条，导条两端分别把它们联成一体，称为笼型转子。其工作原理是：当定子上对称三相绕组接通对称三相电源以后，由电源供给励磁电流，在定子和转子之间的气隙内建立起旋转磁场，依靠电磁感应作用，在转子导条内产生感应电动势。因为转子成闭合回路，转子导条中就有电流流动，从而产生电磁转矩，实现由电能转变为机械能。

3. 交流主轴的速度控制

交流主轴伺服系统由交流主轴速度控制单元和交流主轴伺服电动机组成，如图 6-20 所示。交流主轴速度控制单元采取数字式控制形式时，由微处理器担任转差频率矢量控制器和晶体管逆变器控制异步电动机的速度，速度传感器一般采用脉冲编码器或旋转变压器。

在控制系统中，直流伺服电动机能获得优良的动态与静态性能，其根本原因是被控量只有电动机磁场和电枢电流，且这两个量是独立的。此时，电磁转矩与磁通和电枢电流分别成正比关系，因此控制简单，特性为线性。

交流异步电动机没有独立的励磁回路，转子电流时刻影响着磁通的变化，而且交流异步电动机的输入量是随时间而交变的量，磁通也是空间的交变矢量，仅仅控制定子电压和电源频率，其输出特性显然不是线性。如果能够模拟直流电动机，求出交流电动机与此对应的磁场与电枢电流，分别独立地加以控制，就会使交流电动机具有与直流电动机近似的优良调速特性。为此，必须将三相交流变量（矢量）转变为与之等效的直流量（标量），建立起交流电动机的等效数学模型，然后按直流电动机的控制方法对其进行控制，再将控制信号等效转变为三相交流电量，驱动交流感应电动机，完成对交流电动机的速度控制。这种矢量—标量—矢量的过程就是矢量变换控制过程。在矢量变换控制中，首先是将三相交流量（三相交流电动机）等效为两相交流量（两相交流电动机），再将两相交流量（两相交流电动机）旋转后等效为模拟直流量（直流电动机），控制后再将调制好的模拟直流量转换为三相交流量输出。在这个过程中要进行复杂的运算和坐标变换计算，所以矢量控制必须由微处理器系统来完成，如图 6-21 所示。

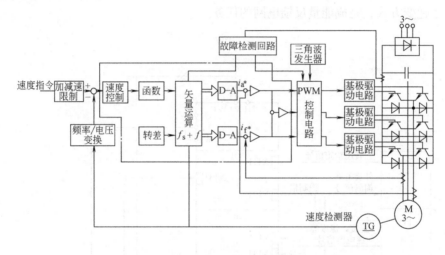

图 6-21　交流主轴驱动原理框图

交流主轴驱动中采用的主轴定向准停控制方式与直流驱动系统相同，如图 6-22 所示。

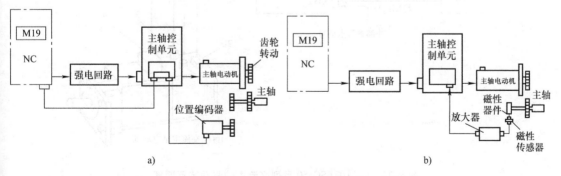

图 6-22　主轴定向控制示意图

a) 使用位置编码器　b) 使用磁性传感器

4. 典型的数字式交流主轴电动机控制

随着交流调速技术的发展，目前数控机床的主轴驱动多采用交流主轴电动机配变频器控制的方式。变频器的控制方式从最初的电压空间矢量控制（磁通轨迹法）到矢量控制（磁场定向控制），发展至今为直接转矩控制，从而能方便地实现无速度传感器化；脉宽调制（PWM）技术从正弦 PWM 发展至优化 PWM 技术和随机 PWM 技术，以实现电流谐波畸变小、电压利用率最高、效率最优、转矩脉冲最小及噪声强度大幅度削弱的目标；功率器件由 GTO、GTR、IGBT 发展到智能模块 IPM，使开关速度快、驱动电流小、控制驱动简单、故障率降低、干扰得到有效控制，保护功能进一步完善。例如 6SC650 系列交流主轴驱动装置就是一种典型产品。

6SC650 系列交流主轴驱动系统是 SIEMENS 公司的产品，它与 1PH5/6 系列三相感应式主轴电动机配套，可组成完整的数控机床的主轴驱动系统，实现自动变速、主轴定向准停控制和 C 轴控制功能，系统组成如图 6-23 所示。电网端逆变器是 6 只晶闸管组成的三相桥式全控整流电路，通过对晶闸管导通角的控制，既可工作于整流方式，向中间电路直接供电，也可工作于逆变方式，完成能量反馈电网的任务。

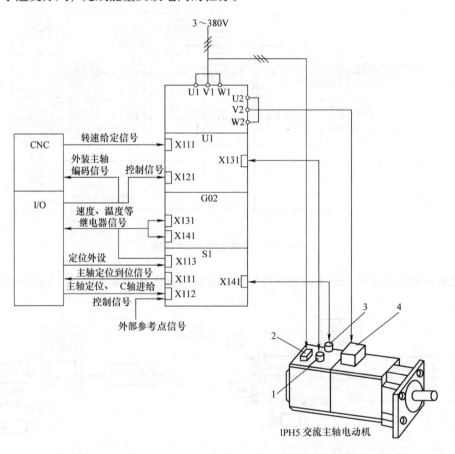

图 6-23　西门子 6SC650 系列交流主轴驱动装置原理
1—编码器（1024 脉冲/r）及电动机温度传感器插座　2—主轴电动机冷却风扇接线盒
3—用于主轴定位及 C 轴进给的编码器（18000 脉冲/r）　4—主轴电动机三相电源接线盒

控制调节器将整流电压从 535V 上调到 575×2% V，并在变流器进行逆变工作方式时，完成电容器 C 对整流电路的极性变换。负载端逆变器是由带反并联续流二极管的 6 只功率晶体管组成的。通过磁场计算机的控制，负载端逆变器输出三相正弦脉宽调制（SPWM）电压，使电动机获得所需的转矩电流和励磁电流。输出的三相 SPWM 电压幅值控制在 0 ~ 430V，频率控制在 0 ~ 300Hz。在回馈制动时，电动机的能量通过变流器的 6 只续流二极管向电容器 C 充电。当电容器 C 上的电压超过 600V 时，通过控制调节器和电网端变流器把电容器 C 上的电能经过逆变器回馈给电网。6 只功率晶体管有 6 个互相独立的驱动级，通过对各功率晶体管 U_{ce} 和 U_{be} 的控制，可以防止电动机过载，并完成对电动机绕组匝间短路的保护。电动机的实际转速是通过电动机同轴的编码器测量的，闭环转速和转矩控制以及磁场计算机由两片 16 位微处理器（80186）所组成的控制组件完成。

图 6-24 所示为 6SC650 系列主轴驱动器的组成原理。

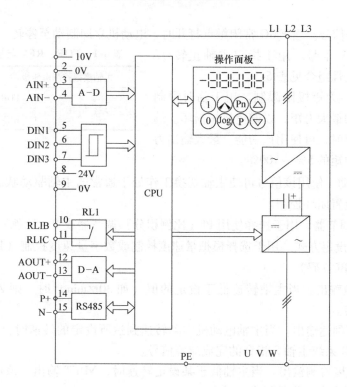

图 6-24　6SC650 系列主轴驱动器的组成原理

6.2.4　主轴伺服驱动接口连接

以日本安川 YASKAWAVS—626MT 主轴伺服驱动的连接为例，其原理如图 6-25 所示。

1. 模拟指令电压信号

数控系统通过其主轴模拟电压输出接口输出 -10 ~ 10V 模拟电压至 NCOM 端，电压正负控制电动机转向，电压大小控制电动机转速。如果数控系统输出的电压为单极性 0 ~ 10V，则可通过 FORWARD RUN（正转）与 REVERS RUN（反转）开关量指定正反转。

2. 12 位二进制指令信号

数控系统通过输出 12 位二进制代码（共 12 根信号）至主轴驱动，开关量全部有效时对应主轴最高转速。

3. 2 位 BCD 码指令信号

数控系统通过输出 00~99 二位 BCD 码（共 8 根信号）指定主轴转速，BCD 码 99 对应主轴电动机最高转速。

4. 3 位 BCD 码指令信号

数控系统通过输出 000~999 三位 BCD 码（共 12 根信号）指定主轴转速，BCD 码 999 对应主轴电动机最高转速。

5. 开关量控制信号

不同驱动装置开关量信号差异较大，以下以安川 YASKAWAVS—626MT 为例介绍。

1）RDY 准备好信号。欲使主轴驱动工作时，可闭合 RDY 触点，主轴驱动进入正常工作状态。

2）EMG 急停信号。当 EMG 常闭触点打开时，电动机立即制动至停转。

3）FOR、REV 信号。用于指定主轴正转/反转，其与模拟量极性组合见表 6-1。

表 6-1 FOR、REV 与模拟量极性组合

主轴模拟控制电压极性		+	−
运行信号	FOR	CCW	CW
	REV	CW	CCW

4）TLH、TLL 力矩极限限制。用于临时限制主轴电动机输出的最大力矩，以避免机械损坏。例如在机械主轴准停时，可使用该功能。最大输出力矩可设定为额定力矩的 5%~100%。

5）SSC 软起动。使用该信号可使主轴切换工作处于通常的主轴驱动状态和进入伺服状态，从而可实现位置闭环控制。

6）PPI 速度调节器。用于选择使用 PI（比例积分）调节器或 P（比例）调节器。

7）DAS 速度设定方式。用于选择模拟量速度控制或数字量速度控制（12 位二进制或 2 位 BCD 码或 3 位 BCD 码）。

8）ZSPD 零速输出。当主轴转速低于设定的值（如 30r/min）时，则 ZSPD 信号输出，表明电动机已停转。

9）AGR 速度到达输出。当主轴电动机实际转速到达所设定的转速时，AGR 信号输出。该信号可作为 CNC 系统主轴 S 指令的完成应答信号。

10）NDET 速度检测输出。当主轴低于某设定转速时，NDET 输出。该信号可用于齿轮移动换挡、离合器离合动作等场合。

11）TLE 力矩极限输出。当外部力矩极限 TLL 和 TLH 输入信号有效，即进入力矩极限临时限制状态时，TLE 信号输出。

12）ALM 报警信号输出。当主轴驱动报警时，报警信号 ALM 输出，同时报警代码（ALM LMCODE）通过 AC0、AC1、AC2、AC3 编码输出，指示报警内容。

13）TDET 力矩检测输出。当主轴输出力矩低于某一定值时，TDET 输出，该信号用于检测主轴负载的状况。

14）模拟量输出。两路模拟量输出用于外接转速与负载表，其输出直流电压与实际转速及负载成正比。

6.2.5 通用型交流变频器驱动主轴

目前经济型数控机床主轴驱动广泛使用三相交流异步电动机，因此采用通用变频器控制

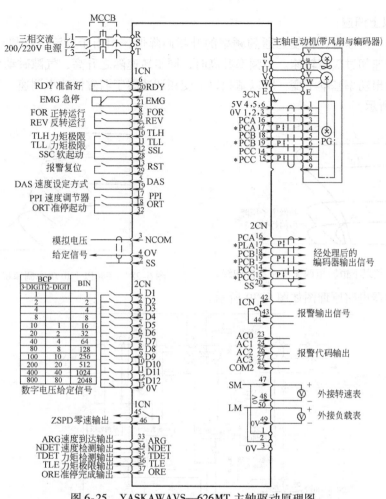

图 6-25　YASKAWAVS—626MT 主轴驱动原理图

既能达到优良的性能，又能降低使用成本。通用变频器的外形如图 6-26 所示。

通用变频器控制正弦波的产生是以恒电压频率比（U/f）保持磁通不变为基础的，再经 SPWM 驱动主电路，以产生 U、V、W 三相交流电驱动三相异步电动机。

通用变频调速具有调速范围广、平滑性高、机械特性硬的优点，可以方便地实现恒转矩或恒功率调速，整个调速特性与直流电动机调压调速和弱磁调速十分相似。变频调速有两种调速方式，基频（额定频率）以下调速和基频以上调速。

1. 基频以下调速

基频即 50Hz 工频，基频以下调速时的机械特性曲线如图 6-27 所示，电动机最高转速能达到额定转速。如果电动机在不同转速下都具有额定电流，则电动机都能在温升允许的条件下长期运行，这时转矩基本上随磁通变化。由于在基频以下调速时磁通恒定，所以属于恒转矩调速。

图 6-26　通用变频器的外形

单元 **6** 运动驱动控制系统的维修

157

2. 基频以上调速

在基频以上调速时，将使磁通随频率的升高而降低，相当于直流电动机弱磁升速的情况，电动机转速超过额定转速。当频率升高时，同步转速随之升高，气隙磁动势减弱，最大转矩减小，输出功率基本不变，所以基频以上变频调速属于弱磁恒功率调速，其机械特性曲线如图6-28所示。

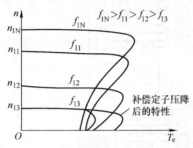

图6-27 基频以下恒转矩调速机械特性曲线

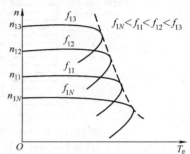

图6-28 基频以上恒功率调速机械特性曲线

通用变频器电路原理图如图6-29所示。

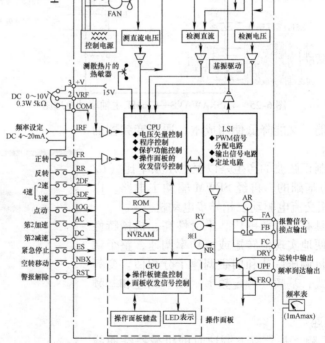

图6-29 通用变频器电路原理图

上面介绍的变频器的 U/f 控制方式电路简单，因而使用比较普遍，但这种控制存在一些缺陷，如不能恰当地调整电动机转矩，不能准确地控制电动机的实际转速，转速较低时，由于转矩不足而无法克服较大的静摩擦力。为解决这些问题，近年来研制的矢量控制和直接转矩控制两种变频调速器，能满足机床主轴控制的高要求。

思考与练习

1. 主轴驱动系统具有哪些特点？
2. 交流主轴伺服电动机为什么要用三相交流笼型异步电动机？
3. 数字式主轴驱动系统采用什么控制方式？主电路是什么结构？
4. 通用型交流变频器具有哪些优点？又存在哪些缺陷？

6.3 运动驱动与电动机的故障检测与维修

6.3.1 根据伺服驱动单元的报警诊断故障

数字式交流伺服硬件结构与模拟式伺服大同小异，但数字式交流伺服驱动单元由于控制电路的优越性使得内部故障检测功能更强。数字式交流伺服面板上有报警显示，通过不同的报警显示，可以给维修人员提供驱动器的故障原因，从而初步确定故障部位。不同的驱动器，其报警形式和意义也不同。以下以 FANUC 系统伺服驱动单元为例加以说明。

1. 伺服驱动器上的 LED 状态指示

FANUC S 系列伺服驱动器状态指示能提示内部故障的范围，见表6-2。当出现伺服故障时，通过观察相应的 LED 亮，能大致判断故障的原因，对故障诊断起到一定的提示作用。

表 6-2　FANUC S 系列驱动器状态指示一览表

代号	含义	备注	代号	含义	备注
PRDY	位置控制准备好	绿色	DC	直流母线过电压报警	红色
VRDY	速度控制单元准备好	绿色	LV	驱动器欠电压报警	红色
HC	驱动器过电流报警	红色	OH	速度控制单元过热	
HV	驱动器过电压报警	红色	OFAL	数字伺服存储器溢出	
OVC	驱动器过载报警	红色	FBAL	脉冲编码器连接出错	
TG	电动机转速太高	红色			

其中，OH、OFAL、FBAL 为 S 系列伺服增添的报警指示灯。

1）OH 报警。OH 为速度控制单元过热报警，发生报警的可能原因有以下几个。

① 印制电路板上 S1 设定不正确。

② 伺服单元过热。散热片上热动开关动作，在驱动器无硬件损坏或不良时，可通过改变切削条件或负载排除报警。

③ 再生放电单元过热，可能是 Q1 不良。当驱动器无硬件不良时，可通过改变加减速频率减轻负荷，排除报警。

④ 电源变压器过热。当变压器及温度检测开关正常时，可通过改变切削条件减轻负荷，排除报警，或更换变压器。

⑤ 电柜散热器的过热开关动作，原因是电柜过热。若在室温下开关仍动作，则需要更

换温度检测开关。

2）OFAL 报警。数字伺服参数设定错误，这时需改变数字伺服的有关参数的设定。对于 FANUC 0 系统，相关参数是 8100、8101、8121、8122、8123 及 8153～8157 等；对于 10/11/12/15 系统，相关参数为 1804、1806、1875、1876、1879、1891 及 1865～1869 等。

3）FBAL 报警。FBAL 是脉冲编码器连接出错报警，出现报警的原因通常有以下几种。

① 编码器电缆连接不良或脉冲编码器本身不良。

② 外部位置检测器信号出错。

③ 速度控制单元的检测回路不良。

④ 电动机与机械连接的间隙太大。

2. 进给伺服驱动器上的 7 段数码管报警

FANUC C 系列、α/α_i 系列数字式交流伺服驱动器是通过驱动器上的一只 7 段数码管进行显示的。根据 7 段数码管的不同状态显示，可以指示驱动器报警的原因。

FANUC C 系列、电源与驱动器一体化结构形式（SVU 型）的 α/α_i 系列交流伺服驱动器的数码管状态以及含义见表 6-3。

表 6-3　FANUC C、α/α_i 系列（SVU 型）7 段数码管状态一览表

数码管显示	含　义	备　注
—	速度控制单元未准备好	开机时显示
0	速度控制单元准备好	
1	速度控制单元过电压报警	同 HV 报警
2	速度控制单元欠电压报警	同 LV 报警
3	直流母线欠电压报警	主电路断路器跳闸
4	再生制动回路报警	瞬间放电能量超过，或再生制动单元不良或不合适
5	直流母线过电压报警	平均放电能量超过，或伺服变压器过热、过热检测元器件损坏
6	动力制动回路报警	动力制动继电器触点短路
8	L 轴电动机过电流	第一轴速度控制单元用
9	M 轴电动机过电流	第二轴速度控制单元用
b	L/M 轴电动机过电流	
8.	L 轴的 IPM 模块过热、过电流、控制电压低	第一轴速度控制单元用
9.	M 轴的 IPM 模块过热、过电流、控制电压低	第二轴速度控制单元用
b.	L/M 轴的 IPM 模块过热、过电流、控制电压低	

3. 数字式主轴驱动系统的 7 段数码管报警

在 FANUC A06B -6059 系列数字式主轴驱动器上，装有六只 7 段数码管显示器，当驱动器发生故障时，可以在显示器上显示出报警号 AL - ××。

A06B -6059 系列数字式主轴驱动器的报警显示及其引起原因见表 6-4。

表6-4　数字式主轴驱动器的报警故障诊断表

报警号	故 障 内 容	故 障 原 因
AL–01	电动机过热	(1) 主电动机内装式风机不良 (2) 主电动机长时间过载 (3) 主电动机冷却系统污染，影响散热 (4) 电动机绕组局部短路或开路 (5) 温度检测开关不良或连接故障
AL–02	实际转速与指令值不符	(1) 电动机过载 (2) 晶体管模块不良 (3) 控制电路保护熔断器 F4A – F4M 熔断或不良 (4) 速度反馈信号不良 (5) 电动机绕组局部短路或开路 (6) 电动机与驱动器电枢线相序不正确或连接不良
AL–03	再生制动电路故障（1S – 3S） 24V 熔断器熔断（6S – 26S）	再生制动晶体管 TR1 故障 控制电路中的 FU1 熔断
AL–04	输入电源断相（仅6S – 26S）	(1) 进线电源阻抗太大 (2) 晶体管模块不良 (3) 主电路连接不良 (4) 主接触器（MCC）不良 (5) 进线电抗器不良
AL–06	模拟测速系统超速	(1) 驱动器设定或调整不当 (2) ROM 不良 (3) 速度反馈信号连接不良 (4) 控制板不良
AL–07	数字测速系统超速	
AL–08	输入电压过高	(1) 输入电压超过额定值 (2) 主轴变频器连接错误
AL–09	散热器过热（仅6S – 26S）	(1) 驱动器风机不良 (2) 环境温度过高 (3) 冷却系统污染，影响散热 (4) 驱动器长时间过载 (5) 温度检测开关不良或连接不良
AL–10	输入电压过低	(1) 输入电压低于额定值的15% (2) 主轴变频器连接错误
AL–11	直流母线过电压	(1) 电源输入阻抗过高 (2) 驱动器控制板不良 (3) 再生制动晶体管模块不良 (4) 再生制动电阻不良
AL–12	直流母线过电流	(1) 逆变晶体管模块不良 (2) 电动机电枢线输出短路 (3) 电动机绕组局部短路或对地短路 (4) 驱动器控制板不良

（续）

报警号	故 障 内 容	故 障 原 因
AL－13	CPU 报警（仅 6S～26S）	（1）驱动器控制板不良 （2）CPU 内部数据出错
AL－14	ROM 故障（仅 6S～26S）	（1）ROM 安装故障或不良 （2）ROM 版本，参数不匹配
AL－15	附加电路板选件故障	主轴切换电路板/转速切换电路板不良或连接不良
AL－16－AL－23	主轴驱动器控制电路 或接口电路故障	（1）驱动器控制板安装不良或连接不良 （2）驱动器接地连接不良 （3）控制板不良
无显示	ROM 故障	ROM 不良或安装不良
显示 A	驱动器软件出错	进行驱动器初始化测试

注：驱动器的软件版本号可以从驱动器的控制板型号中查出，如控制板型号为 A20B－1003－0010/×××，则其中的×××即为软件版本号。

6.3.2　伺服驱动单元的维修要点

1. 维修伺服驱动单元时需注意的几点问题

1）无论哪个公司的伺服系统，虽然外观不同、电路各异，但基本模式仍存在近似之处。

2）伺服系统的原理比较清楚，其输入/输出也比较规范，相比之下，伺服系统的维修比数控装置的维修要容易些，特别是模拟式的伺服系统更容易些。

3）伺服调速单元结构都非常紧凑，印制电路板与功率元件的距离很近，电源电压也较高，如 AC 220V、AC 380V、DC 400V 等，存在危险性。

4）有的伺服系统电源模块与驱动模块是分开的，即各轴驱动模块共用一个交/直流电源模块，对驱动模块而言是 DC 电源供电。也有许多是各轴自备交/直流电源，对驱动模块而言是 AC 电源供电，这一点维修时要加以注意。

5）同数控装置一样，伺服系统多数随机不带图样及相关硬件的资料，甚至连元件的型号也很不详细，给维修工作带来一些困难。

2. 伺服调速单元维修的基本步骤

1）根据系统故障诊断时已锁定某个故障单元，将其拆下。先把灰尘、油渍清理干净，再放在维修工作台上，打开护罩或外壳。

2）首先进行外观检查，看有无明显的击穿、烧毁的损坏痕迹。如发现明显损坏的器件，应将其拆下进行测量，以便确认损坏后进行更换或替换。

3）如不能从外观查出故障，要借助仪器、仪表进行静态测量检查，看器件、电路有无损坏，并分析故障的可能性。一般顺序是先功率器件，再电源部分，再控制电路。此时如能查出故障器件，维修工作相对容易一些。

4）如静态测量中不能查出故障，就要进行通电测试。通电测试前要仔细看好电路结构，并进行电路测绘。要准备好与单元供电条件相符的电源和合适的负载，同时接好外部控制的必要条件信号，如使能信号、CNC 准备好信号、指令信号等，不要开路。

5）接着测量单元的各部件电压，分块、分段逐步缩小范围，再参照原理图分析其工作原理及故障的原因。由于功率模块故障率偏高，功率元件、电容器、驱动电路是重点排查对象。

6）因为伺服调速单元电压较高，操作中一定要注意人身安全，同时也要注意不要出现操作失误，防止再次出现人为故障。

思考与练习

1. 数字式主轴驱动系统的 7 段数码管报警有什么意义？
2. 伺服调速单元的结构特点是什么？
3. 怎样检查伺服单元的故障？
4. 维修伺服调速单元应注意哪些问题？

6.4 维修案例

1. 伺服放大器模块报警故障的排除

设备名称：TNC－200DST 双轴数控车床。

生产厂：台湾 TAKANG。

数控系统：FANUC－OTT。

（1）故障现象 开机后屏幕显示 401 报警号，即速度控制的 READY 信号（VRDY）"OFF"，打开电柜检查，X 轴伺服放大器模块故障显示区的 HCAL 红色 LED 亮。

（2）故障诊断及分析 拆除电动机动力线后，试开机故障依旧，说明故障点在伺服驱动模块。该机使用的驱动模块型号为 A06B－6058－H224，为双轴驱动模块。

此模块为三层结构：①主控制板；②过渡板；③晶体管模块、接触器、电容等。卸下主控制板及过渡板，测量晶体管模块已经击穿。有故障的驱动电路如图 6-30 所示。

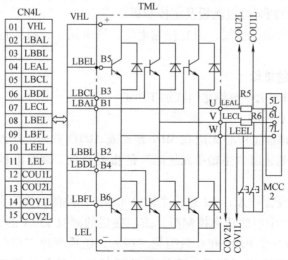

图 6-30 有故障的驱动电路

単元 **6** 运动驱动控制系统的维修

晶体管模块击穿的原因一般是：①晶体管模块质量问题；②伺服装置散热不良或晶体管模块与散热器接触不良；③前置功率驱动电路的问题。

经仔细检查，证明前两项没有问题，关键在第三项的中间过渡板有问题。该伺服驱动装置的主控制板驱动信号均通过中间过渡板的针型接插件，然后经过印制电路板的铜箔接至各晶体管模块。由于针型接插件针间距离较近，加上车间环境的铁灰粉尘，冷却水雾影响，造成绝缘下降。用万用表测量针间对地电阻值为 $10 \sim 50 \text{k}\Omega$，如不加以处理，只更换晶体管模块，价格昂贵的模块必然会再次烧毁。

（3）故障的排除

1）中间过渡板修复。

① 使用无水酒精清洗中间过渡板，特别是针型接插件，清洗后用电吹风进行干燥处理。

② 使用 500V 兆欧表测量针间和针对地的绝缘电阻（注意：测量时务必将主控制板分离，以免损坏主板元件）。一般新板的绝缘电阻在 $20 \text{M}\Omega$ 以上，修理板也应达到 $5 \text{M}\Omega$ 以上。

③ 修理中发现第 3 脚和第 4 脚虽经清理，绝缘电阻也在 $80 \text{k}\Omega$ 左右。该中间过渡板采用 4 层印制板结构，第 3 脚 LBBL 和第 4 脚 LEAL 通过中间层的铜箔分别接到晶体管模块的 B2 和 U 端，说明中间的绝缘层已损伤，需要修理。具体修复方法如下：

a. 用透光法找出印制电路板中间层的走向。

b. 在靠近晶体管模块走向的端部用手电钻将铜箔切断。

c. 将中间过渡板针型接插件的第 3 针和第 4 针拆除，用导线直接与晶体管模块的 B2 和 U 端相连。

d. 用印制电路板保护薄膜喷剂对中间过渡板进行防护处理。

2）主控制板修复。

用对比法测量电阻发现，损坏的晶体管模块所对应的驱动厚膜集成电路 FANUC DV47 – 1、场效应晶体管 K897 以及光耦合电路 TLP – 550 均不正常；需全部更换新件。

3）更换晶体管模块。

将损坏的晶体管模块从散热器上拆下，用小刀将硅脂小心刮下，涂在新晶体管模块上，然后装在散热器上。重新装好过渡板及主控制板。

（4）试车　恢复电动机接线，插好控制电缆，通电试车，机床运行一切正常，故障彻底排除。

2. 主轴系统故障的排除

设备名称：SABRE – 750 数控龙门式加工中心。

数控系统：FANUC – 0M。

（1）故障现象　该加工中心无论在 MDI 方式或 AUTO 方式，送入主轴速度指令，一按启动键，机床 PLC 立刻送出"主轴单元故障"的报警信息。观察电柜中主轴伺服单元的报警号为 AL – 12。

（2）故障诊断　报警号 AL – 12 意为主轴单元逆变回路的直流侧有过电流发生。拆开主轴单元的前端控制板及中层的功率控制板，露出底层的两只 150A 的大功率 IGBT 模块。每只 IGBT 模块内封装着 6 个 IGBT 和 6 只阻尼二极管，组成两组三相全桥，分别用来整流和逆变。用万用表按其管脚图测量，很快就发现其中一只晶体管模块中的 IGBT 有短路现象。

故障已经查出，似乎只要外购一只晶体管模块换上，主轴单元就能修复。但不能这样简单地处理，重要的问题是要找出故障产生的根源。经向操作工询问故障过程，操作工说："当主轴箱移动到不同的位置时，主轴有时能正常工作，有时不能正常工作；尤其主轴箱沿机床的横梁（Y 轴）移动时，在某些位置主轴能正常运行。"为确定故障的发生与主轴箱的位置有何联系，爬到横梁上仔细观察主轴箱的运动情况，很快就找到了故障的原因。原来主轴箱作为机床的 Y 轴沿着横梁移动，主轴电动机的动力线和反馈线是通过电缆拖链与电柜连接的，拖链随着主轴箱在横梁上移动。拖链的材质虽然是工程塑料的，但每节之间的连接销是金属的。当拖链中的电缆与拖链一起移动时，电缆的绝缘外皮与连接销摩擦，时间长久竟将绝缘皮磨破，露出了中间的金属线。当主轴移动到某个位置时，电缆中的金属线与金属的连接销相碰，连接销又直接与机床的床身相碰，造成主轴电动机的动力线对地短路，主轴驱动单元的功率晶体管模块被击穿。这才是 IGBT 模块损坏的根本原因。

（3）故障排除　更换晶体管模块。对磨破的电缆进行处理和更换，对拖链中电缆的固定方式进行改进，使电缆与连接销不再摩擦。经此次修复后，未再发生过类似的故障。

3. 主轴驱动模块故障维修

FANUC-α 系列主轴驱动模块，型号为 A06B-6087-H126B（POWER SUPPLY MODULE）。

（1）故障现象　在使用过程中，频繁出现该模块主电路 IGBT（绝缘栅大功率晶体管）击穿烧毁及 IGBT 的驱动电路同时烧毁的现象。前几次在分析故障原因时，将着眼点放在了电网电压过高、电源谐波过多、环境温度较高或器件不良等方面，但随着故障的频繁出现，发现了以下不容忽视的现象。

1）IGBT 总是三块同时被烧毁。

2）IGBT 烧毁并伴随驱动电路烧毁，贴片式 PNP 型及 NPN 型晶体管也被击穿，电路烧断，光耦合器烧坏，电路如图 6-31 所示。

3）烧毁的驱动模块主电路中配置的 MSS 接触器主触点严重烧蚀，前置低压断路器主触点也烧蚀。

（2）故障分析　经过对以上现象进行仔细分析，可得出以下结论：IGBT 烧毁的根本原因是主轴再生制动过程中发电的电流较大，而接触器或低压断路器主触点接触不良，接触电阻产生较大电压，该电压又作为虚假的相序信号反馈给控制电路，从而使本不应开启的功率管开启，形成相间短路，从而导致电路电压及电流超过 IGBT 最大允许值，造成 IGBT 烧毁。

主电路通过变压器供电，经低压断路器、MSS 接触器、交流电抗器到主轴驱动模块，如图 6-32 所示，其特点如下：

1）由于设置了交流电抗器，因此可有效抵制电源的各谐波对电源模块的影响，滤掉毛刺电压形成的浪涌。

2）此部分电路有两层触点，低压断路器和 MSS 接触器。当触点接触不良时会造成以下现象：主轴驱动器用电时，导致电压下降，如三相 200V 整流后约为 DC 300V。其中某一相触点接触不良并不会造成 DC 侧电压明显下降，只是其余两相电流增大而补偿另外一相的电流；若两相或三相都接触不良，则会造成 DC 侧电压下降，主轴功率下降，控制电路可给出报警。因此，当机床主轴切削工件时，即负载是用电状况时，该电路是比较安全的。但是，如果机床主轴处于制动状态，会具有很大的机械转动惯量功能（加工铝件时经常由 12000r/

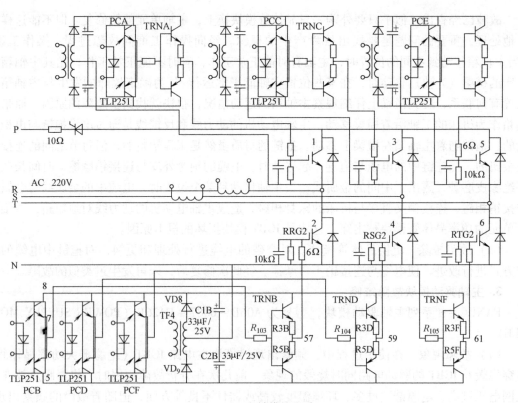

图 6-31 主轴模块电路

min 直接制动），主轴驱动模块瞬间要把主轴高速旋转的功能转变成电能，使 DC 电压升高。此时主轴电源模块必须及时将 DC 逆变成与电网相序角度一样的三相交流电并返送到电网中去，如果返送不及时或逆变的三相交流电相序角度不对，与电网不同步，瞬间巨大的能量可使这部分电路崩溃。

3）准确地与电网相序同步，及时开启/关闭 IGBT 是保障电路安全的关键。但是如果触点接触不良，MSS 接触有烧蚀现象，在再生制动产生的 100A 电流的作用下，触点接触面上每 1Ω 的电阻值都会形成 100V 的电压差，触点存在的几欧姆电阻此时可能会形成数百伏的电压，对于要求与电网同步的再生制动来说，将形成虚假的相序角检测结果，后果是严重的。

4）每次主轴驱动模块的烧毁，都给企业带来较大经济损失，一般损失如下：

① 购 IGBT 及驱动电路费用一般约 2000 元。

② 修理、检测所用时间一般约 1 周。

③ 停机损失按周计算为 2~3 万元。

（3）维修对策 分析几种不同的方案，最后采取以下可行的措施。

1）在主轴驱动主电路中增加一个 100A 以上的接触器与原 MSS 接触器并联，增大触点容量，减小触点电压降。

2）增设电压 480V 的压敏电阻，滤掉由驱动模块产生的浪涌及过高电压。

3）延长主轴制动时间，限制主轴制动再生电流，将原设置再生电流 100A 改为再生电流限制为 50A，缓解接触器触点电流压力。

通过实施以上措施，有效地防止了 FANUC－α 系列主轴驱动模块烧毁现象的出现，提高了机床的可靠性，降低了修理费用，减少了停机时间，保障了企业的经济利益。

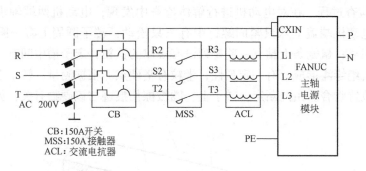

图 6-32　主电路

4. 加工中心主轴电动机隐性故障的排除

设备名称：德国 DECKEL 公司 DCA5 加工中心。

数控系统：西门子公司 SINUMERIK 880MC，BOSCH 公司生产的主轴、进给驱动模块以及德国 KESSLER 电动机。

（1）故障现象及现场测试　机床在加工过程中，曾连续出现过载报警而停机，而且每次报警都有一定规律，从开机到出现故障停机，时间基本一致，停机一段时间后重新开机，又都一切正常。围绕主轴控制全面诊断，确认主轴驱动模块是完全正常的。

为了进一步区分是否由于机械负载过重而引起过载，首先将电动机与机械负载完全脱开，并把 CNC 测量系统与电动机也脱开，即位置环处于开环状态，电动机尾部的测速反馈和电源主轴驱动单元仍连接，使速度环能工作，在此基础上进行了现场测试。

具体方法：由外部给定 1.5V 直流信号（一节电池电压），加使能信号起动电动机，电动机此时工作正常，运转平稳。用指针式万用表的交流电压挡测量主轴驱动模块的输出电压为 125V（主轴电动机的额定电压为 330V），用钳形表测量电动机的电流为 7.5A（电动机的额定电流为 42A），三相电压、三相电流均平衡，连续空载运行 1h，电动机只有略微温升。但是工作 1.75h 以后，处于监控状态的电压、电流开始出现变化，电动机的输入电压由原 125V 逐步上升到 370V，电流也由 7.5A 逐步上升到 90A，电动机表面温度逐渐升高，虽三相电流、电压仍旧平衡，但电动机随之出现振动，而且越来越强烈，几十秒过后，立即关断总电源，电动机惯性停转。次日，按上述条件和步骤重新开机，故障现象依旧，还是在相同时间出现。

以上现场测试表明，出现故障时电动机实测电流已大大超过了额定值，电动机确已过载。电动机在空载的状态下有过载现象的原因分析如下：

① 轴承可能不良，造成机械负载过大。

② 电动机绕组可能局部短路。

③ 转子可能有断条，且似断非断，起动初期接触良好，运行一段时间后，由于离心力和电动力的作用，似断非断处裂痕增大。

④ 电源电压可能过低或电源电压相位差过大。

⑤ 定、转子可能相对摩擦，原因可能是转子轴直线度不佳、轴承磨损、铁心变形或松

动，安装不正等。

为判断是否属于以上原因，必须对电动机进行解体检查。

（2）解体检查过程 在对电动机进行解体检查中发现，电动机两端轴承润滑良好，轴承顶隙正常；电动机端盖上八只紧固螺钉中有三只松动；转子圆周上有一圈严重擦伤的痕迹，痕迹光亮明显；鼠笼条上粘有一些排列没有规律的铁粉，定子槽中间有一米粒大小的棕色物体，实质由绝缘漆形成，有一定弹性，米粒有坚硬点。根据测量，转子上一圈被擦伤的痕迹与该硬点位置吻合。由此断定，转子上一圈被擦伤痕迹与该硬物有关，如图 6-33 所示。

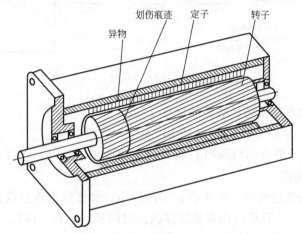

图 6-33　有异物的主轴电动机示意图

经分析，硬物的形成与电动机端盖紧固螺钉的松动有关。当螺钉松动以后，端盖密封被破坏。由于电动机内部磁场的作用，加工现场空气中的铸铁粉尘被吸入电动机内部，随着时间的推移，堆积残留在定子的绝缘漆上。由于电动机工作时将产生一定的热量，使得粉尘与绝缘漆相互粘结，长期的接触摩擦，又使绝缘漆形成了硬物。

（3）故障原因分析 交流主轴电动机为笼型异步电动机，转子为斜槽的铸铝结构，但制造精度很高，通常定、转子之间的间隙仅几十微米。由于该电动机定子中硬物的存在，当电动机工作一段时间，温升达到一定程度时，硬物受热膨胀，相当于负载加重，加上转子前端轴承顶隙的存在，使定、转子之间的同轴度变差，造成了气隙的不均匀，并与定子产生摩擦，且加重了负载。而气隙的不均匀又促使转子电流忽大忽小，产生了电磁转矩的大小变化。由于转子电流增加，定子电流也随之增加，造成电动机铜耗增加并发热，而发热的结果导致定子中硬物产生热膨胀，转子旋转阻力加大，实际输出转矩仍然小于负载转矩，因此主轴驱动系统继续调节，从而增大转矩分量，形成了正反馈控制，控制的结果是电压、电流直线上升，超过了电动机的额定电流，直至报警停机。由于主轴驱动系统控制时间常数很小，响应速度很快，所以从定子上硬物热膨胀并与转子接触开始到停机，整个过程是很短暂的。

当停机一段时间，电动机散热以后，定子的硬点冷却收缩，电动机又能正常起动。硬物受热膨胀条件不变，硬物接触到转子的时间就不变，每次起动到故障停机的时间成为规律了。因此电动机内异物的存在则是造成电动机隐性故障的根源，而异物的热膨胀是引起电动机过载和振动的直接原因。

（4）故障维修 清除异物，紧固电动机螺栓。仍按试验条件和步骤重新开机，故障现象不再出现。恢复安装，机床运行正常，故障彻底排除。

5. 直流伺服电动机磁极脱落故障的维修

设备名称：JCS - 018A 立式加工中心。

数控系统：FANUC - 6MB 直流伺服系统。

（1）故障现象　机床运行中，X 轴进给直流电动机发出异常声响，不影响机床精度，持续一周后异常现象更严重，电动机温升很高。

（2）故障检查　将电动机从机床上拆下，单独试验电动机，从声音上判断，电动机内部有松动部件，而且电动机不通电时用手拧电动机转子轴不转。

将电动机解体检查，发现定子永磁磁极有 4 个已经脱落，吸附在转子上，因此不通电时转子转不动，通电时电动机转子与磁极摩擦而导致电流过大使电动机发热。

（3）故障维修

1）将磁极逐个取下，注意用油性色笔记好原来的位置。

2）全面清理电动机，将电刷粉末、油污、锈渍清洗干净，特别用无水酒精将粘接面擦洗干净。

3）用 302 改性丙烯酸酯胶（哥俩好）A、B 各一份调好，涂在粘接面上，将磁极粘合在定子上。用细木条插在磁极之间，保持磁极之间的相同距离，并用胶带固定好。

4）4h 后，拆除木条和胶带，清除多余的胶渍。

5）按与拆下相反的顺序将电动机装好，并更换 6 只新的电刷。

通电试电动机，一切正常。

将电动机恢复安装，机床故障排除。

思考与练习

1. 晶体管模块被击穿的原因一般是什么？
2. 主电路增设电压 480V 的压敏电阻起何作用？
3. 电动机转子与定子之间为什么不能有异物？

单元练习题

1. 进给驱动系统控制方式中闭环控制与半闭环控制的区别是什么？
2. 交流伺服系统的主要特点是什么？
3. 简述交流伺服电动机的结构及特点。
4. 简述直流主轴伺服系统的组成。
5. 数字式伺服控制与通常的模拟式控制相比有何优点？
6. 简述数字型主轴伺服系统的组成。
7. 为什么交流主轴电动机多采用笼型感应电动机？
8. 在维修中，经检查确认驱动模块损坏，却为什么不能急于更换？
9. 交流主轴数字式控制与模拟控制相比的优点是什么？
10. 简述主轴电动机空载状态下运转仍有过载现象的可能原因。

单元 **6** 运动驱动控制系统的维修

单元7 检测系统的维修

 学习目标

1. 了解数控机床检测系统故障诊断与维修的意义。
2. 理解检测各控制轴的位移和速度的作用。
3. 掌握位置检测元件的精度、分辨率和系统精度的概念。
4. 掌握位置检测系统故障的维修方法。
5. 重点掌握常用位置检测元件的维修方法。

 内容提要

检测系统是数控机床的重要组成部分，它通过检测各控制轴的位移和速度，并把检测到的信号反馈回数控装置，构成闭环系统。

本单元的主要内容是位置检测反馈元件和位置检测反馈电路信号的故障维修问题，涉及精密测量、电子等技术知识。

7.1 数控系统的位置比较电路

7.1.1 位置控制

位置控制是伺服系统的重要组成部分，是保证位置控制精度的重要环节。位置控制环和速度控制环是紧密相连的，速度控制环的给定值来自位置控制环，而位置控制环的输入一方面来自轮廓插补运算指令，即在每一个插补周期内插补运算输出一组数据给位置环；另一方面来自位置检测反馈装置，即将机床移动部件的实际位移量信号输送给位置环。插补得到的指令位移和位置检测得到的机床移动部件的实际位移在位置控制单元进行比较，得到位置偏差，位置控制环再根据速度指令的要求及各环节的放大倍数对位置数据进行处理，再把处理的结果作为速度环的给定值。位置控制原理如图 7-1 所示。就闭环和半闭环伺服系统而言，位置控制的实质是位置随动控制。

由原理图知 $P_e = P_c - P_f$，位置控制首要解决的问题是位置比较方式的实现。

根据位置环比较的方式不同，可将闭环、半闭环系统分为脉冲比较伺服系统、相位比较伺服系统和幅值比较伺服系统。根据位置检测反馈元件和位置检测反馈电路及信号的不同，位置比较电路有脉冲数码比较器、鉴相器、幅值比较器。

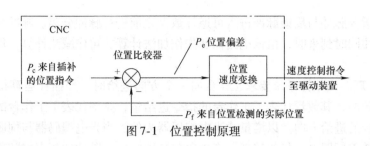

图 7-1　位置控制原理

7.1.2　脉冲比较伺服系统

脉冲比较伺服系统结构比较简单，常采用光电编码器和光栅作为位置检测装置，以半闭环的控制结构形式构成脉冲比较伺服系统。

1. 脉冲比较伺服系统的特点

指令位置信号与位置检测装置的反馈信号在位置控制单元中是以脉冲数字的形式进行比较的，比较后得到的位置偏差经 D – A 转换发送给速度控制单元。

2. 脉冲比较伺服系统

1）半闭环脉冲比较伺服系统结构框图如图 7-2 所示。

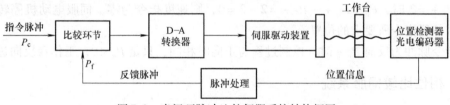

图 7-2　半闭环脉冲比较伺服系统结构框图

2）脉冲比较环节的组成。脉冲比较环节（器）的基本组成有两个部分：一是可逆计数器，二是脉冲分离电路，如图 7-3 所示。脉冲比较是将 P_c 脉冲信号与 P_f 的脉冲信号进行比较，得到脉冲偏差信号 P_e。P_c 和 P_f 的加、减定义见表 7-1。

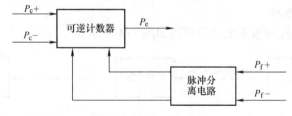

图 7-3　脉冲比较环节

表 7-1　P_c、P_f 的加、减定义

位置指令	含义	可逆计算器运算	位置反馈	含义	可逆计算器运算
P_c +	正向运动指令	+	P_f +	正向位置反馈	–
P_c –	反向运动指令	–	P_f –	反向位置反馈	+

当输入指令脉冲为 P_c + 或反馈脉冲为 P_f – 时，可逆计数器作加法运算；当指令脉冲为 P_c – 或反馈脉冲为 P_f + 时，可逆计算器作减法运算。在脉冲比较过程中，指令脉冲 P_c 和反馈脉冲 P_f 到来时可能错开或重叠。当这两路计数脉冲先后到来并有一定的时间间隔时，则计数器无论先加后减还是先减后加，都能可靠地工作。但是，若两路脉冲同时进入计数器脉冲输入端，则计数器的内部操作可能会因脉冲的"竞争"而产生误操作，影响脉冲比较的可靠性，

为此，必须在指令脉冲与反馈脉冲进入可逆计数器之前进行脉冲分离。脉冲分离电路的功能是在加、减脉冲同时到来时，由该电路保证先作加法计算，再作减法计算，保证两路计数脉冲不会丢失。

3）工作原理。当数控系统要求工作台向一个方向进给时，经插补运算得到一系列进给脉冲作为指令脉冲，其数量代表了工作台的指令进给量，频率代表了工作台的进给速度，方向代表了工作台的进给方向。以增量式光电编码器为例，当光电编码器与伺服电动机及滚珠丝杠直连时，随着伺服电动机的转动，产生序列脉冲输出，脉冲的频率将随着转速的快慢而升降。

现设工作台处于静止状态，指令脉冲 $P_c = 0$。这时反馈脉冲 $P_f = 0$，则 $P_e = 0$，伺服电动机的速度为零，工作台继续保持静止不动。

现有正向指令 $P_c + = 2$，可逆计数器加2，在工作台尚未移动之前，反馈脉冲 $P_f + = 0$，可逆计数器输出 $P_e = P_c + - P_f + = 2 - 0 = 2$，经转换，速度指令为正，伺服电动机正转，工作台正向进给。

工作台正向运动时，即有反馈脉冲 $P_f +$ 产生，当 $P_f + = 1$ 时，可逆计数器减1，此时 $P_e = P_c + - P_f + = 2 - 1 > 0$，伺服电动机仍正转，工作台继续正向进给。

当 $P_f + = 2$ 时，$P_e = P_c + - P_f + = 2 - 2 = 0$，则速度指令为零，伺服电动机停转，工作台停止在位置指令所要求的位置。

当指令脉冲为反向 $P_c -$ 时，控制过程与正向时相同，只是 $P_e < 0$，工作台反向进给。

7.1.3　相位比较伺服系统

1. 相位比较伺服系统的特点

它是指指令脉冲信号和位置检测反馈信号都转换为相应的同频率的某一载波的不同相位的脉冲信号，在位置控制单元进行相位的比较，它们的相位差反映了指令位置与实际位置的偏差。

2. 相位比较伺服系统

1）半闭环相位比较伺服系统结构框图如图7-4所示。

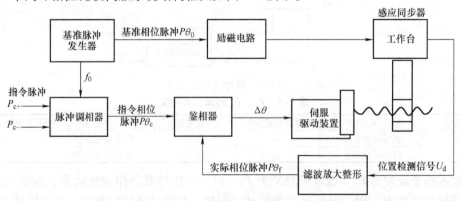

图7-4　半闭环相位比较伺服系统结构框图

2）系统组成。此系统位置检测装置采用感应同步器，该装置工作在相位工作状态，即位置控制为相位比较法。感应同步器工作台在相位工作方式时，$U_d = kU_m \sin(\omega t - \theta)$，其中

$\theta = 2\pi X/\tau$。相位比较不是脉冲数量上的比较,而是脉冲相位之间的比较,如超前或滞后多少。实现相位比较的比较器为鉴相器。

感应同步器的检测信号为电压模拟信号,该装置还有励磁信号。故相位比较首先要解决信号处理的问题,即怎样形成指令相位脉冲 $P\theta_c$ 和实际相位脉冲 $P\theta_f$,实现此变换功能的为脉冲调相器。脉冲调相器的作用:一是产生基准相位脉冲 $P\theta_0$,由该脉冲形成的正、余弦励磁绕组的励磁电压频率与 $P\theta_0$ 相同,感应电压 u_d 的相位 θ 随着工作台的移动,相对于基准相位 θ_0 有超前或滞后;二是通过对指令脉冲 P_c+、P_c- 的加、减,再通过分频产生相位超前或滞后于 $P\theta_0$ 的指令相位脉冲 $P\theta_c$。

鉴相器的输出信号通常为脉冲宽度调制波,经低通滤波器得到电压信号,作为速度控制信号,就必须对超前和滞后作出判别,使得速度控制信号在正向指令时为正,在反向指令时为负。

3)工作原理。感应同步器相位检测信号经整形放大滤波后所得的实际相位脉冲 $P\theta_f$ 为位置反馈信号。指令脉冲 P_c+、P_c- 经脉冲调相后,转换成相位、极性与指令脉冲有关的脉冲信号 $P\theta_c$。由于 $P\theta_c$ 的相位 θ_c 和 $P\theta_f$ 的相位 θ_f 均以 $P\theta_0$ 的相位 θ_0 为基准,因此 θ_c 和 θ_f 通过鉴相器即能获得 $\Delta\theta$。伺服驱动装置接收相位差 $\Delta\theta$ 信号以驱动工作台朝指令位置进给,实现位置跟踪,其工作原理概述如下:

当无进给指令时:$P_c+=0$,工作台静止,θ_c 与 θ_0 同相位,且因工作台静止无反馈,故 θ_f 也与 θ_0 同相位,经鉴相器 $\Delta\theta=0$,则速度控制信号为零,伺服电动机不转,工作台仍静止,如图7-5a所示。

有正向进给指令时:$P_c+=2$,在指令获得瞬时信号,工作台仍静止,如图7-5b所示。此时,θ_c 超前相位 θ_0,但 θ_f 保持不变,经鉴相器 $\Delta\theta>0$,速度控制信号大于零,伺服电动机正转,工作台正向移动。

随着工作台的正向移动,有反馈信号产生,由此产生 θ_f 超前 θ_0,但 θ_c 仍超前 θ_f,经鉴相器 $\Delta\theta>0$,速度控制信号仍大于零,伺服电动机正转,工作台正向移动,如图7-5c所示。

随着工作台的继续正向移动,θ_f 超前 θ_0 的数值增加,当 $\theta_c=\theta_f$ 时,经鉴相器 $\Delta\theta=0$,速度控制信号等于零,伺服电动机停转,工作台停止在指令所要求的位置,如图7-5d所示。

当进给为反向指令时,相位比较同正向进给类似。所不同的是指令脉冲相对于基准脉冲为减脉冲,故 θ_c 相对于 θ_0 也为滞后,经鉴相器比较后所得到的速度指令信号为负,伺服电动机反转,工作台反向移动至指令位置。

由脉冲调相器原理知,对应于每个指令脉冲所产生的相移角 $\Delta\theta$,记作 θ_0,其量值与脉冲调相器中分频器的分频数 m 有关。当相移角 θ_0 要求为某个设定值时,可由式子 $m=360/\theta_0$ 计算所需的 m 值。

一个脉冲相当于多少相位增量,取决于脉冲调相器中分频数 m 和脉冲当量 δ。例如某数控机床脉冲当量 $\delta=0.001$mm/脉冲,感应同步器一个节距 $\tau=2$mm(相当于360°电角度),则相位增量为(δ/τ)×360°=(0.001/2)×360°/脉冲 = 0.18°/脉冲,即一个脉冲相当于 0.18°的相位移,因此需要将一个节距分为2000等份,即分频数 $m=2000$(0.18°×2000 = 360°)。而基准脉冲发生器输出的基准脉冲频率将是励磁频率的 m 倍。若本例的感应同步器励磁频率取为10kHz,$m=2000$,则基准脉冲频率 $f_0=2000\times10$kHz $=20$MHz。

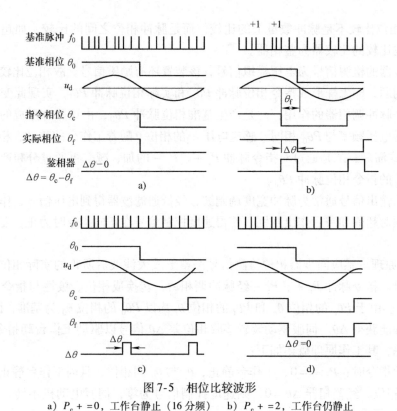

图 7-5　相位比较波形

a）$P_c + = 0$，工作台静止（16 分频）　　b）$P_c + = 2$，工作台仍静止

c）$P_c + = 2$，$P_f + = 1$，工作台运动　　d）$P_c + = 2$，$P_f + = 2$，工作台至指令位置

7.1.4　幅值比较伺服系统

1. 幅值比较伺服系统的特点

幅值比较伺服系统是以位置检测信号的幅值大小来反映机械位移的数值，并以此作为位置反馈信号与指令信号进行比较构成的闭环控制系统。该系统的特点之一是所用的位置检测元件应工作在幅值工作方式。位置检测可用感应同步器或旋转变压器。

2. 幅值比较伺服系统

1）幅值比较伺服系统结构框图如图 7-6 所示。

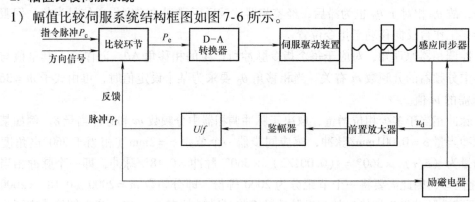

图 7-6　幅值比较伺服系统结构框图

2）系统的组成。位置检测（感应同步）器测得工作台正向或反向进给实际位移的交变电动势，应前置放大器送到鉴幅器，然后由 V/F（电压－频率变换器）变换成相应的脉冲序列送到比较环节。

U/f（电压/频率变换器）是把鉴幅后的输出模拟电压变换成相应的脉冲序列。

励磁电路供给工作在鉴幅方式的位置检测器的两路励磁信号应为

$$u_s = U_m \sin \varphi \sin \omega t$$

$$u_c = U_m \cos \varphi \sin \omega t$$

这是一组同频率同相位而幅值随正余弦函数变化的正弦交变信号。要实现幅值可变，就必须控制角的变化，可用脉冲调宽方式来控制矩形波脉宽，等效地实现正弦励磁的方法实现调幅的要求。

3）工作原理。幅值比较的工作原理与相位比较基本相同，不同之处在于幅值伺服系统的位置检测器将测量出的实际位置转换成测量信号幅值的大小，再通过测量信号处理电路，将幅值的大小转换成反馈脉冲频率的高低。反馈脉冲一路进入比较电路，与指令脉冲进行比较，得到位置偏差，经 D－A 转换后，作为速度控制信号；另一路进入励磁电路，控制产生幅值工作方式的励磁信号。感应同步器在幅值工作方式时，感应电压 $u_d = kU_m \left(\dfrac{2\pi}{\tau} \right) \Delta X \sin \omega t$。每当改变一个 X 位移增量，就有感应电压 u_d 产生。当 u_d 超过某一预先整定的门槛电平时，就产生脉冲信号，该脉冲作为反馈检测脉冲 P_f 与指令脉冲 P_c 比较得到偏差脉冲 P_e。同时，为了使电气相位角 φ 跟随位移角 θ 的变化，P_f 用来修正励磁信号 u_s、u_c，使感应电压重新降低到门槛电平以下，这样通过不断的修正、比较，实现对位置的控制。由此，幅值比较的实质仍是脉冲比较，只过反馈脉冲是通过门槛电平获得的。

门槛电平的整定是根据脉冲当量确定的，例如，当脉冲当量为 0.01mm 时，门槛值整定在 0.01mm 的数值上，即每产生 0.01mm 的位移量，经放大刚好达到门槛电平。一旦感应同步器输出的电压超过门槛值，便会产生门槛电平。该电平信号反映了工作台的移动方向，正向移动时为正，反向移动时为负。鉴幅器输出的电平信号经处理后，将正、反移动的电平信号统一为正信号，正、反移动方向用高、低电平来表示。经 U/f 产生正比于门槛电平的脉冲，该脉冲即 P_f。而 P_f 和 P_c 加或减，则根据指令脉冲的方向信号和反馈脉冲的方向信号，方法同前述脉冲比较法。幅值比较控制波形如图 7-7 所示。

总之，对感应同步器而言，在幅值比较时，每移动一个位移量 ΔX，通过变换即产生一定的 P_f，工作台不断移动，P_f 不断产生，经脉冲比较得到 P_e，直至 P_c 等于 P_f，工作台停止在指令要求的位置上。

典型的多功能位置反馈大规模集成电路 FANUC MB8702，其原理框图如图 7-8 所示，该电路可同时取用位置反馈信号和转速反馈信号，适合该芯片使用的检测元件有增量式光电脉

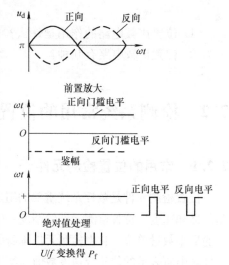

图 7-7　幅值比较控制波形

冲编码器、旋转变压器和感应同步器。

图 7-8 MB8702 原理框图

思考与练习

1. 位置比较电路的作用是什么?
2. 位置比较电路有几种?

7.2 检测系统常用的位置检测元件与接口

7.2.1 常用的位置检测元件

位置检测元件是数控系统重要的组成部分,它检测机床工作台的位移、伺服电动机转子的角位移和速度。位置检测元件的精度一般用分辨率和系统精度表示,分辨率是指检测元件能检测的最小数量单位,它由检测元件本身的品质因素所决定。系统精度是指在测量范围内,检测元件输出所表示的位移或速度数值与实际的位移或速度数值之间最大的误差量。一般要求检测元件的分辨率和系统精度比加工精度要高一个数量级。常用的位置检测元件如下:

1. 光电编码器

光电编码器利用光电原理把机械角位移变换成电脉冲信号,是数控机床上使用较广泛的位置检测元件。光电编码器按输出信号与对应位置的关系,通常分为增量式光电编码器、绝对式光电编码器和混合式光电编码器。

增量式光电编码器是在玻璃圆盘的边缘上刻有间隔相等的透光缝隙，其正反两面分别装有光源和光敏元件。当玻璃圆盘旋转时，光敏元件将明暗变化的光信号转变为脉冲信号，因此增量式光电编码器输出的脉冲数与转动的角位移成正比，但是增量式光电编码器不能检测出运动轴的绝对位置。

绝对式光电编码器的玻璃盘上有透光和不透光的编码图案，编码方式可以用二进制编码、二进制循环编码、二至十进制编码等，因此称为码盘。绝对式光电编码器通过读码盘上的编码图案来确定运动轴的位置。

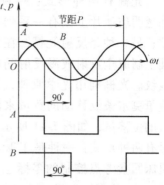

图7-9 编码器的输出相位

光电编码器输出信号中有两个相位互为90°的脉冲用来辨向，如图7-9所示。每转只输出一个脉冲的信号是零标志位信号，用于机床回参考点控制。光电编码器的安装有两种形式：一种安装在伺服电动机的非输出轴端，称为内装式编码器；另一种安装在传动链末端，称为外置式编码器。安装编码器要保证连接部位可靠、不松动，否则会影响位置检测精度，引起进给运动不稳定，机床产生振动。

2. 旋转变压器

旋转变压器是利用电磁感应原理的一种模拟式测量角位移元件，它的输出电压与转子的角位移有固定的函数关系。旋转变压器一般用于精度要求不高的机床，其特点是坚固、耐热和耐冲击。旋转变压器分有刷和无刷两种，目前数控机床中常用的是无刷旋转变压器，如图7-10所示。旋转变压器又分为单极和多极两种形式，单极型的定子和转子有一对磁极，多极型有多对磁极。无刷型旋转变压器的升降速齿轮比有1:1、2:3、1:2、2:5、1:3、1:4、1:5、1:6 八种，单极和多极旋转变压器的主要参数分别见表7-2和表7-3。

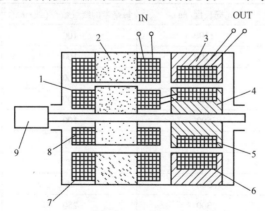

图 7-10 无刷旋转变压器结构图

1—分解器转子 2—分解器定子 3—变压器定子 4—变压器转子 5—变压器一次绕组

6—变压器二次绕组 7—分解器定子线圈 8—分解器转子线圈 9—转子轴

表 7-2 单极旋转变压器的主要参数

参数	输入电压	频率	最高转数	电压比	重量	摩擦转矩	电气误差	转子转动惯量	输出电压
数值	3.5V	3kHz	8000r/min	0.6±10%	800g	$6 \times 10^{-4} \text{N} \cdot \text{cm}^2$	10′	$9.807 \times 10^{-8} \text{kg} \cdot \text{cm}^2$	约10V

表 7-3   多极旋转变压器的主要参数

参数	极对数	输入电压	励磁频率	电压比	重量	转子转动惯量	电气误差
数值	3、4、5 对	5V	5kHz	0.6	300g	$1.6 \times 10^{-5} kg \cdot cm^2$	波长误差为 10′，一转误差为 15′

3. 光栅

光栅有两种形式：一种是透射光栅，在透明玻璃片上刻有一系列等间隔密集线纹；另一种是反射光栅，在长条形金属镜面上制成全反射或漫反射间隔相等的密集线纹。光栅利用光学原理，通过光敏元件测量莫尔条纹移动的数量来测量机床工作台的位移量，如图 7-11 所示。光栅输出信号有两种形式：一种是 TTL 电平的辨向和机床回参考点控制的零标志信号；另一种

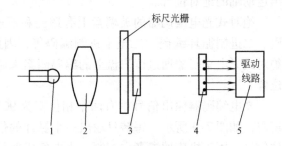

图 7-11   光栅读数原理
1—光源   2—透镜   3—指示光栅
4—光敏元件   5—驱动线路

是电压或电流正弦信号，通过 EXE 脉冲整形插值器产生 TTL 电平辨向和零标志位脉冲信号。光栅可做成光栅尺和圆光栅，表 7-4 是直线光栅尺的规格。

>> **小贴士**　　光栅安装在机床上，容易受到油雾、切削液污染，以至于读不到信号，影响位置控制精度，所以要经常对光栅进行维护，保持光栅的清洁。另外，要防止振动和敲击，以免损坏光栅。

表 7-4   直线光栅尺的规格

直线式光栅	光栅长度/mm	每毫米的线纹数/（线/mm）	精度/μm
玻璃透射式	1100	100	10
	1100	100	3 ~ 5
	1100	100	10
	500	100	5
	500	100	2 ~ 3
金属反射式	1220	40	13
	1000	50	7.5
	500	25	7
	300	250	± 1.5

4. 磁栅尺

磁栅尺由磁性标尺、磁头和检测电路组成，也是一种全闭环位置检测元件。磁性标尺是在非导磁材料（如玻璃、铜、不锈钢或其他合金等材料）上涂上一层厚度为 $10 \sim 20 \mu m$ 的磁胶，这种磁胶多是镍 - 钴合金高导磁材料和树脂胶混合制成的材料。

磁头用于读取磁尺上的磁信号，图 7-12 所示为磁通响应型拾磁头。其检测电路包括：磁头励磁电路，读取磁信号的放大、滤波及辨向电路，细分的内插电路，显示及控制电

路等。

在使用磁栅尺时要注意不能将磁胶刮坏，要防止铁屑和油污落在磁性标尺和磁头上，不能用力拆装和撞击磁性标尺。在接线时要分清磁头上的励磁绕组和输出绕组，励磁绕组绕在磁路截面尺寸较小的横臂上，输出绕组则绕在磁路截面尺寸较大的竖杆上。

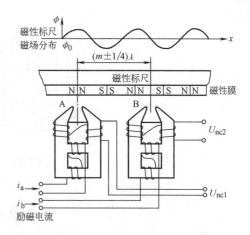

图 7-12　磁通响应型拾磁头

5. 感应同步器

感应同步器是一种应用电磁感应原理的高精度位移检测元件，由定尺和滑尺组成。定尺和滑尺是相互平行的，它们之间有均匀间隙，一般调整为（0.25 ± 0.05）mm。定尺和滑尺上的绕组均为矩形绕组，其中定尺绕组是连续的，滑尺上分布着两个励磁绕组，即正弦绕组和余弦绕组。当滑尺的绕组通以励磁电压时，在定尺绕组中产生感应电动势，感应电动势的大小随定尺和滑尺相对位置的变化而变化。

感应同步器的定尺和滑尺表面涂有一层绝缘保护层，为了防止静电干扰，尺的表面还粘有一薄层铝箔。因此要防止铁屑进入定尺和滑尺之间，以免损坏定尺和滑尺表面的保护层，保证可靠地工作。

7.2.2　位置反馈接口

1. 常用的有关接口信号

数控系统中最常用的位置反馈元件是与伺服电动机同轴的光电编码器，如图 7-13 所示，它的连接信号主要是脉冲/辨向信号 PCA、＊PCA、PCB、＊PCB 和一转脉冲信号 PCZ、＊PCZ，如图 7-14 所示。其中 OH1、OH2 是过热信号。

2. 通过测量信号判断反馈接口故障

如果要判断某一增量编码器是否完好，主要查看其输出的信号，即信号波形的形状、波形的高度、负载能力如何。通过这些可以断定脉冲编码器是否存在故障，尤其要注意脉冲编码器输出的频率。如果脉冲编码器的频率异常，会直接影响系统位置控制的准确性。

TA、TB 是同轴测速发电机的信号，其直流电压值对应发电机转速，所以先要检查其线性关系是否正确，然后注意波形情况及干扰情况。直流测速发电机中电刷磨下的粉末，一旦集中在换向器的槽中，就会使测速发电机的绕组出现短路，输出电压会随着转动产生很大的变动，引起机床的强烈振动。

图 7-13　编码器接口插件图

1	GND				14	PCZ
2	GND	8	OH1		15	*PCZ
3	GND	9	OH2		16	PCA
4	5V	10	TA		17	*PCA
5	5V	11	TB		18	PCB
6	5V	12			19	*PCB
7	FG	13			20	FG

图 7-14 编码器接口信号

思考与练习

1. 位置检测元件起什么作用?
2. 常用的位置检测元件有哪些?
3. 简述增量式光电编码器的结构。
4. 光栅的优、缺点各是什么?

7.3 位置检测系统的故障维修

7.3.1 位置检测系统的故障分析

1. 位置检测系统的故障现象

当数控机床出现如下故障现象时,应考虑是否是由检测元件的故障引起的。

(1) 机械振荡(加/减速时)

1) 脉冲编码器出现故障,此时检查速度单元上的反馈线端子电压是否下降,如有下降,表明脉冲编码器不良。

2) 脉冲编码器十字联轴器可能损坏,导致轴转速与检测到的速度不同步。

3) 测速发电机出现故障。

(2) 机械暴走(飞车) 在已检查位置控制单元和速度控制单元的情况下,应该检查以下内容。

1) 脉冲编码器接线是否错误,检查编码器接线是否为正反馈,A 相和 B 相是否接反。

2) 脉冲编码器联轴器是否损坏,更换联轴器。

3) 检查测速发电机端子是否接反,励磁信号线是否接错。

(3) 主轴不能定向或定向不到位 在已检查定向控制电路设置,检查定向板、主轴控制印制电路板的同时,应该检查位置检测器(编码器)是否不良。

(4) 坐标轴振动进给 在已检查电动机线圈是否短路、机械进给丝杠同电动机的连接是否良好、检查整个伺服系统是否稳定的情况下,应该检查以下内容。

1) 脉冲编码是否良好。

2) 联轴器连接是否平稳可靠。

3）测速机是否可靠。

（5）CNC 报警中因程序错误，操作错误引起的报警　如 FANUC 6ME 系统的 CNC 报警 090、091。

出现 CNC 报警，有可能是主电路故障或进给速度太低引起的，同时还有可能是以下原因。

1）脉冲编码器不良。

2）脉冲编码器电源电压太低（此时调整电源电压的 15V，使主电路板的 5V 端子上的电压值在 4.95～5.1V 内）。

3）没有输入脉冲编码器的一转信号而不能正常执行参考点返回。

（6）伺服系统的报警号　如 FANUC 6ME 系统的伺服报警：416、426、436、446、456；SIEMENS 880 系统的伺服报警：1364；SIEMENS 8 系统的伺服报警：114、104 等。

当出现如上报警号时，有可能是以下原因。

1）轴脉冲编码器反馈信号断线、短路和信号丢失，用示波器测 A 相、B 相一转信号。

2）编码器内部受到污染，太脏，无法正确接收信号。

2. 对检测元件的使用要求

检测元件是一种极其精密、容易受损的元器件，一定要从以下几个方面注意正确使用和维护保养。

1）不能受到强烈振动和摩擦，以免损伤码盘（板），不能受到灰尘、油污的污染，以免影响正常信号的输出。

2）工作环境温度不能超标，电源电压一定要满足要求，以便于集成电路芯片的正常工作。

3）要保证传输线电阻、电容的数值极小，以利于正常信号的传输。

4）要保证屏蔽良好，防止外部噪声干扰，以免影响反馈信号的质量。

5）安装方式要正确，如编码器连接轴要同心对正，防止轴超出允许的载重量，以保证其性能正常。

> **小贴士**　数控系统的故障中，检测元件的故障比例是比较高的，只要正确使用并加强维护保养，对出现的问题进行深入分析，就一定能降低故障率，并能迅速解决故障，保证设备的正常运行。

思考与练习

1. 如果脉冲编码器十字联轴器损坏，将导致什么故障？

2. 机械暴走（飞车）的原因是什么？

3. 如果轴脉冲编码器反馈信号断线、短路和信号丢失，数控系统是否会有报警？

4. 对检测元件有哪些使用要求？

单元 **7** 检测系统的维修

7.3.2 维修案例

1. 脉冲编码器光电盘划伤，导致工作台定位不准

机床名称：芬兰 VMC800 立式加工中心，SIEMENS 880 系统。

（1）故障现象与分析 机床为双工作台，通过交换工作台完成两工件加工，工作台靠鼠牙盘定位，鼠牙盘等分为 360 个齿，靠液压缸上下运动实现工作的离合，通过伺服电动机拉动同步带，带动工作台旋转，用脉冲编码器来检测工作台的旋转角度和定位。

工作台在工作中出现定位故障，不能正确回参考点，而且每次定位不管自动还是手动都相差几个角度数，有时 10°、有时 20°，但是工作台如果分别正转 30°、60°、90°，再相应地反转 30°、60°、90°时，定位都准确。出现定位错误时，CRT 出现 CNC 228 报警显示。

查询 228 报警内容：M19 选择无效，即 M19 定位程序在运行时没有完成，当时认为是 M19 定位程序和有关的 CNC MD 有错，但检查程序和数据正常，经分析有可能是下面几种原因引起工作台定位错误。

1）同步带损坏，导致工作台实际转数与检测到的数值不符。

2）编码器联轴器损坏。

3）测量电路不良导致定位错误。

（2）故障解决措施 根据以上原因，对同步带和编码器联轴器进行检查，发现一切正常，排除上述原因后，又判断极有可能是测量电路不良引起的故障。该机床由 RAC 2：2—200 驱动模块、驱动交流伺服电动机构成 S1 轴，由 6Fx1 121—4BA 测量模块与一个 1024 脉冲的光电脉冲编码器组成 CNC 测量电路。在工作台定位出现故障时，检查工作台定位 PLC 图，PLC 输入板 4A1—C8 上的输入点 E9.3、E9.4、E9.5、E9.6、E9.7 是工作台在旋转连接定位的相关点，输出板 4A1—C5 上的 A2.2、A2.3、A2.4、A2.5、A2.6 是相应的输出点。检查这几个点，工作状态正常，从 PLC 图上无法判断故障原因，于是检查测量电路模块 6Fx1，121—4BA 无报警显示，正常。

在工作台定位的过程中，用示波器测量编码器的反馈信号，测出其 A、B 相脉冲信号波形如图 7-15a 所示，而正常的波形如图 7-15b 所示。

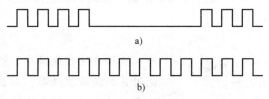

a)

b)

图 7-15 用示波器测量编码器的反馈信号
a）故障信号 b）正常信号

由此可判定编码器出现故障，拆下编码器，拆开其外壳，发现光电盘与底下的光源距离太近，旋转时产生摩擦，光电盘里圈不透光部分被摩擦划了一个透光圆环，导致产生不良信号。当初的报警没有显示测量电路故障，是因为编码器光电盘还没有完全损坏，是一个随机性故障，CNC 无法真实地显示真正的报警内容，因此数控系统的报警并不能完全地说明故障原因。

经过更换新的编码器，故障问题得以解决。

2. 脉冲编码器 A 相信号错误导致轴运动产生振动

机床名称：FANUC 6ME 系统双面加工中心。

（1）故障现象 X 轴在运动过程中产生振动，并且在 CRT 上出现 CNC416 报警。

（2）故障分析　根据故障现象分析，引起故障的原因可能有以下几种。

1）速度控制单元出现故障。

2）位置检测电路不良。

3）脉冲编码器反馈电缆线的连接不良。

4）脉冲编码器不良。

5）机床数据是否正确。

6）伺服电动机及测速机故障。

（3）故障解决　针对上述分析出的原因，对速度控制单元、主电路板、脉冲编码器反馈电缆的连接和连线进行检查，发现一切正常，机床数据正常，然后将电动机与机械部分脱开，用手转动电动机，观察713号诊断状态，713诊断内容如下：

DGN	7	6	5	4	3	2	1	0
713	WBALY	PCY	FBBY	FBAY	WBALX	PCX	FBBX	FBAX

其中：713.3 为 X 轴脉冲编码器反馈信号，如果断线，此位为1。

713.2 为 X 轴编码器反馈一转信号。

713.1 为 X 轴脉冲编码器 B 相反馈信号。

713.0 为 X 轴脉冲编码器 A 相反馈信号。

713.2、713.1、713.0 正常时，电动机转动应为"0"、"1"不断变化，在转动电动机时，发现713.0信号只为"0"不变"1"，再用示波器检测脉冲编码器的 A 相、B 相和一转信号，发现 A 相信号不正常，因此通过上述检查可判定 X 轴脉冲编码器不良，经更换新编码器，故障解决。

3. 光栅尺受污染导致故障

机床名称：MAMC330/TWIN 立式加工中心。

（1）故障现象

1）工作中发现 Z 轴回原点时机床停止的实际位置不对，经检查实际位置下沉了将近10mm，没有任何报警。

2）Y 轴失控，有多次定位不准故障，没有报警。

（2）故障分析及解决　经检查及比较 EXE 没有问题，读数头如有问题很可能要有报警。初步判定问题出在尺上，光栅可能受到污染，形成盲点而造成故障，特别是 Z 轴原点位置下沉了近10mm，与丝杠的导程10mm相同，说明是基准点的信号差了一个螺距。

该光栅尺是德国海德汉公司的 LS406，Z 轴约 500mm，Y 轴约 700mm。机床的结构非常紧凑，光栅尺安装的部位也很紧张，现场无法进行检修工作，只得将尺拆下来进行检修。

按如下步骤进行检修。

1）将机床相关部位停在合适的地方。

2）拔下相连接的电缆插件。

3）对尺身的安装情况、读数头的安装情况划线做好标记。

4）将固定读数头的塑料卡（红色的）卡好。

5）拆下压缩空气的气管接头，再拆下所有的尺身及读数头的安装螺钉，这样尺就可以拿下来了。尺拿下来后先打开两端的端盖，轻轻地抽出读数头，清理干净原来的粘接封堵胶，拉出两条唇封胶条，可以看到标尺的情况，下一步可以进行清擦。

6）先用装有无水酒精或丙酮的医用针管对标尺进行单方向多次冲洗，后用长镊子卷小块丝绸蘸少量酒精轴向擦拭尺表面，只能一个方向，切忌来回擦（可以用镜头纸，擦一下换一块）。对于读数头不可用针管冲，如误将酒精冲进光源及指示光栅内部就麻烦了，只能轻擦表面，特别是硅光电池表面。

7）将经过清擦的工作尺重新装好，再装回到机床上。注意尺身和机床移动两个方向的平行度，装好读数头后再拿下其固定的塑料卡子（这样才能保证规定的读数头与尺身的间隙）。

（3）光栅尺的测试　如果光栅尺的故障经过上述的清擦工作仍未排除，或者出现系统检测信号、反馈信号断开等报警现象，有必要对光栅尺进行一下检测，测试过程如下：

1）将光栅尺读数头的电缆插头拿下，使读数头可以用手推动（或由机床带动）。

2）按尺的型号，对照有关手册查出对应的端子标号（例如 LS106，LS406 等），另备 DC 5V 电源从 3、4 端子接上 5V 稳压电源，注意电源极性务必正确。

3）用双通道示波器将两个探头分别接 1、2 端和 5、6 端，然后慢慢匀速地推动读数头，正常情况下应该看到两组相差 90°的近似正弦的波形，反向移动扫描头，则波形相同但相位差为 -90°，如果全程中有不对的地方，则尺的相应部位有问题。

（4）注意事项

1）一般现场维修的仪器不是专用的，很难从波形来判别信号的合格与否，只能用与好尺进行比较的办法。如果观测的波形与说明书的数据不符，或根本看不到任何波形，很可能是读数头损坏，这时修复比较困难，只好更换。

2）对于基准点的波形通常是看不到的，因为这是单个的脉动信号，幅度也小，稍纵即逝，只有用慢扫描、长余辉的示波器，其探头接到 7、8 端子上，才有可能看得到。对于 LS107、LS176 等尺的尺壳外面每段 50mm 长的叉板，其中有一条是黑色的，它的两端有磁铁对应读数头上的干簧继电器，也对应标尺上每 50mm 段的基准标线，这样读数头移动到带有磁铁的黑色叉板处时读数头上干簧管接通，打开了"基准信号闭锁电路"，基准信号才可以输出。在检修光栅尺时，要注意记下黑色叉板的位置，不要弄错。

（5）小结　机床加工时必须使用高压力的切削液，而光栅尺要通过压缩空气以使尺体内保持正压，防止水雾进入。但压缩空气的质量必须保证清洁干燥，才能达到保护光栅尺的目的，否则适得其反。上例的清擦中明显看见擦拭出的铁锈色的物质，后来对压缩空气的管道进行增加过滤装置改进，才较彻底地解决了压缩空气对尺的污染问题。

4. 闭环电路检测信号线折断，导致控制轴运行故障

机床名称：卧式加工中心 SIEMENS 8 系统。

（1）故障现象　一次正在工作过程中，机床突然停止运行，CRT 出现 CNC 报警 104，关断电源重新起动，报警消除，机床恢复正常，然而工作不久，又出现上述故障，如此反复。

（2）故障分析及解决。该机床的 X、Y、Z 三轴采用光栅尺对机床位移进行位置检测。

查询 CNC 104 报警提示：X 轴测量闭环电缆折断短路，信号丢失，不正确的门槛信号，不正确的频率信号。

根据故障现象和报警，首先检查读数头和光栅尺，光栅尺密封良好，里面洁净，读数头和光栅尺没有受到污染，并且读数头和光栅尺正常，随后检查差动放大器和测量线路板，经检查未发现不良现象。经过这些工作后，再把重点放在反馈电缆上，测量反馈端子，发现 13 号线电压不稳，停电后测量 13 号线，发现其电阻值较大，经仔细检查，发现此线在 X 向随导轨运动的一段有一处将要折断，似接非接，造成反馈信号不稳，偏离其实际值，导致电动机失步，经过对断线重新接线，起动机床，故障消除。

5. 脉冲编码器光电盘损伤导致加工件加工尺寸误差

机床名称：CK6140 数控车床，CNC 862 控制系统。

（1）故障现象　X 向切削零件时尺寸出现误差，达到 0.30mm/250mm，CRT 无报警显示。

（2）故障解决　本机床的 X、Z 轴为伺服单元控制直流伺服电动机驱动，用光电脉冲编码器作为位置检测，据分析造成加工尺寸误差的原因一般有以下几种。

1）X 向滚珠丝杠与螺母副存在比较大的间隙或电动机与丝杠相连接的轴承受损，导致实际行程与检测到的尺寸出现误差。

2）测量电路不良。

根据上述分析，经检查发现丝杠与螺母间隙正常，轴承也无不良现象，测量电路的电缆连线和接头良好，最后用示波器检查编码器的检测信号发现波形不正常，于是拆下编码器，打开其外壳，看到光电盘不透光部分不知什么原因出现三个透明点，致使检测信号出现误差，更换编码器，问题解决。

因为 CNC 862 系统的自诊断功能不是特别强，因此在出现这样的故障时，机床不停机，也无 CNC 报警显示。

6. 数控车床在加工螺纹时出现乱牙故障

机床名称：数控车床。

（1）故障现象与分析　主轴变频控制的数控车床使用外置光电编码器配合机床进行螺纹加工。螺纹加工时，乱牙的主要原因多半是光电编码器与 CNC 装置的连接线接触不良、光电编码器损坏、光电编码器与弹性联轴器的连接松动或其他因素。拆卸光电编码器进行检查是比较麻烦的，要涉及机床外罩和主轴附近的机械部件，因此可先从电气和信号连接线等方面进行检查。

（2）故障解决　检查光电编码器与 CNC 装置之间的连接线和 5V 电源是正常的，在主轴通电旋转后用虚拟示波器测量光电编码器的 A 相或 B 相辨向输出端，发现有大量干扰波形信号。该波形信号无法表明光电编码器有没有正常的辨向脉冲输出，也无法诊断光电编码器是否损坏或者弹性联轴器是否松动。关掉主轴变频器，通过手动盘旋主轴，再用示波器测量光电编码器的辨向脉冲信号，发现光电编码器的辨向信号是正常的。所以确定引起螺纹加工出现乱牙的原因是电气干扰，主轴调速所使用的变频器是干扰源。

在光电编码器的辨向脉冲端、零标志脉冲端和 5V 电源端对信号零线之间并接滤波电容器后，解决了螺纹乱牙问题。

7. 坐标轴回不到参考点故障

机床名称：车削中心，SINUMERIK 840C 数控系统。

（1）故障现象　开机后 X 坐标轴回不到参考点，X 坐标轴在回零过程中有减速但不停，直至压上硬限位。坐标值突变、显示值很大，同时显示"X AXIS SW LIMIT SWITCH MI-

NUS"报警。

（2）故障解决 检查机床参数设置无误，电缆连接可靠。机床在手动方式下能动作和定位，坐标值显示正常。机床所使用的德国海德汉公司光栅尺采用的回零方式与其他产品有所不同，它是将参考标记按距离来编码的，在光栅尺刻线旁增加了一个刻道，通过两个相邻参考标记来确定基准位置。为了检查是否是该部分的问题，将防护拆下检查，发现零标志被油污遮盖，导致没有零标志位脉冲信号输出。进行清洁维护后，故障消除。

8. 旋转轴回基准点时故障

机床名称：CBFK－90/1卧式加工中心配用SIEMENS的6RB2060直流脉宽调速系统。

（1）故障现象 旋转轴（A轴）在回基准点时CRT显示90#报警。

（2）故障解决 查手册知道90#报警是CNC系统没有接收到基准信号，重点检查了电缆线和接头，没有发现问题。故障可能出在圆光栅或EXE601脉冲整形放大器。修改12#参数，将栅格回零方式改为磁开关回零方式，这时A坐标轴回基准时90#报警消失，然而基准点的位置有较大偏差，机床加工精度变差。再将A坐标轴的EXE601脉冲整形放大器换到Z坐标轴，Z坐标轴在回基准点时同样出现90#报警。因此可以判定A坐标轴的EXE601脉冲整形放大器损坏，更换放大器并把12#参数还原，故障排除。

思考与练习

1. 光电盘为什么不能划伤？
2. 如何测试光栅尺？
3. 用示波器测试基准点的波形为什么通常看不到？
4. 数控系统的故障中，检测元件的故障比例是否较高？

单元练习题

1. 检测系统的主要作用是什么？
2. 位置检测传感器有哪几种？
3. 位置检测元件的精度如何表示？
4. 光栅受到污染有何危害？怎样解决？
5. 检测元件的A相、B相和一转信号各起什么作用？
6. 光电编码器原理与光栅原理有何区别？
7. 对检测元件的使用要求有哪些？
8. 位置检测系统的故障表现在机床上有哪些？
9. 坐标轴回不到参考点故障与检测元件有哪些联系？
10. 数控车床加工螺纹时出现乱牙故障与编码器有何关系？

单元8 可编程序控制器控制系统的维修

学习目标

1. 了解可编程序控制器系统维修的意义。
2. 理解可编程序控制器对辅助动作进行顺序控制的含义。
3. 掌握用梯形图诊断故障的概念。
4. 掌握可编程序控制器的故障表现形式。
5. 掌握可编程序控制器故障诊断与维修方法的应用。

内容提要

可编程序控制器是处于数控装置和"机床侧"之间的桥梁，这里的"机床侧"包括机床机械本体，气动、液压、冷却、润滑和排屑器等辅助装置，以及机床操作面板、机床电器、驱动系统等装置。

本单元的主要内容是PLC及周边电路的维修，涉及自动控制、电工、电子等技术知识。

8.1 可编程序控制器系统概述

数控机床的控制分为两大部分：一部分是坐标轴运动的位置控制，另一部分是数控机床加工过程的顺序控制，如主轴的起动、停止和转速的变化，刀库按程序的要求实现换刀，液压、润滑、冷却、排屑装置的起停，工件的装夹，行程极限保护、过载保护等一系列开关量控制。由于机床上控制对象很多，各种运动或动作相互之间有很多互锁关系或严格的逻辑关系。早年的机床采用继电器逻辑控制电路控制，电路庞杂，可靠性很低，现在这些辅助动作控制由可编程序控制器（PLC）来完成，不仅简化了电路结构，而且增强了控制功能，还提高了可靠性。

8.1.1 可编程序控制器的应用形式

为叙述PLC、CNC和机床各机械部件、机床辅助装置、强电线路之间的关系，常把数控机床分为"CNC侧"和"MT侧"（机床侧）两大部分。"CNC侧"包括CNC系统的硬件和软件以及与CNC系统连接的外围设备。"MT侧"包括机床机械部分及其液压、气压、冷却、润滑、排屑等辅助装置，机床操作面板，继电器线路，机床强电线路等。PLC 处于 CNC 侧和 MT 侧之间，对 CNC 侧和 MT 侧的输入、输出信号进行处理。

MT 侧顺序控制的最终对象随数控机床的类型、结构、辅助装置等的不同而有很大差别。机床机构越复杂，辅助装置越多，最终受控对象也越多。目前，最终受控对象的数量和顺序控制程序的复杂程度从低到高依次为 CNC 车床、CNC 铣床、加工中心、FMC 和 FMS。

1. 数控机床中的 PLC 有 3 种配置方式

1）PLC 在机床侧。它代替了传统的继电器 – 接触器逻辑控制，PLC 有（$m + n$）个输入/输出（I/O），如图 8-1 所示。

2）PLC 在电气控制柜中。PLC 有 m 个输入/输出（I/O），如图 8-2 所示。

3）PLC 在电气控制柜中，而输入/输出接口在机床侧，如图 8-3 所示。这种配置方式使 CNC 与机床接口的电缆大为减少。

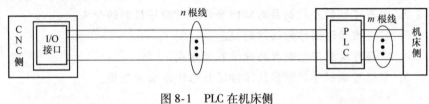

图 8-1　PLC 在机床侧

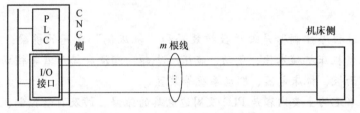

图 8-2　PLC 在电气控制柜中

图 8-3　PLC 在电气控制柜中，I/O 接口在机床侧

2. CNC 侧和机床侧之间信号的处理

（1）CNC 侧到机床侧的 PLC 信号　CNC 数据经 PLC 处理后通过接口送至机床侧，其信号有 S、T、M 等功能代码。

1）S 功能处理。主轴转速可以用 S2 位代码或 4 位代码直接指定。在 PLC 中，可用 4 位代码直接指定转速，如某数控机床主轴的最高、最低转速分别为 3150r/min 和 20r/min，CNC 送出 S4 位代码至 PLC，将二 – 十进制数转换为二进制数后送到限位器。当 S 代码大于 3150 时，限制 S 为 3150，当 S 代码小于 20 时，限制 S 为 20。此数值送到 D – A 转换器，转换成 20 ~ 3150r/min 相对应的输出电压，作为转速指令控制主轴的转速。

2）T 功能处理。数控机床通过 PLC 可管理刀库，进行自动刀具交换。处理的信息包括选刀方式、刀具累计使用次数、刀具剩余寿命和刀具刃磨次数等。

3）M 功能处理。M 功能是辅助功能，根据不同的 M 代码，可控制主轴的正、反转和停止，主轴齿轮箱变速的换挡，主轴准停，切削液的开与关，卡盘的夹紧、松开及换刀机械手的取刀、归刀等动作。

PLC 向机床侧传递的信息主要是控制机床的执行元件，如电磁阀、继电器、接触器以及确保机床各运动部件状态的信号和故障指示等。

（2）机床侧到 CNC 侧的 PLC 信号　从机床侧输入的开关量经 PLC 逻辑处理传送到 CNC 装置中。机床侧传递给 PLC 的信息主要是机床操作面板上各开关、按钮等信息，包括机床的起动、停止，工作方式选择，倍率选择，主轴的正、反转和停止，切削液的开、关，卡盘的夹紧、松开，各坐标轴的点动，换刀及行程限位等开关信号。

3. 数控机床 PLC 的类型

数控机床使用的 PLC 有两种形式：一种称为内装型 PLC；另一种称为独立型 PLC。

（1）内装型 PLC　内装型 PLC 从属于 CNC 装置，PLC 与 CNC 间的信号传送在 CNC 装置内部即可实现。PLC 与 MT（机床侧）则通过 CNC 输入/输出电路实现信号传送，如图8-4所示。

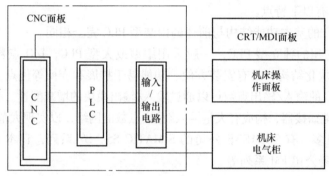

图 8-4　内装型 PLC 的 CNC 系统

内装型 PLC 具有以下特点。

1）内装型 PLC 实际上是 CNC 装置带有的 PLC 功能，作为一种基本的功能提供给用户。

2）内装型 PLC 的性能指标（如：输入/输出点数、程序最大步数、每步执行时间、程序扫描时间、功能指令数目等）是根据所从属的 CNC 系统的规格、性能、适用机床的类型等确定的，其硬件和软件部分是被作为 CNC 系统的基本功能或附加功能与 CNC 系统一起统一设计制造的。因此系统硬件和软件整体结构十分紧凑，PLC 所具有的功能针对性强，技术指标较合理、实用，较适用于单台数控机床及加工中心等场合。

3）在系统的结构上，内装型 PLC 可与 CNC 共用 CPU，也可单独用一个 CPU；内装型 PLC 一般单独制成一块附加板，插装到 CNC 主板插座上，不单独配备 I/O 接口，而使用 CNC 系统本身的 I/O 接口；PLC 控制部分及部分外电路所用电源由 CNC 装置提供，不另备电源。

4）内装型 PLC 结构可与 CNC 系统共有某些高级功能，如梯形图编辑和数据传送功能等。

目前国内外著名的 CNC 厂家在其生产的 CNC 系统中，大多开发了内装型 PLC 功能。常见的有 FANUC 公司的 FS－0（PMC－L/M）、FS－0 Mate（PMC－L/M）、FS 10/11（PMC－1）、FS－15（PMC－N）；SIEMENS 公司的 SINUMERIK 810/820；A－B 公司的 8200、8400、

8500 等。

（2）独立型 PLC　独立型 PLC 是输入/输出点数、接口技术规范、程序存储容量以及运算和控制功能等能满足数控机床控制要求的通用 PLC。独立型 PLC 具有完备的硬件和软件功能，能够独立完成规定的控制任务。独立型 PLC 的 CNC 系统如图 8-5 所示。

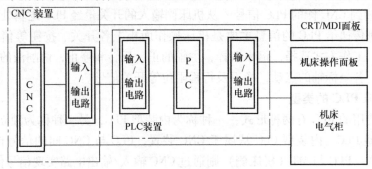

图 8-5　独立型 PLC 的 CNC 系统

独立型 PLC 具有以下特点。

1）独立型 PLC 的基本功能结构与前述的内装型 PLC 完全相同。

2）数控机床应用的独立型 PLC，一般采用中型或大型 PLC，I/O 点数一般在 200 点以上，所以多采用模块化结构，具有安装方便、功能易于扩展和变换等优点。

3）独立型 PLC 的输入/输出点数可以通过输入/输出模块的增减配置。有的独立型 PLC 还可通过多个远程终端插接器，构成有大量输入/输出点数的网络，以实现大范围的集中控制。

独立型 PLC 很多，有 SIEMENS 公司的 SIMATIC S5、S7 系列，日本立石公司 OMROM SYSMAC 系列，三菱公司 FM 系列等。

4. PLC 硬件构成

PLC 硬件构成如图 8-6 所示。它主要由中央处理单元（CPU）、存储器、输入/输出模块以及供电电源组成，各部分通过总线连接起来。由于 PLC 实现的任务主要是动作速度要求不特别快的顺序控制，因此不需使用高速微处理器。

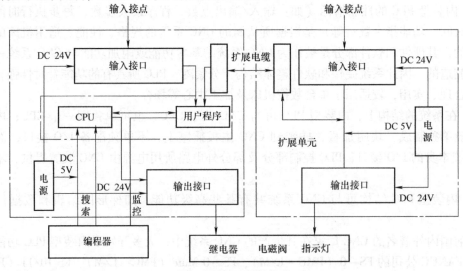

图 8-6　PLC 硬件构成

PLC 的 CPU 与微型计算机的 CPU 一样，是 PLC 的核心。它按 PLC 中系统程序赋予的功能，接受并储存从编程器输入的用户程序和数据，用扫描方式查询现场输入装置的各种信号状态和数据，并存入输入过程状态寄存器或数据寄存器中，在诊断了电源及 PLC 内部电路工作状态和编程过程中的语法无错误后，PLC 进入运行。从存储器中逐条读取用户程序，经过命令解释后，按指令规定的任务产生相应的控制信号，去启闭有关的控制电路，分时、分通道地去执行数据的存取、传送、组合、比较和变换等功能，完成用户程序中规定的逻辑或算术运算等任务。在控制单元内还可设有标志、计时、计数等组件地址，它们直接与运算器交换数据信息，根据运算结果更新有关标志位的状态和输出状态寄存器的内容，再由输出状态寄存器的位状态和数据寄存器的有关内容实现输出控制、数据通信等功能。

内装型 PLC 的 CPU 有两种用法：一种是 PLC 装置与数控装置共用一个 CPU，相对价格低，但其功能受到一定限制；另一种是专用的 CPU，控制处理速度快，并能增加控制功能。为了进一步提高 PLC 的功能，近年来采用多 CPU 控制，如一个 CPU 分管逻辑运算与专用的功能指令，另一个 CPU 管理输入/输出模块，甚至还采用单独的 CPU 进行故障处理和诊断，增加 PLC 的工作速度及功能。

PLC 的存储器一般有随机存储器（RAM）和只读存储器（EPROM）两种类型。随机存储器（RAM）用于存放 PLC 的号数设定值、定时器/计数器设定值数据、保持存储器的数据以及必须保存的输入/输出状态，也可用于存放用户程序。RAM 中的数据由电池供电保持。只读存储器（EPROM）用于存储 PLC 的系统程序，也可以固化编好调试后的用户程序。

5. 输入/输出模块

PLC 的输入/输出模块是 PLC 与数控装置的输入/输出接口和其他外部设备连接的部件。PLC 的输入/输出模块可以直接连到执行元件上，它将外部过程信号转换成控制器内部的信号电平，或将内部信号电平与外部执行机构所需电平相匹配。

根据所控对象不同，PLC 接收的输入信号电压和控制的输出信号电压也各异，有直流 24V、交流 110V 或 220V 等。因此，PLC 提供了各种操作电平、驱动能力以及各种功能的输入/输出模块供用户选用，如输入/输出电平转换、串/并行转换、数据传送、数据转换、A - D 转换、D - A 转换以及其他的功能控制模块。

在输入/输出模块中，采用了光电隔离、消抖动回路、多级滤波器等措施，并与外界绝缘，以提高抗噪声和抗干扰性能。

输入/输出模块都配有 LED 指示运行状态。当一台 PLC 输入/输出点数不能满足需要时，还可以扩展。

6. 编程器与编程

编程器是 PLC 的主要辅件。编程器用于用户程序的编制、调试、监视、修改和编辑，并最后将程序固化在 EPROM 中。

编程器分简易型和智能型，前者通过一个专用接口与 PLC 连接，只能在线编程。程序以软件模块的形式输入，各程序段先在编程器的 RAM 区存放，然后转送到 PLC 的存储器中，或者经调试通过后，将程序固化到 EPROM 中。智能型编程器既可在线编程，又可离线编程，还可以远离 PLC 插到现场工作站的相应接口进行编程。智能型编程器有许多不同的应用程序软件包，功能齐全，适用的编程语言和方法也较多。

微型计算机安装相应的应用程序软件包后，通过接口与 PLC 连接，也可以作为智能型编程器使用。如 SIEMENS 的 PLC 可以通过 USB 接口进行数据发送和接收。机外编程的操作系统有 S5 – DOS、S5 – DOS/SIMATIC、STEP7 编程软件包。

对于内装式 PLC 的编程，FANUC 系统可用 PE 或 PG 编程器装置和 FAPTLAD 编程语言进行编程。MITSUBISHI 公司 MELDAS50 系列数控系统，可以通过 MDI/CRT 进行梯形图跟踪及 PLC 梯形图设计，编程方法与 MITSUBISHI 公司 FX 系列 PLC 相同。

8.1.2 梯形图与用梯形图诊断故障

1. 梯形图的编制

FANUC 数控系统使用的是内装式可编程机床控制器（PMC）。由图 8-7 可见，梯形图编制的是强电柜控制信号的执行顺序及互锁，这些信号有 X、Y、G 和 F。

X 是机床到 PMC 的输入信号，是机床操作板上使机床运行的按钮、开关，如自动加工起动、暂停、急停等信号；Y 是 PMC 到机床的输出信号，是指令机床的电控元件动作的继电器、电磁阀，如使主轴正转、反转、停止、切削液打开或关闭等信号。G 是从 PMC 到 CNC 的信号，是机床操作者要求 CNC 执行什么动作，如要求 CNC 处于自动加工、编辑、MDI、进给暂停等状态。F 是 CNC 到 PMC 的信号，是 CNC 处理操作者编辑的加工程序后指令机床实现的动作，是 Y 信号的指令，如 M 代码或 T 代码的译码信号，指令主轴正反转、切削液的开关或刀具交换等。还有一些 F 信号是 CNC 对 PMC 输入的 G 信号的响应，表明 CNC 所处的状态，如处于进给、进给暂停、报警状态等。

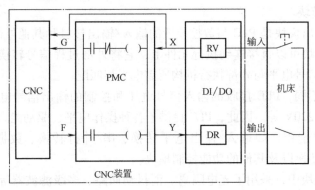

图 8-7　梯形图信号传送

G 信号和 F 信号是 CNC 系统根据机床的实际操作事先设计好的，信号地址已在 PMC 中确定（见随机 PMC 信号表）。

2. 用梯形图诊断故障

用梯形图诊断故障就是根据操作者施行的机床操作或 CNC 执行的加工程序指令检查 PMC 的输入/输出信号状态，由此判断接线或强电柜的继电器、电磁阀、开关及按钮等的故障。

在梯形图上，如果某一信号动作（置 1），图中相应地址的图标显得非常明亮。一个网格动作时，该网格就非常明亮。假如实际操作按下某一按钮时，发现梯形图中该信号的图标不明亮，则应检查该信号的接线及按钮本身，或检查有关信号的顺序，即可找出故障的所在。至于 G 和 F 信号，由于其地址和功能是 CNC 内部已经确定好的，所以无需怀疑其动作的正与误。

如图 8-8 所示，图中 Rxxxx. x 是 PMC 内的存储单元，称为内部继电器，由 PMC 写 1 或置 0。若手动按下主轴正转按钮 X1.3，则 M03（R1.3）=1，主轴正向转动。若按下 X1.3 时主轴并未正转，则应检查 R1.3 是否为 1，为 1 时图中的 R1.3 图标显得比较亮。若不是，则需检查接线是否断，否则应更换按钮。图中的其他部分：DEC 是 BCD 数据的译码指令，M03、M04、M05、REST 均为梯形图内部处理的点。

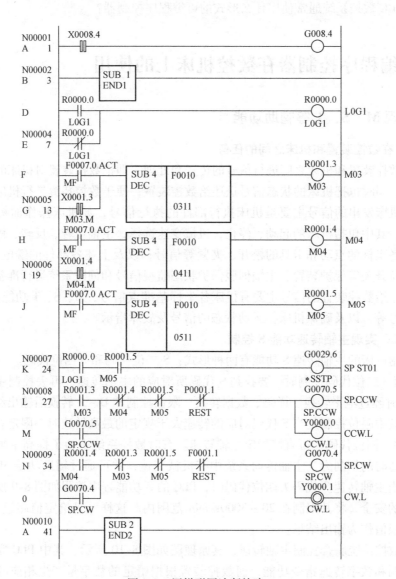

图 8-8　用梯形图诊断故障

梯形图程序逻辑是在机床出厂前调试好的，所以维修时先不要怀疑其正误。也就是说，现场维修主要根据梯形图检查机床的开关、按钮、电磁阀、继电器等硬件以及接线。用梯形图诊断机床故障非常明晰、简单，是维修中最常用的方法。当然，使用梯形图的前提是必须熟悉梯形图指令，如 X、Y、G、F 的意义及地址号。

1. 数控系统不仅控制各进给轴运动，还要进行什么控制？
2. 数控机床使用的 PLC 有哪两种？
3. 通用的 PLC 主要由哪些部分组成？
4. FANUC 数控系统通常使用什么形式的可编程序控制器？

8.2　可编程序控制器在数控机床上的使用

8.2.1　实现 M、S、T 等辅助功能

1. PLC 在数控装置和机床之间的任务

PLC 在数控装置和机床之间进行信号的传送和处理，即把数控装置对机床的控制，通过 PLC 去控制，同时也把机床的状态信号送还给数控装置，便于数控装置进行机床自动控制。

PLC 向机床发出的信号主要是机床执行部件的执行信号，如机床操作面板上的各个开关、按钮等，其中包括机床的起动、停止，机械变速选择，主轴正转、反转、停止，切削液的开、关，各坐标的点动和卡具的松开、夹紧等信号；以及上述各部件的继电器、接触器、电磁阀、限位开关等保护装置、主轴伺服保护状态监视信号和伺服系统运行准备信号。

PLC 送还给数控装置的信号主要有机床各坐标基准点信号，M、S、T 功能的应答信号，报警标志信号等，以及确保机床各运动状态的信号及故障指示。

2. 由 PLC 实现主轴转速功能 S 控制

PLC 控制机床的主轴转速 S 功能有两种形式：S 二位代码和 S 四位代码。

1）如用 S 二位代码控制时，要找到 S 代码所对应的主轴转速，再去控制主轴转速。通过 PLC 处理时经过电平转换、译码、数据转换、限位控制和 D – A 转换后输出给主轴电动机伺服系统。其中限位控制是当 S 代码对应的转速大于规定的最高转速时，限定在最高转速。

2）如用 S 四位代码，可直接指定主轴转速。有时数控系统中为了提高主轴转速的稳定性，保证低速时的切削力，主轴传动系统中有机械变速，并可通过辅助功能 M 代码来进行换挡选择。当主轴转速 S 代码为四位代码时，PLC 的 S 功能程序流程如图 8-9 所示。在图中为保证速度的安全，将其限制在 20 ~ 3000r/min 范围内。这样一旦给定值超过上下界限时，则取相应界限值作为输出结果。

PLC 与数控系统联合控制主轴转速，其原理图如图 8-10 所示。其中 PLC 完成传动单元变速逻辑控制和数字转速指令功能，而数控装置根据给定的数字量产生相应的模拟电压信号，用于主轴驱动回路的控制。

3. 由 PLC 实现刀具功能 T 控制

刀具功能 T 由 PLC 实现控制，这给数控机床的自动换刀的管理带来了很大的方便。

如刀具编码 T 功能的刀具找刀处理过程是，数控装置送出 T 代码指令给 PLC，PLC 经过译码，在数据表内检索，找到 T 代码指定的新刀号所在的数据表的表地址，并与现行刀号进行判别比较。如不符合，则将刀库回转指令发送给刀库控制系统，直到刀库定位到新刀号位

置时，刀库停止回转，并准备换刀。

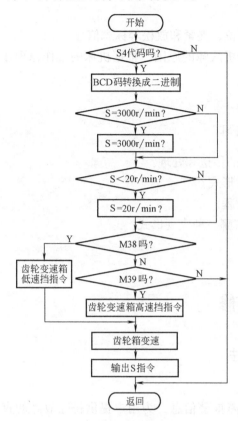

图 8-9　S 功能程序流程　　　　　　　　图 8-10　联合控制主轴转速原理图

4. 由 PLC 实现辅助功能 M 控制

PLC 完成 M 功能是广泛的，根据不同的 M 代码，可控制主轴的正反转及停止，主轴齿轮箱的变速，切削液的开、关，及自动换刀装置的机械手取刀、归刀等运动。

8.2.2　可编程序控制器的故障表现

1. 涉及 PLC 方面的三种故障表现形式

数控机床的 PLC 自身故障率很低，而有关 PLC 方面的故障多数出在输入/输出电路，当数控机床的故障涉及 PLC 方面时，一般有三种表现形式。

1）CNC 能够显示故障报警，故障原因准确。

2）虽然有 CNC 故障显示，但不是反映故障的真正原因。

3）CNC 及 PLC 都没有任何提示。

对于后两种情况，要根据 PLC 的梯形图和输入/输出状态信息来分析和判断故障的原因，这种方法是解决数控机床外围故障的基本方法。

2. 诊断 PLC 方面故障的要点

1）要了解数控机床各部分检测开关的安装位置，如加工中心的刀库和机械手、回转工作台；数控车床的旋转刀架和尾座；机床的气、液压系统中的限位开关、接近开关和压力开关等，要清楚检测开关作为 PLC 输入信号的标志。

2）要了解执行机构的动作顺序，如液压缸、气缸的电磁换向阀等，要清楚对应的 PLC 输出信号标志。

3）要了解各种过程标志，如起动、停止、限位、夹紧和放松等标志信号。

4）可借助编程器跟踪梯形图的动态变化，分析故障的原因，根据机床的工作原理作出正确的诊断。

思考与练习

1. PLC 在数控装置和机床之间进行哪些信号的传送和处理？

2. PLC 控制机床的主轴转速 S 功能有哪两种形式？

3. 简述刀具编码的刀具找刀的 T 功能处理过程。

4. 数控机床的故障涉及 PLC 方面时，一般有哪三种表现形式？

5. 诊断 PLC 方面故障的要点是什么？

8.3 可编程序控制器方面故障维修

8.3.1 可编程序控制器方面故障诊断的方法

1. 根据 PLC 报警号和梯形图跟踪诊断故障

数控系统的 PLC 在设计程序时，设计一些故障报警信息，为用户提供排除故障的直接信息。

对 FANUC 系统可以直接利用 CNC 系统上的 DGNOS PAPRM 功能跟踪梯形图的运行，FANUC10、11、12 和 15 系统也可通过数控系统的 MDI/CRT 直接进行 PLC 编程和梯形图跟踪。

2. 根据动作顺序诊断故障

数控机床上刀库及托盘等装置的自动交换动作，都是按严格的顺序来进行的。因此，观察这些装置的动作过程，比较故障时和正常时的情况，就能发现疑点，判断出故障的原因。

3. 根据控制对象的工作原理诊断故障

数控机床的 PLC 程序是按照控制对象的工作原理设计的，所以可以通过对控制对象工作原理的分析，结合 PLC 的输入/输出状态进行故障诊断。

4. 根据 PLC 的输入/输出状态诊断故障

在数控机床中，输入/输出信号的传递，一般要通过 PLC 的 I/O 接口来实现，因此一些故障会在 PLC 的 I/O 接口通道上反映出来。数控机床的这个特点为故障诊断提供了方便。如果不是数控系统硬件故障，可以不必查看梯形图和有关电路图，而是通过查询 PLC 的 I/O 接口状态，找出故障原因。因此要熟悉控制对象的 PLC 的 I/O 通常状态和故障状态。

5. 通过 PLC 梯形图诊断故障

根据 PLC 的梯形图来分析和诊断故障是解决数控机床外围故障的基本方法。如果采用这种方法诊断机床故障，首先应该查清机床的工作原理、动作顺序和联锁关系，然后利用数控系统的自诊断功能或通过机外编程器，根据 PLC 梯形图查看相关的输入/输出及标志位的状态，以确定故障原因。

6. 动态跟踪梯形图诊断故障

有些 PLC 发生故障时，查看输入/输出及标志状态均为正常，此时必须通过 PLC 动态跟踪，实时跟踪输入/输出及标志状态的瞬间变化，根据 PLC 动作原理作出诊断。

8.3.2 维修案例

1. "刀库换刀位置错误"故障的排除

某台数控加工中心的换刀系统在执行换刀指令时，机械臂停在行程的中间位置上，系统显示报警信号，查机床说明书后知该报警信号表示换刀系统机械臂位置检测开关信号为"0"，即"刀库换刀位置错误"。

诊断：根据报警内容，初步判断故障发生在换刀装置或刀库两部分，由于相应的位置检测开关无信号送至 PLC 的输入接口，从而导致机床中断换刀。造成开关无信号输出的原因有两个：一是由于液压或机械故障的原因造成动作不到位而使开关得不到感应；二是电感式接近开关失效。

首先检测刀库中的接近开关，用一薄铁片去试验接近开关，检测接近开关的输出信号是否有变化，判断刀库的接近开关是否有故障。接着检查换刀装置机械臂中的两个接近开关，一个是臂移出开关 SQ21，另一个是臂缩回开关 SQ22。由于机械臂停在行程中间位置上，因此这两个开关的输出信号均为"0"，同样用上述方法试验两个接近开关均为正常。

检查机械装置，"臂缩回"的动作是由电磁阀 YV21 控制的，手动电磁阀 YV21，将机械缩回至正常位置，机床恢复正常。由于手控电磁阀能使换刀装置回位，从而排除了液压或机械上的阻滞造成换刀系统不到位的可能性。

综合以上分析：PLC 输入信号正常，输出动作执行无误，问题应在 PLC 内部或操作不当。经操作观察，两次换刀时间的间隔小于 PLC 所规定的要求，从而造成 PLC 执行程序错误引起故障。

经调整换刀时间参数，故障得以排除。

对于只有报警号而无报警信息的故障报警，必须检查数据位，确定该数据位所表示的含义，并采取相应的措施。

2. 换刀臂平移时无拔刀动作故障的排除

某立式加工中心换刀臂平移至 C 时，无拔刀动作。图 8-11 所示为自动换刀控制示意图。

诊断：ATC 工作的起始动作状态是，主轴保持要交换的旧刀具，换刀臂在 B 位置，换刀臂在上部位置，刀库已将要交换的新刀具定位。

自动换刀的顺序为：换刀臂左移（$B \rightarrow A$）→换刀臂下降（从刀库拔刀）→换刀臂右移（$A \rightarrow B$）→换刀臂上升→换刀臂右移（$B \rightarrow C$，抓住主轴中的刀具）→主轴液压缸下降（松刀）→换刀臂下降（从主轴拔刀）→换刀臂旋转 180°（两刀具交换位置）→换刀臂上升（抓刀）→换刀臂左移（$C \rightarrow B$）→刀库转动（找出旧刀具位置）→换刀臂左移（$B \rightarrow A$，返回旧刀具给刀库）→换刀臂右移（$A \rightarrow B$）→刀库转动（寻找下一把刀具）。

目前换刀臂平移至 C 位置时，无拔刀动作，引起此故障有以下几种可能。

1）SQ2 无信号，使松刀电磁阀 YV2 未激励，主轴仍处于抓刀状态，换刀臂不能下移。

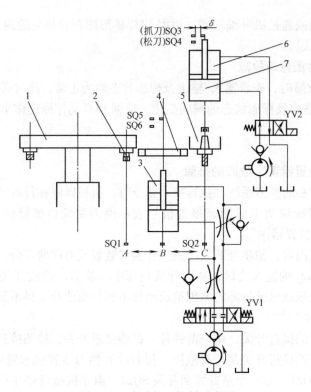

图 8-11　自动换刀控制示意图

1—刀库　2—刀具　3—换刀臂升降液压缸
4—换刀臂　5—主轴　6—主轴液压缸　7—拉杆

2）松刀接近开关 SQ4 无信号，则换刀臂升降电磁阀 YV1 状态不变，换刀臂不能下降。

3）电磁阀有故障，接到控制信号不能动作。

经检查发现确实是 SQ4 未发信号，对 SQ4 进一步检查发现其感应间隙 δ 过大，导致接近开关无信号输出，产生动作障碍。

调整感应间隙 δ，换刀动作恢复正常，故障得以排除。

3. 脚踏尾座开关时产生报警故障的排除

一台配备 FANUC‑0T 系统的某数控车床，当脚踏尾座开关使套筒顶尖顶紧工件时系统产生报警。尾架套筒的 PLC 开关输入如图 8-12 所示。

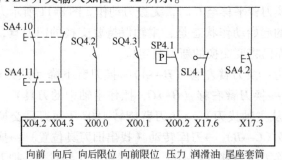

图 8-12　尾架套筒的 PLC 开关输入

诊断：在系统诊断状态下，调出 PLC 输入信号，发现脚踏向前开关输入 X04.2 为 "1"，脚踏尾座转换开关输入 X17.3 为 "1"，润滑油供给正常使液位开关输入 X17.6 为 "1"。调出 PLC 输出信号，当脚踏向前开关时，输出 Y49.0 为 "1"，同时电磁阀 YV4.1 也得电，这说明 PLC 输入/输出状态均正常。

图 8-13 所示为尾座套筒液压系统。当电磁阀 YV4.1 通电后，液压油经减压阀、节流阀和液控单向阀进入尾座套筒液压缸，使其向前顶紧工件，压力继电器常开触点接通。松开脚踏开关后，电磁换向阀处于中间位置，油路停止供油。由于液控单向阀的作用，尾座套筒向前时的油压得到保持，该油压使压力继电器常开触点接通，系统 PLC 输入信号 X00.2 为 "1"。但是检查系统 PLC 输入信号 X00.2 则为 "0"，说明压力继电器有问题。经检查，压力继电器 SP4.1 开关触点损坏，油压信号无法接通，从而造成 PLC 输入信号为 "0"，系统认为尾座套筒未顶紧而产生报警。更换新的压力继电器，调整触点压力，使其在向前脚踏开关动作后接通并保持到压力取消，故障排除。

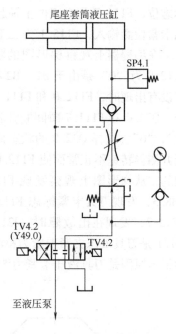

图 8-13　尾座套筒液压系统

4. 分度工作台不分度故障的排除

一台配备 SINUMERIK 810 数控系统的加工中心，出现分度工作台不分度的故障且无报警。

诊断：工作台分度时首先将分度的齿条与齿轮啮合，这个动作是靠液压装置来完成的，由 PLC 输出 Q1.4 控制电磁阀 YV14 来执行，PLC 梯形图如图 8-14 所示。通过数控系统的 DIAGNOSIS 自诊断功能中的 "STATUSPPLC" 软键，实时查看 Q1.4 的状态，发现其状态为 "0"，由 PLC 梯形图查看 F123.0 也为 "0"，按梯形图逐个检查，发现 F105.2 为 "0"，导致 F123.0 也为 "0"，根据梯形图，查看 "STATUSPLC" 中的输入信号，发现 I10.2 为 "0"，从而导致 F105.2 为 "0"。I9.3、I9.4、I10.2 和 I10.3 为 4 个接近开关的检测信号，以检测齿条和齿轮是否啮合。工作台分度时，这 4 个接近开关都应该有信号，即 I9.3、I9.4、I10.2 和 I10.3 应闭合，但 I10.2 未闭合。

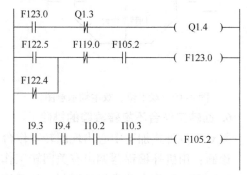

图 8-14　分度工作台 PLC 梯形图

处理方法：检查机械传动部分和机械传动开关是否有故障。

上述方法是在已知 PLC 梯形图的情况下，通过 CNC 自诊断功能中的 PLCSTATUS 来查看输入/输出及标志字，以此来诊断故障。对 SIEMENS 数控系统，也可通过机外编程器实时观察 PLC 的运行情况。

5. 二工位主轴停转故障的排除

一台配备 SINUMERIK 810 数控系统的双工位、双主轴数控机床，如图 8-15 所示。机床

单元 **8**　可编程序控制器控制系统的维修

在 AUTOMATIC 方式下运行，工件在一工位加工完还没有退到位且旋转工作台正要旋转时，二工位主轴停转，自动循环中断，故障报警内容表示二工位主轴速度不正常。

诊断：两个主轴分别有 B1、B2 两个传感器检测转速，通过对主轴传动系统的检查，没有发现问题。用机外编程器观察梯形图的状态，如图 8-16 所示。F112.0 为二工位主轴起动标志位，F111.7 为二工位主轴起动条件，Q32.0 为二工位主轴起动输出，I21.1 为二工位主轴卡紧检测输入，F115.1 为二工位刀具卡紧标志位。

在编程器上观察梯形图的状态，F112.0 和 Q32.0 状态都为 "0"，因此主轴停转，而 F112.0 为 "0" 是由于 B1、B2 检测主轴速度不正常所致。动态观察 Q32.0 的变化，发现故障没有出现时，F112.0 和 F111.7 都闭合，而当故障出现时，F111.7 瞬间断开之后又马上闭合，Q32.0 和 F111.7 瞬间断开其状态变为 "0"，在 F111.7 闭合的同时，F112.0 的状态也变为 "0"，这样 Q32.0 的状态保持为 "0"，主轴停转。B1、B2 由于 Q32.0 随 F111.7 瞬间断开测得转速不正常而使 F112.0 状态变为 "0"，主轴起动的条件 F111.7 受多方面因素的制约，从梯形图上观察发现 F111.6 瞬间变 "0"，引起 F111.7 的变化，向下检查梯形图 FB8.3，发现刀具卡紧标志 F115.1 瞬间变 "0"，促使 F111.6 发生变化，继续跟踪梯形图 FB13.7，发现在出故障时，I21.1 瞬间断开，使 F115.1 瞬间变 "0"，最后使主轴停转。I21.1 是刀具液压夹紧卡紧力检测开关信号，它的断开指示刀具卡紧力不够。由此诊断故障的根本原因是刀具液压卡紧力波动，调整液压使之正常，故障排除。

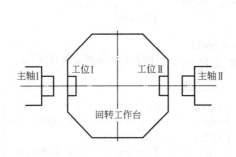

图 8-15　双工位、双主轴示意图　　　　　图 8-16　双工位、双主轴 PLC 梯形图

6. 回转工作台不旋转故障的排除

某双工位卧式加工中心出现回转工作台不旋转的故障。

诊断：用机外编程器调出有关回转工作台的梯形图，如图 8-17 所示。根据回转工作台的工作原理，工作台首先气动浮起，然后旋转，气动电磁阀 YV12 受 PLC 输出 Q1.2 的控制。根据加工工艺的要求，当两个工位的分度头都在起始位置时，回转工作台才能满足旋转的条件，I9.7、I10.6 检测信号反映两个工位的分度头是否在起始位置，正常情况下两者应该同步，F122.3 是分度到位标志位。

从 PLC 的 FB20.10 中观察，由于 F97.0 未闭合，导致 Q1.2 无输出，电磁阀 YV12 不得电。继续观察 FB20.9，发现 F120.6 未闭合导致 F97.0 低电平。向下检查 FB20.7，F120.4 未闭合引起 F120.6 未闭合。继续跟踪 FB20.3，发现 F120.3 未闭合引起 F120.4 未闭合。向下检查 F20.2，由于 F122.3 没满足，导致 F120.3 未闭合，观察 FB21.4，发现 I9.7、I10.6 状态总是相反，故 F122.3 总是 "0"。故障是两个工位分度头不同步引起的。

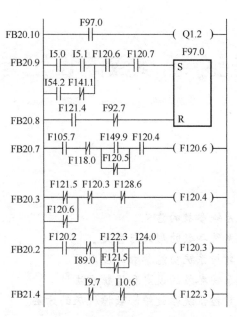

图 8-17　回转工作台 PLC 梯形图

处理方法：检查两个工位分度头的机械装置是否错位；检查检测开关 I9.7、I10.6 是否发生偏移，再调整至同步。

思考与练习

1. 如何用简单方法判断接近开关是否有故障？
2. 换刀装置机械臂是怎样动作的？

单元练习题

1. PLC 的硬件构成特点是什么？
2. 内装型 PLC 与独立型 PLC 有何区别？
3. PLC 在数控机床上使用时如何实现 M、S、T 等辅助功能？
4. PLC 怎样进行编程？
5. 如何运用梯形图诊断故障？
6. PLC 方面故障诊断的方法有哪些？

单元9 数控系统参数的设定与保护

学习目标

1. 了解数控系统参数的意义。
2. 理解数控系统参数的形式与含义。
3. 掌握典型数控系统功能参数的应用。
4. 掌握数控系统参数的设定和保护方法。
5. 掌握利用数控系统参数维修数控机床的方法。

内容提要

数控系统的参数是系统软件的一个重要部分，数控系统只有设定了正确的参数，机床才能按其特定的功能发挥出最佳性能，并保持很高的控制精度。

本单元主要分析系统参数的作用、意义，并介绍参数设定、调整、备份、维护的方法。

9.1 数控系统参数概述

数控系统设计人员在设计数控系统的功能时，考虑到不同机床实际应用的差异很大，专门在一些预留存储器空间放置有关数据，即系统参数。当数控系统与机床联机时，可根据机床的功能要求设定这些参数，也可以根据机床使用者提出的特殊要求来设定，并且数控机床生产厂家现场调试时还能对系统参数进行修改、确定。

在以后的使用中，系统突然断电或电路板损坏、存储器供电电池电压降低、工作人员的误操作等，都有可能导致参数丢失。此外，由于机床较长时间使用造成部分机械传动的磨损、松弛，电气参数的改变等不利因素也会使参数不匹配，导致机床运行异常，因此形成一些特殊的故障。

对于因参数引起的故障，需要进行校对并修正，故障才能排除。

对一些机床误差，可以通过调整参数并检测确认，使机床恢复正常精度。

9.1.1 数控系统参数的意义

对于不同类型的数控系统，其参数的功能和意义是不相同的，主要归纳为两大类。

1. 与数控系统功能有关的参数

这些参数是数控装置制造厂商根据系统功能设计的。其中一部分参数对机床的功能有一定的限制，并有较高级别的密码保护，用户不可轻易修改这些参数，否则某些功能将会丢失。

2. 用户参数

这些参数是供用户在使用机床时自行设置的，可随时根据机床的使用情况进行调整，如设置合理可提高设备的效率和加工精度。用户参数有如下几种。

（1）与机械结构有关的参数　如各坐标轴的反向间隙补偿量；丝杠的螺距补偿参数，包括螺距补偿零点、螺距补偿的间隔距离、每点的补偿值等；主轴的换挡速度、主轴的准停速度；回参考点的坐标值及运动速度；机床行程极限范围；原点位置、位置的测量方式等。这些参数设置不当机床就不能正常工作，甚至使机床精度达不到使用要求。

（2）与伺服系统有关的参数　如到位宽度，坐标轴移动到这一区域，就认为到位；位置误差极限，即机床的各坐标允许的最大位置误差（该值在 FANUC 系统中设定为最快进给时的位置误差的 1.5 倍），超过该值时会产生伺服报警；位置增益，即系统的 KV 值，该参数设定时应使各联动坐标的 KV 值相等；漂移补偿值，伺服系统能自动进行漂移补偿，该参数就是设定的补偿量；快速移动速度，维修时可对该参数进行修改，以限定坐标移动的快慢；切削进给速度的上限，可根据机床实际加工情况，在维修时进行修改；加减速时间常数，此参数设置不当，就会影响伺服系统的过渡特性，因此当更换伺服系统或电动机时，应检查过渡特性，若无其他方法使过渡特性最佳，可尝试将该参数作稍许调整，调整的依据是使速度过渡特性曲线无超调，且过渡时间最短，但要注意该值应在机床机件允许的加速度范围内，如果太大，会使机件损坏。

（3）与外设有关的参数　主要为通信传输的波特率，不同的串行通信方式下，输入/输出外设有不同的波特率。外设与数控装置连接时，应根据外设的波特率值设定数控装置的这一参数，使两者的信息传递速率一致。有时外设接上后不执行数控命令，要先检查接线，若接线无误，其原因可能是波特率不一致。

（4）PLC 参数　主要是设定 PLC 中允许用户修改的定时、计时、计数、刀具号以及开通 PLC 中的一些控制功能。

还有一些如栅格移动量、进给指令限定值等与机床用户有关的参数，在系统设计阶段已经确定。

用户参数在调试机床乃至使用、维修机床时是可以更改的，一旦修改好，应及时锁住。

正常情况下，用户参数应由数控机床专职维修人员负责修改并记录、管理，操作人员一般不要修改。

9.1.2 数控系统参数的形式

数控系统参数保存在数控装置内具有掉电保护功能的存储区域内，可以通过 CRT 显示，以人/机交互的方式设定、调整。参数与系统软件合理配置，数控装置就能在硬件支持的条件下发挥最大功能。数控系统参数的一般形式有如下几种。

1. 位参数

位参数即二进制的"1"或"0"，每位"1"或"0"可表示某个功能的"有"或

"无"，也可表示不同功能形式的转换。尽管这种表示方法简单，但功能性很强，包含的内容相当多。

例如某个数控系统的 12 号参数（8 位）在 CRT 上的显示如下：

012   0000110

在技术手册上注明的名称、符号及说明如下。

	7	6	5	4	3	2	1	0
012	APRS	WSFT	DOFSI	PR69		OFFVY	EBCL	ISOT

APRS 1：返回参考点后坐标系自动设定。

     0：不实现坐标系自动设定。

WSFT 1：工件坐标系平移有效，平移的偏移号为 0 或 100。

     0：工件坐标系平移无效。

DOFSI 1：刀具偏置的直接测量输入有效。

     0：刀具偏置的直接测量输入无效。

PR69 1：宏（子）程序（程序号 >9000）不可显示及编辑。

     0：可显示及编辑。

OFFVY 1：即使在 MRDY 信号输出之前 DRDY 信号为 ON，也不产生驱动报警。

     0：在 MRDY 信号输出之前 DRDY 信号为 ON，产生驱动报警。

EBCL 1：在程序显示时，EOB 代码显示为 ";"。

     0：在程序显示时，EOB 代码显示为 " * "。

ISOT 1：在通电和急停后没有返回参考点，手动快速起作用。

     0：在通电和急停后没有返回参考点，手动快速不起作用。

位参数在系统中可达几十个到上千个，有的系统在 CRT 上有简单注释，而多数没有注释，这就要求必须保存好技术手册，以便对照检查。

2. 数据参数

数据参数多用十进制数值表示，它表示的是某些功能的设定值或规定范围，如某数控系统的 53、54、55 号参数在 CRT 上显示如下：

053   10
054   10
055   50

在技术手册上注明的名称、符号及说明如下。

053	BKLX

054	BKLY

055	BKLZ

BKLX、BKLY、BKLZ 分别为各轴反向间隙补偿量。

设定量　0～2000 单位：0.001MM（MM 输出）；

        0～2000 单位：0.0001 英寸（英寸输出）；

下面都是一些有数据意义的参数，n 代表某一个控制轴，×××代表数值：

n 轴指令倍乘比	×××
n 轴分频系数	×××
主轴换挡时的转速	×××
延迟时间	×××
n 轴快速速率	×××
n 轴直线加减速常数	×××
n 轴间隙补偿量	×××
螺纹指数加减速常数	×××
回零点时低速	×××
n 轴正向软限位	×××
n 轴负向软限位	×××
n 轴零点坐标值	×××
固定循环的切削深度	×××
固定循环的切削量	×××
固定循环的循环次数	×××
固定循环的退刀量	×××

思考与练习

1. 数控系统为什么要有参数?
2. 与机械结构有关的参数有哪些?
3. 与伺服系统有关的参数有哪些?
4. 与外设有关的参数有哪些?

9.2 典型数控系统功能参数

9.2.1 FANUC – 0MC 系统功能参数解析

FANUC – 0MC 系统参数可以分为如下两大类。

一类为公开型参数,即用户参数。这类参数的含义可在 FANUC 公开发表的各类资料中查到。目前可查到的公开型参数约有 1800 个。

另一类为密级型参数,它们是系统的功能参数,都属于状态型参数。每个参数既无名称和符号,也无说明,在随机所带的参数表中有初始的设定值,每一个都代表某种功能的有、无。FANUC 所提供资料对这些参数所代表的功能和含义不提供任何解释。

FANUC – 0MC 系统中 900 ~ 939 参数,就是密级型参数,它们代表 FANUC – 0MC 系统的许多功能,共 40 号,每个参数号为 8 位,即可设 320 个参数(但是没有全部设置)。

由于功能参数是数控系统厂商的机密内容，不便将全部功能参数进行剖析，但考虑到某些购置多年的机床一旦参数丢失会产生诸多不便，并给维修带来一定困难，因此只对部分功能参数进行剖析。

1. 基本功能参数

基本功能参数指 FANUC 公司在提供系统时的基本功能的参数，如下面（括号内小数点前是参数号，小数点后是第几位）将相关参数设置为"1"即可。

1）用一个手摇脉冲发生器控制（900.3）。

2）中文显示（904.2）。

3）刀具偏置数 32 个（906.3）。

4）三轴联动（907.2）。

5）主轴定向（921.0）。

6）宏程序 A（902.6）。

7）时钟功能（911.3）。

8）手动倍率（908.3）。

2. 选购功能参数

需要选购功能参数时须付费才能得到，其价格很贵。例如某机床厂选购功能时报价如下：

宏程序 B   USD1360；

刚性攻螺纹   USD1972；

14in 彩色显示   USD6011；

比例   USD884；

单向定位   USD353；

坐标系旋转   USD353；

自动转角调整   USD707 等。

选购功能又分为如下两类。

（1）需要有硬件配合   即除了将功能参数设置为"1"外，还需有硬件的要求，如：

1）程序纸带长度 40m（901.3）。   需要增加存储器容量

程序纸带长度 80m（901.2）。

程序纸带长度 120m（901.1）。

2）第四轴控制（914.7）。   需要在主板上有第四轴控制 IC

3）图形显示（909.0）。

4）14in 彩色显示。   需要图形卡

5）动态图形显示功能（915.5）。

6）图形显示对话输入（909.1）。

7）刚性攻螺纹（911.2）。   需要主轴上有位置检测器

对于主轴放大器为 XXXH501 以后版本、软件为 91201 系列及以后，可直接利用主轴电动机内的速度检测器（脉冲编码器）实现刚性攻螺纹功能。

（2）不需要硬件配合   只要有相应软件配合即可，即只要将功能参数设置为"1"便可实现该功能，如：

1）螺距误差补偿功能（902.5）。

2）用户宏程序 B（913.7）。

3）极坐标指令（913.1）。

4）坐标旋转（912.2）。

5）单方向定位（911.0）。

6）钻孔固定循环（900.0）。

7）后台编辑（903.7）。

8）刀具半径补偿 C（907.6）等。

目前 FANUC – 0MC 系统提供时，大部分软件已固化在主板上，所以不需要硬件配合的功能，只要将相应功能参数位的状态设置为"1"即可开通该功能。对于早期版本软件，没有完全固化在主板上时，如果将该功能参数设置为"1"，系统可能不启动或死机，此时只需重新将该功能参数置"0"即可恢复。

9.2.2 FANUC – 0MC 系统参数的设定和传输

1. 功能参数的设定

1）压住急停开关，打开系统电源（以下步骤请保持急停开关在压住状态，不可打开）。

2）将方式开关设定在 MDI 方式。

3）按压 PARAM 键，选择显示参数画面。

4）设置 PWE = 1。

5）按压 NO 键→输入参数号→INPUT。

6）输入数据→INPUT。

7）重复步骤 5）、6），直到全部功能参数输入完成。

8）设置 PWE = 0（屏幕会出现"000"号报警，必须关机后才能取消）。

9）关闭机床电源，重新开机即可。

2. 功能参数的传输

（1）功能参数的输出

1）将方式开关设定在 EDIT 位置。

2）按 PARAM 健，选择显示参数画画。

3）将外部接收设备设定在 STAND BY（准备）状态。

4）先按 EOB 键不放开，再按 OUTPUT 键，即可将包含 900 ~ 939 的参数输出。

（2）功能参数的输入

1）将方式开关设定在 EDIT 位置。

2）按 PARAM 键，选择参数显示画面。

3）设置 PWE = 1。

4）按 INPUT 键。

5）按传输器开始键。

6）传输完毕后，设置 PWE = 0。

7）关闭系统电源，重新开机即可。

9.2.3　数控系统参数丢失的处理

>> **小贴士**

　　数控系统参数可以说是数控机床的灵魂，这是因为数控机床软、硬件功能的正常发挥是通过参数来设定的。

　　机床的制造精度和维修后的精度恢复也需要通过参数来调整，所以数控机床没有参数等于是废物。由于数控机床数控系统参数全部丢失而引起的机床瘫痪，称为死机。死机固然可怕，但是如果掌握了解决的方法和预防措施，解决问题就容易了。以下针对 FANUC – 0MC 系统出现的死机现象进行分析和处理。

1. 引起死机的主要原因

1）在 DNC 通信中，M51 执行动作完成后，M50 尚未解除 M51 时不能执行 M30 自动断电功能，否则会出现死机现象。

2）在执行 M51 过程中，若 DNC 通信期间断电，可能会出现死机。

3）数控系统长期不开机，电池耗尽，就会使参数丢失。在更换电池时没有开机或断电，也会使参数丢失。

4）人为的误操作，如同时按住 RESET 及 DELETE 两键，并按电源 POWER ON 键，就会消除全部参数。

5）处理 P/S 报警有时会引起参数丢失。例如，处理 P/S101 报警（DNC）执行中断共有三种方法，如果前两种方法排除不掉报警，必须要用第三种方法，而最后一种方法会导致死机。

① 第一种方法。

a. PWE = 1。

b. POWER OFF。

c. 同时按 DELETE、POWER ON 两键。

d. PWE = 0。

② 第二种方法。

a. PWE = 1。

b. 参数 901 = 01000100 改为 0。

c. 按 DELETE 键。

d. POWER OFF。

e. POWER ON。

f. 参数 901 = 01000100。

g. PWE = 0。

③ 第三种方法。

a. 备份所有 PC、CNC、DGN 参数（会死机）。

b. POWER OFF。

c. 同时按 RESET POWER ON 键，PWE = 1。

d. 输入 900 以上参数，输入 001~900 参数，输入 DGN 参数。

e. POWER OFF。

f. POWER ON。

g. PWE = 0。

应按①、②、③顺序排除，若①、②都不能排除故障，就只有用③方法。

2. 死机后的状态显示

CRT 显示屏上出现如下报警信息：

417	X	AXIS	DGTL	PARAM
427	Y	AXIS	DGTL	PARAM
437	Z	AXIS	DGTL	PARAM

......

417、427、437 报警分别为 X、Y、Z 轴（或第 3 轴）伺服电动机参数设定异常。

（1）417 报警　X 轴有以下条件之一，就会造成此报警。

1）在参数 8120 的伺服电动机形式，设定指定范围以外的值。

2）在参数 8122 的伺服电动机旋转方向，未设定正确值（111 或 -111）。

3）在参数 8123 伺服电动机每一转的速度反馈脉冲数，设定 0 以下的错误值。

4）在参数 8124 伺服电动机每一转的位置反馈脉冲数，设定 0 以下的错误值。

（2）427 报警　Y 轴参数分别为 8220、8222、8223、8224。

（3）437 报警　Z 轴（0M）或第 3 轴（0T）参数分别为 8320、8322、8323、8324。

所有轴的设定参数全部丢失会引起各轴伺服报警，此时机床瘫痪，功能尽失。

3. 处理死机的具体过程

如果机床出现死机，首先与机床制造厂商联络。最好在厂方指导下排除故障，使机床恢复运行。下面是遇到实际问题及取得厂商支持的处理方法。

（1）CLEAR（清除）剩余参数　同时按下 RESET、DELETE 两键，并按 POWER ON 直到 CRT 显示屏出现版本号，且变换后才松开。

（2）INPUT（输入）参数　选择 MDI 模式，翻开参数（PARAM）画面，按下急停开关，打开保护器，设置 PWE = 1，然后输入参数。输入方法有 MDI 手动输入和 DNC 传输两种。

1）手动输入法。依照随机所附的参数表输入所有参数，包括如下：

① 所有 PC、CNC 参数。

② 900 以上功能参数。

③ DGN 参数。

2）DNC 输入法。

① 首先须设定如下参数。

a. ISO = 1。

b. 参数：2.0 = 1；2.7 = 0；12.0 = 1；12.7 = 0；50 = 11；51 = 11（停止位 = 2）。

c. 参数：250 = 10；251 = 10；552 = 10；553 = 10（波特率 = 4800）。

d. 参数：900 = 00111001（0MC）或 900 = 00111011（0MF）。

e. 参数：901 = 01000100。

单元 **9** 数控系统参数的设定与保护

$917 = 10$。

画面出现选择条件时按 DELETE 键。

f. 参数：$38.3 = 1$（半键型先设为"1"，待读入参数后，再设 $38.3 = 0$）设定后，若 CRT 显示屏出现"NOT Ready"则不能传输，须重新设定。

② 输入操作步骤如下。

a. 在 MDI 模式下，执行 M51（DNC 开）翻开参数画面，同时按下 EOB、INPUT 两键，CRT 右下角出现"SKP"（标头）闪动。

b. 微型计算机外设准备好用 DNC 通信软件（如 V24）设置环境参数。

COM1：BaudRate = 4800

Parity = None

Data Bit = 8bit

Stop Bit = 2

Code = ISO

COM1：BaudRate = 4800

Parity = None

Data Bit = 8bit

Stop Bit = 2

Code = ISO

Active Port = COM1

然后按下 ENTER 键，此时机床 CRT 上"SKP"变为"INPUT"闪动，即为输入参数中。输入完毕执行 M50（DNC 关），再依照参数表用手输入 900 以上功能参数。

c. 传输 DGN 参数。翻开 DGN 画面即可。

d. 若有 TAPE（纸带）方式，请从 TAPE 方式直接传输，方法同前所述。

（3）试机检验各种功能和机床精度

1）程序输入完后，先不要移动机床及执行 M、S、T 功能。

2）设置参数：$508 = 0$，$509 = 1$，$510 = 0$（X、Y、Z 轴原点补正），700、701、702 先设为 99999999。

3）进行三轴的手动回零。

4）输入参数 508、509、510（依照机床参数表）。

5）断电后，再送电，再进行手动回零（为防撞机，先将各轴移至中间位置）。

6）输入参数 700、701、702（依照机床参数表）。

7）此时完成全部参数设定。可以仔细检查各功能，是否恢复正常，检验机床各项精度。

4. 预防死机的方法

数控机床的参数如此重要，一旦丢失会造成死机，严重影响生产，并且请厂家派人处理的话时间很长，费用高，损失大。如果能及时快速处理，恢复生产，就能将损失降至最低限度。预防死机应认真做好以下预防工作。

1）随机文件附有的参数表一定要交设备部门妥善保管，要注明机床编号，因为同一型号的机床有些关键参数也不一样。

2）有 DNC 通信软件的用户，可以将每台机床的各种参数输至计算机作备份，并标明该机床的编号及参数类型。

3）对长期停机的机床应每周开 2~3 次，每次 2h 以上。严格按机床维护说明书的要求和方法更换电池，应选用高性能、高容量的电池。

4）在执行 M51 时，不能执行 M30 自动断电功能。经常停电的地区停电前供电部门应事先通知。

5）在机床出现 P/S 报警时需专职维修人员在场处理，严禁非专职人员随便修改参数。

通过以上各项措施，可以预防数控机床参数丢失。虽然这种死机现象极少发生，且有偶然性，但一旦发生就会带来极大的损失，因此预防工作必须要做好。

>> **小贴士**

若一时不慎而丢失参数，应及时与机床厂家联络，再结合维护说明将备份参数输入机床，即可恢复运行。

思考与练习

1. 如何进行功能参数设定？
2. 如何进行功能参数传输？
3. 引起死机的主要原因有哪些？
4. 如何预防死机和做好机床参数备份？

9.3 数控系统的数据备份

在调试数控系统时，为了提高效率、不做重复性工作，需要对已经调试过的数据做适时的备份；在机床出厂前，为给该机床所有数据留档，也需对数据进行备份；机床运行中为预防死机，避免出现故障性数据丢失，更要进行数据备份。

9.3.1 FANUC 0i 数控系统的数据备份

数控系统的 Flash ROM 中存有两组文件：系统文件（System File）和用户文件（User File）。CNC 系统软件、伺服控制软件属于系统文件，PMC 程序、P–CODE 宏程序和其他用户文件属于用户文件。在数控系统的 SRAM 区中存放机床参数、零件程序、刀具偏置量（SRAM 由电池供电）。经常做的是图 9-1 所示画面中显示的第五项：SRAM DATA BACKUP，即 SRAM 数据备份。

1. 利用存储卡存储 CNC 的数据

利用 FANUC 0i 的 PCMCIA（Personal Computer Memory Card International Association）存储卡功能保存的数据有系统参数、加工程序、刀偏量等。需要恢复时，将数据重新送入

CNC 的存储器即可，具体操作如下：

同时按下 CNC ON 键和 LCD 屏幕右下角最右两个软键，直到出现系统引导（Boot System）画面，如图 9-1 所示。按照画面上的英文提示操作即可。

```
SYSTEM MONITOR MAIN MENU                    60M4-01

    SYSTEM DATA LOADING   →  Write data to F memory

    SYSTEM DATA CHECK    →  Check edition of a file in ROM

    SYSTEM DATA DELETE    →  Delete file from F memory

    SYSTEM DATA SAVE  →  Backup of data to M-card

    SRAM DATA BACKUP

    MEMORY CARD FILE DELETE

    MEMORY CARD FORMAT

    ...

10.  END
```

图 9-1 系统引导画面

2. 利用计算机保存 CNC 的参数

利用计算机保存 CNC 参数的步骤如下：

1）选择 EDIT（编辑）方式。

2）按 SYSTEM 键，再按 PARAM 软键，选择参数画面。

3）按 OPRT 软键，再按连续菜单扩展键。

4）启动计算机侧传输软件处于等待输入状态。

5）系统侧按 PUNCH 软键，再按 EXEC 软键，开始输出参数，同时画面下部的状态显示上的"OUTPUT"闪烁，直到参数输出停止，按 RESET 键可停止参数的输出。

3. 利用计算机恢复 CNC 的参数

利用计算机恢复 CNC 参数的步骤如下：

1）进入急停状态。

2）按数次 SETTING 键，可显示设定画面。

3）确认（参数写入 PWE = 1）。

4）按菜单扩展键。

5）按 READ 软键，再按 EXEC 软键后，系统处于等待输入状态。

6）计算机侧找到相应数据，启动传输软件，执行输出，系统就开始输入参数，同时画面下部的状态显示上的"INPUT"闪烁，直到参数输入完毕。按 RESET 键可停止参数的输入。

7）输入完参数后，关断一次系统电源，再打开，系统就能自行确认。

4. 输出零件程序

1）选择 EDIT（编辑）方式。

2）按 PROG 键，再按【程序】键，显示程序内容。

3）先按【操作】键，再按扩展键。

4）用 MDI 方式输入要输出的程序号。如果需要输出全部程序时，按键 0—9999。

5）启动计算机侧传输软件处于等待输入状态。

6）按 PUNCH 键，再按 EXEC 键后，开始输出程序，同时画面下部的状态显示上的"OUTPUT"闪烁，直到程序输出完毕。按 RESET 键可停止程序的输出。

5. 输入零件程序

1）选择 EDIT（编辑）方式。

2）将程序保护开关置于 ON 位置。

3）按 PROG 键，再按【程序】软键，选择程序内容显示画面。

4）按 OPRT 软键，连续菜单扩展键。

5）按 READ 软键，再按 EXEC 软键后，系统处于等待输入状态。

6）计算机侧找到相应程序，启动传输软件，执行输出，系统就开始输入程序，同时画面下部的状态显示上的"INPUT"闪烁，直到程序输入完毕。按 RESET 键可停止程序的输入。

9.3.2 SINUMERIK 840D 的数据备份

SINUMERIK 810D/840D 的数据分为三种：NCK 数据、PLC 数据和 MMC 数据，其中 MMC100.2 仅包含前两种。

1. 数据备份的两种方法及辅助工具

（1）系列备份（Series Start – up） 其特点如下：

1）用于回装和启动同 SW 版本的系统。

2）包括的数据全面，文件个数少。

3）数据不允许修改，文件都用二进制格式（或称作 PC 格式）。

（2）分区备份 主要指 NCK 中各区域的数据（MMC103 中的 NC_ ACTIVE OATA 和 MMC100.2 中的 OATA），特点如下：

1）用于回装不同 SW 版本的系统。

2）文件个数多，一类数据对应一个文件。

3）可以修改。大多数文件用纸带格式，即文本格式。

（3）进行数据备份需要的辅助工具

1）PCIN 软件。

2）V.24 电缆（6FX2002 1AA01 – 0BF0）。

3）PG 740（或更高型号）编程器或 PC 机。

2. 系列备份（Series Start – up）

（1）V.24 参数的设定 进行数据备份前，应首先确认接口数据设定。根据两种不同的备份方法，接口设定也只有两种，即 PC 格式与纸带格式（表9-1）。

表 9-1 **SINUMERIK 840D V.24 参数设定**

PC 格式		纸带格式	
设备	RTS CTS	设备	RTS CTS
波特率	9600	波特率	9600
停止位	1	停止位	1
奇偶	None	奇偶	None
数据位	8	数据位	8

（续）

PC 格式		纸带格式	
设备	RTS CTS	设备	RTS CTS
XON	11	XON	11
XOFF	13	XOFF	13
传输结束	1a	传输结束	1a
XON 后开始	N	XON 后开始	N
确认覆盖	N	确认覆盖	N
CRLF 为段结束	N	CRLF 为段结束	Y
遇 EOF 结束	N	遇 EOF 结束	Y
测 DRS 信号	N	测 DRS 信号	N
前后引导	N	前后引导	N
磁带格式	N	磁带格式	Y

表 9-1 中 840DV. 24 参数设定的操作步骤如下。

MMC100. 2：

⬛（Switch over 键）→Service→V. 24 或 PG/PC （垂直菜单）→Setting = >用⬛键来切换选项。

MMC103：

⬛（Switch over 键）→Service→V. 24 或 PG/PC （垂直菜单）→interface = >用⬛键来切换选项。

（2）MMC100. 2 的数据备份　对 MMC100. 2 作数据备份，一般是将数据传至外部计算机内，具体操作步骤如下：

1）连接 PG/PC 至 MMC 的接口 X6。

2）在 MMC 上操作。

⬛（如已在主菜单，则无此步）→Service→V. 24 或 PG/PC （垂直菜单）→Setting进行 V. 24 参数设定并存储设定或激活（Active）。此步将 V. 24 设定为 PC 格式。

3）PG/PC 上操作。启动 PCIN 软件，选择 Data in 并给文件起名，同时确定目录，按Enter 键使计算机处于等待状态。在此之前，PCIN 的 INI 中已设定为 PC 格式，见表 9-2。

表 9-2　PCIN 参数设定

纸带格式	PC （二进制）格式
COM NUMBER 1 BAUDRATE 9600 1 STOPITS 8 DATA BITS XON/XOFF SETUP END-w-M30 OFF ETX ON　EXT: 1A hex TIMEOUT 1S BINFILE OFF TURBOMODE OFF DONT CHECK DSR NC SEA 850/88- WIRELAYOUT	COM NUMBER 1 BAUDRATE 9600 1 STOPITS 8 DATA BITS XON/XOFF SETUP END-w-M30-OFF ETX OFF TIMEOUT 1S BINFILE ON TURBOMODE OFF DONT CHECK DSR NC SEA 850/880 WIRELAYOUT

4）在 MMC 设定完 V.24 参数后，返回；接着 Data out →移光标至 Start – up Data ，黄色键位于 NC 键盘上，移动光标，选择 NCK 或 PLC 。

5）在 MMC 上按 Start 软键（垂直菜单上）。

6）在传输时，字节数变化表示正在传输进行中．可以用 Stop 软键停止传输，传输完成后可用 log 键查看记录。

（3）MMC103 的数据备份　由于 MMC103 可带软驱、硬盘、NC 卡等，它的数据备份更加灵活，可选择不同的存储目标。其具体操作步骤如下。

1）在主菜单中选择 Service 操作区。

2）按扩展键 |} → Series Start 选择存档内容 NC、PLC、MMC 并定义存档文件名。

3）从垂直菜单中选择一个作为存储目标：

V.24——指通过 V.24 电缆传至外部计算机（PC）。

PG——编程器（PG）。

Disk——MMC 所带的软驱中的软盘。

Archive——硬盘。

NC Card——NC 卡。

选择其中 V.24 和 PG 时，应按 interface 软键，设定接口 V.24 参数。

4）若选择备份数据到硬盘，则按 Archive → （垂直菜单）Start 。

3. 分区备份

1）对于 MMC100.2，与系列备份不同的是：第一步 V.24 参数设定为纸带格式；第二步数据源不再是 Start – up Data 而是 Data ，其余各步操作均相同。具体操作如下：

① 连 PC/PG 到 MMC。

② Service → V.24 PG/PC （垂直菜单）→ Settings ，设定 V.24 为纸带格式。

③ 启动 PCIN Data In 定目录，确定文件名（表9-2）。

④ MMC 上 Data out →移光标至 Data → Input 键，选择某一种要备份的数据。

⑤ 按 MMC 上 Start （垂直菜单）。

2）对于 MMC103，与系列备份不同的是第二步无需按扩展键，而直接按 Data out ，具体步骤如下：

① Service 。

② Data out 。

③ 从垂直菜单选存储目标。

④ interface 设定接口参数为纸带格式。

⑤ Start （垂直菜单）。

⑥ 确定目录，起文件名→ OK ，（下拉菜单），成功后在相应的目录中会找到备份的

文件。

4. 数据的恢复

恢复数据是指系统内的数据需要用存档的数据通过计算机或软驱等传入系统，它与数据备份是相反的操作。

（1）MMC100.2 数据恢复的操作步骤

1）连接 PG/PC 到系统 MMC100.2。

2）$\boxed{\text{Service}}$。

3）$\boxed{\text{Data In}}$。

4）$\boxed{\text{V24 PG/PC}}$（垂直菜单）。

5）$\boxed{\text{Settings}}$ 设定 V24 参数，完成后返回。

6）$\boxed{\text{Start}}$（垂直菜单）。

（2）MMC103 数据恢复的操作步骤　从硬盘上恢复数据的步骤如下：

1）$\boxed{\text{Service}}$。

2）扩展键$\boxed{\}}$。

3）$\boxed{\text{Service}}$→$\boxed{\text{Start - up}}$。

4）$\boxed{\text{Read}}$→$\boxed{\text{Start - up}}$→$\boxed{\text{Archive}}$（垂直菜单）。

5）找到存档文件，并选中 OK。

6）$\boxed{\text{Start}}$（垂直菜单）。

（3）数据传送原则　无论是数据备份还是数据恢复，都是在进行数据的传送，其原则如下：

1）永远是准备接收数据的一方先准备好，处于接收状态。

2）两端参数设定一致（表9-1和表9-2）。

9.3.3　华中数控系统参数的修改与备份

1. 参数画面的进入

由于每个功能包括不同的操作，菜单采用层次结构，即在主菜单下选择一个菜单项后，数控装置会显示该功能下的子菜单，因此可根据该子菜单的内容选择所需的操作，如图9-2所示。

在任何下级菜单时，按返回键 F10 可返回主菜单。HNC – 21M 的功能菜单结构如图9-3所示。

在软键界面下按 F3 键进入参数功能子菜单，命令行与菜单条的显示如图9-4所示。

2. 输入权限口令（F2、F3）

因为系统的运行严重依赖于参数的设置，所以系统对参数修改有严格的限制，有些参数只能由数控厂家来修改，有些参数可以由机床厂家来修改，另外一些参数可以由用户来修改。

在安装测试完系统后一般不用修改这些参数；在特殊的情况下如果需要修改某些参数，

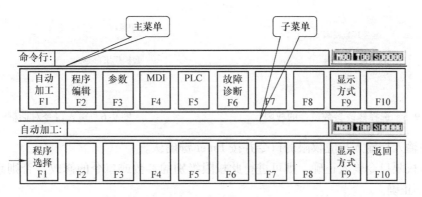

图 9-2 菜单层次

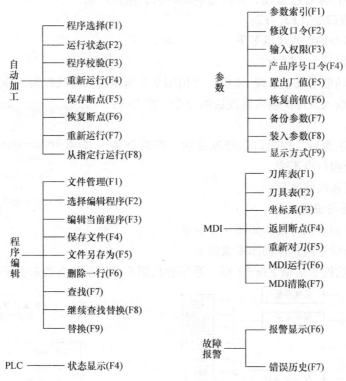

图 9-3 HNC-21M 的功能菜单结构

参数设置:									
参数 索引 F1	修改 口令 F2	输入 权限 F3	产品序 号口令 F4	置出 厂值 F5	恢复 前值 F6	备份 参数 F7	装入 参数 F8	显示 方式 F9	返回 F10

图 9-4 参数功能子菜单

首先应输入修改的口令,口令本身也可以修改,其前提也是输入修改的口令。输入口令的操作步骤如下:

1) 在参数功能子菜单(图 9-4)下按 F3 键,系统弹出图 9-5 所示的菜单窗口。

2) 用▲、▼键选择权限,按 Enter 键确认,系统弹出图 9-6 所示的输入口令对话框。

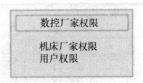

图 9-5 选择修改参数口令的权限
图 9-6 输入口令对话框

3）在输入栏输入相应权限的口令并按 Enter 键确认。

4）若权限口令输入正确，则可进行此权限级别的参数或口令的修改，否则系统会提示输入口令不正确。

注意：数控厂家权限最高，其次是机床厂家、用户厂家。

3. 修改权限口令（F3、F2）

修改权限口令的操作步骤如下：

1）输入权限口令，同上。

2）在参数功能子菜单下按 F2 键，弹出图 9-7 所示输入确认权限口令对话框。

3）在确认输入框再次输入修改后的口令，按 Enter 键确认。

4）当核对正确后，权限口令修改成功，否则会显示出错信息，权限口令不变。

注意：不能越级修改口令。

4. 参数查看与设置（F3、F1）

图 9-7 输入确认权限口令对话框

HNC – 21M 的参数库结构如图 9-8 所示。

参数查看与设置的具体操作步骤如下：

1）在参数功能子菜单下按 F1 键，系统弹出图 9-9 所示的参数索引子菜单。

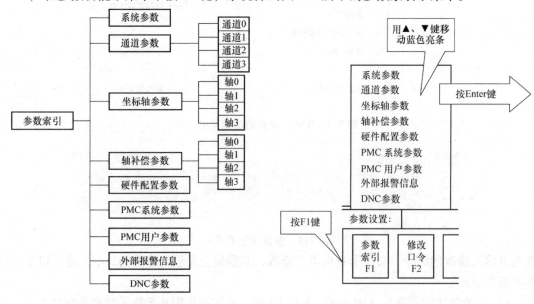

图 9-8 HNC – 21M 的参数库结构
图 9-9 参数索引子菜单

2）用▲、▼键选择要查看或设置的选项，按 Enter 键确认。

3）如果所选项有下一级菜单，如坐标轴，参数系统会弹出该参数索引子菜单的下一级菜单，如图 9-10 所示。

4）用同样的方法选择确定选项，直到所选项没有更下一级的菜单，如坐标轴参数中的轴 0，此时图形显示窗口将显示所选参数菜单的参数名及参数值，如图 9-11 所示。

5）用▲、▼、Pgup、Pgdn 等键移动蓝色亮条到要查看或设置的选项处。

6）如果之前没有输入权限或者输入的权限级别比设置修改此项参数所需的权限低，则只能查看参数。按 Enter 键，系统弹出图 9-12 所示的提示对话框。

7）如果之前输入了设置此项所需的权限，按 Enter 键则编辑设置状态（在参数值处出现图 9-13 所示闪烁的光标），用▶、◀、BS、Del 键进行编辑，按 Enter 键确认。

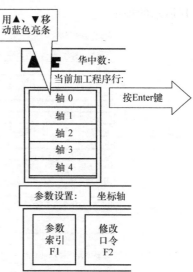

图 9-10　坐标轴参数索引

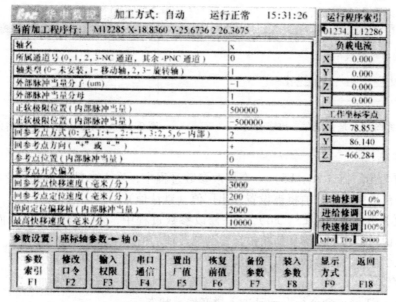

图 9-11　查看与设置系统参数

8）按 Esc 键退出编辑，如果有参数被修改，系统将提示是否存盘，如图 9-14 所示，按 Y 键存盘，按 N 键不存盘。

9）按 Y 键后系统提示是否当默认值（出厂值）保存，如图 9-15 所示，按 Y 键存为默认值，按 N 键取消。

10）系统回到上一级参数选择菜单后，若继续按 Esc

图 9-12　系统提示修改参数
前应先输入权限

单元 9　数控系统参数的设定与保护

键，将最终退回到参数功能子菜单，如果被修改的参数项需要重新启动系统，系统出现图9-16所示的提示。

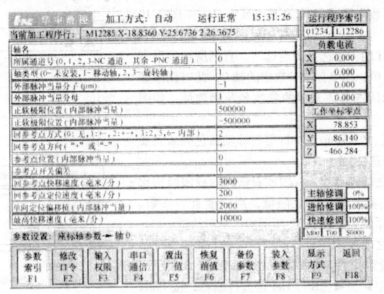

图 9-13　参数编辑

图 9-14　系统提示是否保存参数修改值

图 9-15　系统提示是否当缺省值保存

5. 数据恢复

（1）恢复为出厂值（F3、F5）　在修改参数过程中，进入参数编辑画面之后按 F5 键，图形显示窗口被选中的参数值将被设置为出厂值（默认值）。

（2）恢复为修改前值（F3、F6）　在修改参数过程中，进入参数编辑画面之后按 F6 键，图形显示窗口被选中的参数值将被恢复为修改前的值。

注意：此项操作只在参数值保存之前有效。

（3）汉字输入　在程序编辑和参数设置时若要输入汉字，操作步骤如下：

1）按 Alt + F2 键，命令行提示已进入拼音输入状态。

2）输入汉字的拼音码，命令行出现相应的汉字。

3）用 0~9 数字键选择需要的汉字，编辑位置出现选择的汉字。

（4）备份参数（F3、F7）　为防止参数丢失，可以对参数进行备份，操作步骤如下：

1）在参数功能子菜单下按 F7 键，弹出图9-17 所示的对话框。

2）选择存储文件的路径。

3）在文件名栏输入存储文件的文件名。

4）按 Enter 键完成参数备份操作。

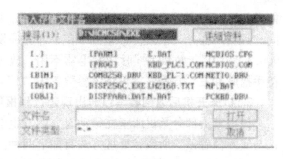

图 9-16　系统提示参数修改后重新启动系统　　　　　图 9-17　"输入存储文件名"对话框

（5）装入参数（F3、F8）　只有在输入了权限口令后才能装入参数，装入参数的操作步骤如下：

1）输入权限口令。

2）在参数功能子菜单下按 F8 键，弹出图 9-18 所示的对话框。

3）选择恢复文件的路径和文件名。

4）按 Enter 键，如果所选文件不是参数备份文件，弹出图 9-19 所示对话框，否则从参数备份文件中装入参数。

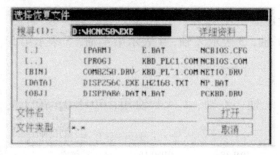

图 9-18　"选择恢复文件"对话框　　　　　图 9-19　提示所选文件不是参数备份文件

思考与练习

1. 数据备份有何实际意义？
2. 系列备份与分区备份各包括哪些内容？
3. FANUC 数控系统数据恢复的方法有哪些？如何实现？
4. 简述 SINUMERIK 810D/840D 参数的修改与备份、恢复的步骤。

9.4　数控系统参数应急处理案例

当了解数控系统参数后，可利用修改参数的方式应急处理数控机床简单故障。下面以 FANUC – 0MC 系统维修为例进行说明。

1. 手摇脉冲发生器损坏

手摇脉冲发生器、插接件、接口故障都会导致手摇脉冲发生器不能使用，导致对刀时不能进行微调。在需要更换或修理故障件时，如果手中没有合适的备件，而修理又需要一定时间，且生产任务又很紧，希望机床在手摇脉冲发生器修理期间正常工作，此时可以先将参数900.3置"0"，暂将手摇脉冲发生器不用，改为用点动按钮单脉操作来进行刀具微调工作。待手摇脉冲发生器修好后再将该参数置为"1"。

2. 机床开机后返回参考点时出现超行程报警

该报警大部分是机床正在移动时突然发生电源断电，机床由于惯性原因造成系统位置记忆与实际位置差异所致，处理方法有如下两种。

（1）方法1　若X轴在返回参考点时出现510（或511）超程报警，可将参数0700 LT1X1数值修改为 +99999999（或将0704 LT1X2数值修改为 −9999999）后，再一次返回参考点。若没有问题，则将参数0700（或参数0704）数值改为原来数值即可，其他轴以此类推。

（2）方法2　同时按P和CAN键后开机，即可消除超程报警。

3. 利用螺距误差补偿功能来修正机床定位精度

螺距误差补偿的软件功能参数号为0902.5，即只要将0902号第5位置1即可。进行螺距误差补偿所需设定的参数如下：

（1）设定螺距误差补偿基准点编号

n000（PECORG X、Y、Z、4、5、6）。设定值：0 ~ 127。

注：n为轴号，其中1表示X轴，2表示Y轴，3表示Z轴，4表示第4轴，5表示第5轴，6表示第6轴。

（2）螺距误差补偿倍率

0011.0，0011.1（PML1、PML2）X轴、Y轴、Z轴、1 ~ 4轴用，7011.0，7011.1（PML1S、PML2S）第5、6轴用，具体如下：

PML2	PML1	倍率	PML2S	PML1S	倍率
0	0	X1	0	0	X1
0	1	X2	0	1	X2
1	0	X4	1	0	X4
1	1	X8	1	1	X8

（3）螺距误差补偿间隔

0712　设定X轴螺距误差补偿间隔。

0713　设定Y轴螺距误差补偿间隔。

0714　设定Z轴螺距误并补偿间隔。

0715　设定第4轴螺距误差补偿间隔。

7713　设定第5轴螺距误差补偿间隔。

7714　设定第6轴螺距误差补偿间隔。

设定范围：（0 ~ 999999）×0.001mm（当此参数设定为0时，不执行补偿）。

（4）螺距误差补偿量

1001 ~ 6128：设定X轴、Y轴、Z轴、1 ~ 6轴螺距误差补偿量。

设定范围：0 ~ ±7。

注：对于旋转轴，所有螺距误差补偿量每转一圈（360°）总和必须为 0。否则每转一圈后，螺距误差补偿量将会递增。

（5）实例 某机床 X 轴（线性轴）行程为 $-500 \sim +600$mm，机床参考点设在 0mm 处。设定螺距误差补偿基准点编号为 20（即参数号 1000 = 20mm，也就是设定机床参考点在参数号 1021 处），螺距误差补偿间隔为 100mm（即参数号 0712 = 100000），补偿倍率为 1（即 0011.0 = 0，0011.1 = 0）

在机床行程负方向补偿点号为：

螺距误差补偿基准点编号 −（机床在负方向行程/螺距误差补偿间隔）+ 1 = 20 −（500/100）+ 1 = 16

在机床行程正方向补偿点号为：

螺距误差补偿基准点编号 +（机床在正方向行程/螺距误差补偿间隔）+ 1 = 20 +（600/100）+ 1 = 27

机床坐标与补偿点的对应关系如下：

机床坐标	− 500	− 400	− 300	− 200	− 100	0	100	200	300	400	500	600
补偿点号	1016	1017	1018	1019	1020	1021	1022	1023	1024	1025	1026	1027
螺距误差值 z_m	+1	−2	−3	−4	−2	+1	−1	+2	+3	+2	+1	0
补偿值	−3	−1	−1	+2	+3	−2	+3	+1	−1	−1	−1	0

4. 光栅尺出现故障时的应急修理方法

在位置全闭环数控机床中，光栅尺出现故障或部件损坏，若当时没有合适的备件，而生产又急用该机床，修理又需一段时间时，为使数控机床在光栅尺修理期间仍能工作，可利用修改参数的方法将机床位置全闭环临时改成位置半闭环，即将分离式的光栅尺检测改成内藏式脉冲编码器检测来进行应急修理，待光栅尺修复好后再复原。当使用 FANUC α 系列电动机时，其方法如下：

1）在紧急停止状态下接通系统电源。

2）使 PWE = 1，即参数写入允许。

3）修改参数 0037.0 ~ 0037.5 和 7307.0、7307.1 中需要临时将分离式改为内藏式的轴位由 1 置 0。例如，Y 轴需要临时将分离式改为内藏式，则将 0037.1 由 1 改为 0。

	7	6	5	4	3	2	1	0
0037			SPTP8	SPTP7	SPTP4	SPTPZ	SPTPY	SPTPX
7307							SPTP6	SPTP5

SPTPX、SPTPY、SPTPZ、SPTP4 ~ SPTP8 分别为 X、Y、Z、4 ~ 8 轴是否使用分离式位置检测参数。

= 1 表示使用分离式位置检测。

= 0 表示不使用分离式位置检测，即使用内藏式位置检测。

4）在伺服参数设定画面上修改伺服参数，方法如下：按 PARAM 键数次后，伺服参数设定画面即显示。如果仍没有伺服参数设定画面显示，则设定参数 0389.0（SVS）= 0 后，关 CNC 电源 1min 后再开 CNC 电源即可。

5）设定柔性进给齿轮比(F. FG)N/M，分两种情况。

单元 9 数控系统参数的设定与保护

223

① 内藏式

$$F.FG\ (N/M) = \frac{电动机每转位置反馈需要的脉冲数}{1000000}$$

② 分离式

$$F.FG\ (N/M) = \frac{电动机每转需要的位置移动量的脉冲数}{电动机每转从分离式检测器得到的实际反馈脉冲数}$$

6) 位置脉冲数设置如下:

类型	内藏式		分离式	
指令单位	1μm	0.1μm	1μm	0.1μm
初始位 8n00.0	0	1	0	1
速度脉冲数	8192	819	8192	819
位置脉冲数	12500	1250	Np	Np/10

注:① Np:当电动机旋转一转时,从分离位置检测器发出的脉冲数。

② n:0—X轴,1—Y轴,2—Z轴,3—第4轴,4—第5轴,5—第6轴,6—第7轴,7—第8轴。

③ 8n00.0(PLCO)=1表示使用0.1μm检测器;8n00.0(PLCO)=0表示使用1μm检测器。

7) 指定基准计数器。

① 内藏式。基准计数器:电动机每转的位置脉冲数。

② 分离式。基准计数器:栅格间从分离式位置检测器发出的位置脉冲数。

8) 参数修改完毕后,将 PWE=1 修改为 PWE=0。

9) 关机后再开机即可。

例如,某数控机床为分离式位置检测器(光栅尺位置反馈),由于 Y 轴光栅头出现故障,当时无合适的备件,而生产又急需使用该机床,故临时决定将分离式位置检测器改为内藏式。机床有关数据如下:

① 滚珠丝杠导程为20mm。

② 齿轮传动比 $n=2$,所以电动机每转机床实际移动10mm。

③ 修改柔性进给齿轮比(F.FG)N/M。

原光栅尺时 F.FG

$$F.FG\ (N/M) = \frac{电动机每转需要的位置移动量的脉冲数}{电动机每转从分离式检测器得到的实际反馈脉冲数} = \frac{10000}{10000} = \frac{1}{1}$$

改为内藏式时 F.FG

$$F.FG\ (N/M) = \frac{电动机每转位置反馈需要的脉冲数}{1000000} = \frac{1}{100}$$

④ 修正位置脉冲数如下表。

	内藏式		分离式	
指令单位	1μm	0.1μm	1μm	0.1μm
初始位 8n00.0	0	1	0	1
速度脉冲数	8192	819	8192	819
位置脉冲数	12500	1250	Np	Np/10

a) 原光栅尺(分离式)时

Np = 位置脉冲数 = 电动机旋转一转时,从分离位置检测器发出的脉冲数 = 10000

b）改为内藏式（由上表可查出）

位置脉冲数 = 12500

⑤ 指定基准计数器。

a）原光栅尺（全闭环分离式）时

基准计数器 = 栅格间从分离式位置检测器发出的位置脉冲数 = 20000

b）现改为内藏式（半闭环）时

基准计数器 = 电动机每转的位置脉冲数 = 10000

⑥ 根据上述分析，临时将分离式全闭环的光栅尺改成内藏式脉冲编码器时需要更改下列参数。

a）将参数 0037.1 由 1 改为 0（分离式改为内藏式）。

b）将参数 8285 由 1 改为 100（柔性进给齿轮比中分母）。

c）将参数 8224 由 100（X）改为 12500（位置脉冲数）。

d）将参数 571 由 20000 改为 10000（基准计数器）。

注：b）、c）、d）项在伺服画面上即可进行修改。

5. M74 接口的使用

在 MEM 板上有两个 RS232 接口 M5 和 M74，通常标准配置只提供 M5 接口，当 M5 接口损坏时或需要多一个接口时可利用 M74 接口。

（1）FANUC RS232C 标准的通信协议

1）起始位：1 位。

2）数据位：8 位。

3）奇偶校验位：无。

4）停止位：2 位。

5）波特率：4800。

（2）M74 使用方法

1）设置 PWE = 1（修改参数有效）。

2）在设定画面上设定 I/O = 2。

3）将参数 0914.4 设定为 1（启用 M74）。

4）将参数 0050.0 设定为 1（设定停止位为 2 位）。

5）将参数 0250 设定为 10（设定波特率为 4800）。

6）设定参数 0038.4 和 0038.5（设定 I/O 装置），如下表。

0038.4	0038.5	I/O 装置
0	0	PPR
1	0	软盘盒
0	1	纸带阅读机
1	1	纸带阅读机

6. 反向间隙补偿

（1）半闭环时　通常反向间隙补偿是通过参数 0535 ~ 0540 来设定的，各参数具体含义如下：

0535（BKLX）X 轴反向间隙补偿　　0536（BKLY）Y 轴反向间隙补偿

0537（BKLZ）Z 轴反向间隙补偿　　0538（BKL4）第 4 轴反向间隙补偿

0539（BKL5）第 5 轴反向间隙补偿　　0540（BKL6）第 6 轴反向间隙补偿

设定范围：$(0 \sim 255) \times 0.001mm$。

（2）全闭环时　首先要看 $8n06.0$（FCBLCM）。

FCBLCM $=0$，反向间隙补偿使用。

FCBLCM $=1$，反向间隙补偿不使用。

注：$n = 0 \sim 5$ 时，分别为 X、Y、Z、4、5、6 轴。

（3）参数 0076.4　为了防止用户随意修改 X、Y、Z 轴的反向间隙补偿，FANUC – 0 系统增设了参数 0076.4，其含义如下：

$0076.4 = 1$　0535 与 0686 的数值一致时，X 轴反向间隙才能修改；

0536 与 0687 的数值一致时，Y 轴反向间隙才能修改；

0537 与 0688 的数值一致时，Z 轴反向间隙才能修改；

……

$0076.4 = 0$　X 轴反向间隙仅与参数 0535 有关，与 0687 无关；

Y 轴反向间隙仅与参数 0536 有关，与 0688 无关；

Z 轴反向间隙仅与参数 0537 有关，与 0689 无关；

……

7. 密级型参数 0900 ~ 0939 的传输方法

按 FANUC – 0MC 操作说明书中介绍的方法进行参数传输时，除密级型参数 0900 ~ 0930 外均能输出。保存机床参数或对系统进行重新输入参数时，密级型参数 0900 ~ 0939 必须用 MDI 方式输入，很不方便。现介绍一种可以传输包含密级型参数 0900 ~ 0939 在内的传输方法，步骤如下：

1）将方式开关设定在 EDIT 位置。

2）按 PARAM 键，选择显示参数的画面。

3）将外部接收设备设定在 STAND BY（准备）状态。

4）先按 EOB 键不放开，再按 OUTPUT 键即可将全部参数输出（包含密级型参数 0900 ~ 0939）。

8. 零点偏移（栅格量偏移）的参数调整

机床在更换电动机、回零开关、编码器或拆卸上述部分后，零点位置可能与原来会不一样；在使用中有时因减速开关发信过早或过迟，机床的零点也会出现偏移。如果零点偏移数值不大，不会影响使用，但在机床要求较高精度时，从机械上调整很不方便，因此通过修改栅格量偏移参数（FANUC 系统为 508 ~ 511；东芝 888 系统为 N5361 ~ N6363，X、Y、Z；三菱 M300 系统为机械参数 4.1 ~ 4.4 中的 3#G28sft），将因回零后产生的偏移量通过以上参数进行调整，即可保证正常加工。但是，由于数控机床中出现零点偏移后还可以通过测量、调整夹具偏置进行，因此使用以上方法调整的情况较少，多数人并不了解该参数的作用。如果在回零后栅格量偏移过大或过小，通过调整参数已不能达到理想位置时，应对回零开关、编码器机械位置进行调整，使栅格量尽量与原先相同。平时应通过诊断页查看栅格量偏移值并进行记录，发现变动及时进行测量调整，对保证机床的正常使用有一定的好处。

9. 修改参数进行间隙补偿调整

一台使用 FANUC – 0MD 数控系统改装的德国海科特卧式加工中心在使用中发现回转工作台转不到位，不能正常压下。检查后发现回转工作台的机械部分存在较大的间隙，如不排除，机床就不能使用。通过对机械传动部分进行检查发现，要修复机械部分工作量较大。为了保证机床能正常运转，考虑到能通过修改参数进行间隙补偿，为此对 538 参数（第 4 轴反向间隙量）进行调整，使工作台回转不到位的故障得到排除，现使用一切正常。

10. 设置错误的调整

DM6500 型卧式加工中心使用三菱 M300 系统，在工作中发现 Y 轴（垂直）方向尺寸不正常，有时尺寸短少约有 0.65mm（Y 轴使用光栅尺），检查光栅正常，回零时似有超越现象，查看机械挡块正常。因此核对有关的伺服参数，在检查伺服 5.2/4 的 7 号 VIL 参数时发现该参数被改成了 10000，正常为 9999。将参数修改后恢复正常。

又如一使用 FANUC – 0MD 系统的加工中心在更换电路板后发现 X 轴回零时尺寸不准，有时相差 8mm（一个螺距），由于 X 轴使用光栅尺，因此部分参数要按全闭环设置，将 8123 的数值设为 8192，570 的数值设成 20000 后恢复正常。

伺服部分参数对机床稳定有一定的影响，如设置错误会引起机械振动、冲击等故障，要随时注意修正。

思考与练习

1. 如何利用螺距误差补偿功能来修正机床定位精度？
2. 光栅尺出现故障时如何进行应急修理？
3. 如何调整反向间隙补偿？
4. 零点偏移（栅格量偏移）的参数如何调整？

单元练习题

1. 什么是参数？有哪些作用？
2. 与机械有关的参数有哪些？
3. 与伺服系统有关的参数有哪些？
4. 简述数控系统参数的一般形式。
5. 简述功能参数的设定方法。
6. 试述手摇脉冲发生器损坏的应急措施。

单元10 数控机床的安装与调试

 学习目标

1. 了解数控机床安装调试的必要性。
2. 掌握数控机床调试验收的国家标准及行业标准。
3. 掌握数控机床调试验收的基本流程。
4. 重点掌握数控车床和加工中心的验收标准和流程。

 内容提要

  数控机床的安装与调试以及验收是数控机床前期管理的重要环节。本单元从阐述数控机床安装调试的重要性开始，介绍数控机床调试验收的常见标准及基本流程，数控机床安装调试验收的过程，并以数控车床和数控加工中心为重点，介绍数控机床工作精度检验。

10.1 概述

10.1.1 数控机床调试验收的必要性

  企业用户自从订购数控机床以后，安装与调试工作实际就已开始进行。尤其大、中型数控机床的安装比较复杂，一般都是解体后分别装箱运输，到达用户处进行组装后必须重新调试安装。安装与调试验收工作的必要性如下：

  1）新机床由于运输过程中的振动，其水平基准与出厂检验时的状态已完全两样，此时机床的几何精度与其在出厂检验时的精度发生偏差。

  2）即使不考虑运输环节的影响，调整机床水平时也会对相关的几何精度产生影响。

  3）气压、温度、湿度等外部条件发生改变，也会对位置精度产生影响。

  4）由检验所得到的位置精度偏差，要通过数控系统的误差补偿软件及时进行调整，从而改善机床的位置精度。

  因此，新机床检验时如果仅采用考核试件加工精度的方法来判别机床的整体质量，并以此作为验收的唯一标准是不合理的。必须对机床的几何精度、位置精度及工作精度做全面检验，以保证机床优良的工作性能。

10.1.2 数控机床验收的流程

数控机床验收可以分为两个环节。

1. 在数控机床制造厂的预验收

预验收的目的是为了检查数控机床制造质量，查验供应商提供的资料、备件等，具体工作如下：

1）检验数控机床主要零部件是否按合同要求制造。

2）检验数控机床各项功能是否符合合同要求。

3）检验机床几何精度及位置精度是否合格。

4）检验机床各种动作是否正确。

5）对试件进行加工，验证是否达到精度要求。

6）做好预验收记录，并由生产厂签字。

如果预验收通过，就意味着用户同意该机床向用户厂家发运，当货物到达用户处后，用户将支付该设备的大部分资金，因此预验收是非常重要的步骤，不可忽视。

2. 在机床采购方工厂的最终验收

最终验收工作主要是根据数控机床出厂合格证所规定的验收标准及用户实际能提供的检测手段，测定机床合格证上各项指标。检测结果要作为该机床的原始资料存入技术档案中，作为今后维修时的技术依据。

最终验收要根据 GB/T 9061—2006《金属切削机床 通用技术条件》标准中的规定，包括如下内容：

1）外观检验。

2）附件和工具的检验。

3）参数检验（抽查）。

4）机床的空运转试验（含抽查项）。

5）机床的负荷试验（含抽查项）。

6）机床的精度检验（含抽查项）。

7）其他方面。

10.1.3 数控机床调试验收的基本标准

数控机床调试和验收应遵循相关标准与规范进行，相关标准通常分为通用类标准和产品类标准两大类。

1. 通用类标准

此类标准规定了数控机床调试验收的检验方法、测量工具的使用，相关公差的定义，机床设计、制造、验收的基本要求等，如 GB/T 17421.1—1998《机床检验通则 第 1 部分：在无负荷或精加工条件下机床的几何精度》、GB/T 17421.2—2000《机床检验通则 第 2 部分：数控轴线的定位精度和重复定位精度的确定》、GB/T 17421.4—2003《机床检验通则 第 4 部分：数控机床的圆检验》。这些标准等同于 ISO 230 标准。

2. 产品类标准

这类标准规定具体型式的机床的几何精度和工作精度的检验方法，以及机床制造和调试验收的具体要求，如 JB/T 8801—1998《加工中心 技术条件》、GB/T 18400.6—2001《加工中心 检验条件 第6部分：进给率、速度和插补精度检验》等。针对机床的不同型式，应参照合同约定和相关的中外标准进行具体的调试验收。

在实际的验收过程中，也有许多设备采购方按照德国 VDI/DGQ3441 标准或日本的 JIS B6201、JIS B6336、JIS B6338 标准或国际标准 ISO 230 进行调试验收。不管采用什么样的标准，需要注意的是不同的标准对"精度"的定义差异很大，验收时一定要弄清楚各个标准精度指标的定义及计算方法。

思考与练习

1. 安装与调试验收工作的必要性是什么？
2. 最终验收工作的目的是什么？
3. 数控机床调试和验收应遵循哪些标准？

10.2 数控机床安装的准备工作

10.2.1 数控机床对于地基的要求

在数控机床安装工作中，用户不能忽视对安装基础的要求。机床厂商一般向用户提供机床基础地基图，用户事先要做好机床基础，经过一段时间保养，等基础进入稳定阶段，然后再安装机床。重型机床、精密机床必须要有稳定的机床基础，否则无法调整机床精度。一些中小型数控机床对地基则没有特殊要求。根据我国的 GB 50040—1996《动力机器基础设计规范》的规定，应该做好以下工作。

1. 一般性要求

1）基础设计时，机床厂商应提供以下资料：①型号、转速、功率、规格及轮廓尺寸图等；②设备的重心及重心的位置；③设备底座外轮廓图、辅助设备、管道位置和坑、沟、孔洞尺寸以及灌浆层厚度，地脚螺栓和预埋件的位置等；④设备的扰力和扰力力矩及其方向。

2）设备基础与建筑基础、上部结构以及混凝土地面分开。

3）当管道与机床连接而产生较大振动时，管道与建筑物连接处应该采取隔振措施。

4）机床基础设计不得产生有害的不均匀沉降。

5）机床地脚螺栓的设置应该符合以下要求：①带弯钩地脚螺栓的埋置深度不应小于 20 倍螺栓直径，带锚板地脚螺栓的埋置深度不应该小于 15 倍螺栓直径；②地脚螺栓轴线距基础边缘不应该小于 4 倍螺栓直径，预留孔边距基础边缘不应该小于 100mm，当不能满足要求时，应该采取加固措施；③预埋地脚螺栓底面下的混凝土厚度不应该小于 50mm，当预留孔时，孔底面下的混凝土净厚度不应该小于 100mm。

2. 数控机床安装应遵循的原则

1）机床按重量可划分为：①中、小型机床是指单机重量在 100kN 以下的机床；②大型机床是指单机重量为 100～300kN 的机床；③重型机床是指单机重量为 300～1000kN 的机床。

2）在进行数控机床基础设计时，除了上面的一般性要求以外，机床厂商还应该提供以下的资料：①机床的外形尺寸；②当基础倾斜和变形对机床加工精度有影响或计算基础配筋时，尚需要机床及加工工件重力的分布情况、机床移动部件或移动加工工件的重力及其移动范围。

3）重型和精密机床应采用单独基础进行安装。单独基础安装时应遵守以下规范：①基础平面尺寸不能小于机床支承面积的外廓尺寸，并应满足安装、调整和维修时所需尺寸；②基础的混凝土厚度应符合表 10-1 金属切削机床基础的混凝土厚度。

4）加工中心系列机床，其基础混凝土厚度可按组合机床的类型，取其精度较高或外形较长者按表 10-1 中同类型机床采用。

5）当基础倾斜与变形对机床加工精度有影响时，应进行变形验算。当变形不能满足要求时，应采取人工加固地基或增加基础刚度等措施。

6）加工精度要求较高且重力在 500kN 以上的机床，如基础建造在软弱地基上时，要对地基采取预压加固措施。预压的重力可采用机床重力及加工件最大重力之和的 1.4～2.0 倍，并按实际荷载情况分布，分阶段达到预压重力，预压时间可根据地基固结情况决定。

7）精密机床应远离动荷载较大的机床。大型、重型机床或精密机床的基础应与厂房柱基础脱开。

表 10-1 金属切削机床基础的混凝土厚度　　　　　（单位：m）

机 床 名 称	基础的混凝土厚度
卧式车床	$0.3 + 0.070L$
立式车床	$0.5 + 0.150h$
铣床	$0.2 + 0.150L$
龙门铣床	$0.3 + 0.075L$
插床	$0.3 + 0.150h$
龙门刨床	$0.3 + 0.070L$
内圆磨床、无心磨床、平面磨床	$0.3 + 0.080L$
导轨磨床	$0.4 + 0.080L$
螺纹磨床、精密外圆磨床、齿轮磨床	$0.4 + 0.100L$
摇臂钻床	$0.2 + 0.130h$
深孔钻床	$0.3 + 0.050L$
坐标镗床	$0.5 + 0.150L$
卧式镗床、落地镗床	$0.3 + 0.120L$
卧式拉床	$0.3 + 0.050L$
齿轮加工机床	$0.3 + 0.150L$
立式钻床	$0.3 \sim 0.6$
牛头刨床	$0.6 \sim 1.0$

注：1. 表中的 L 为机床外形的长度（m），h 为其高度（m），均是机床样本和说明书上提供的外形尺寸。

　　2. 表中基础厚度指机床底座下（如垫铁时，指垫铁下）承重部分的混凝土厚度。

8）精密机床基础的设计可分别采取下列措施之一：①在基础四周设置隔振沟，隔振沟的深度应与基础深度相同，宽度宜为 100mm，隔振沟内宜空或垫海绵、乳胶等材料；②在基础四周粘贴泡沫塑料、聚苯乙烯等隔振材料；③在基础四周设缝与混凝土地面脱开，缝中宜填沥青、麻丝等弹性材料；④精密机床的加工精度要求较高时，根据环境振动条件，可在基础或机床底部另行采取隔振措施。

设备使用方的设备管理人员应该配合基础设计人员进行相关的基础设计，对于其他的数控设备和精密设备，基础设计的更为详细资料可以查阅 GB 50040—1996《动力机器基础设计规范》和 GB 50037—1996《建筑地面设计规范》两个国家标准进行。总之，设备基础是设备后续阶段良好工作和发挥其高水平经济效益的基础。

10.2.2 数控机床的开箱验收

1. 搬运和拆箱时的注意事项

1）提货时应检查包装箱是否完好，如果发现问题，应该记录在案。

2）了解机床净重、毛重，选择合适的起运工具，并检查吊具和起吊钢索是否完好。

3）吊运时，必须注意机床包装箱的吊运位置及重心位置。

4）起吊时，严禁将身体的任何部位置于起吊的包装箱下面，严禁将起吊的包装箱从人头顶越过。

5）起吊时，不得使包装箱发生倾斜。

6）铲运时，铲尖应该超过重心位置适当距离。

7）拆箱时，严禁顶盖及四侧包装物掉入或挤入包装箱内，以免损坏机床零件或电气元件等。

8）机床未就位前，严禁拆卸机床活动部件的固定物。

9）严禁用钢管直接垫在床身下面滚动搬运机床。

2. 相关档案的验收和归档

1）包装箱上的铭牌所示是否是采购合同要求的产品。

2）包装箱是否完好，是否受潮。如果包装箱已经损坏、受潮等，应该保留相应证据，以争取更换设备。

3）设备开箱后由档案人员进行资料归档，这样可以避免资料流失到个人手中。应该归档的检验资料包括：①装箱单、出厂合格证；②出厂精度检验报告；③随机操作手册、维修手册、说明书、图样资料、计算机资料及管理系统（软件）等技术文件；④设备开箱验收单。

3. 开箱检验阶段的资料收集需注意的问题

1）在档案验收过程中，装箱单是不可以代替设备开箱验收单的。因为，很多生产厂家随机资料不包含购置合同中另行提出的其他资料，这就要求档案部门除收集装箱单归档外，还要按合同规定，对照装箱单清点附件、备件、工具的数量、规格及完好情况，逐项登记，认真填写出一份用于归档的开箱验收单。

2）设备出厂精度检验单是供方根据购货合同中设备性能、指标条款规定，出具的设备出厂原始精度检测数据，这是用户在设备进厂后调试初始精度的依据，也是设备进入大中修阶段维修调试时的依据，该份资料对于需方很有保存价值，必须要求归档。如果没有此资料，应及时向设备制造厂商索取。

3）要求用户在进口数控机床到货后，必须请地方商检局进行商检并将商检报告归档。对在采购运输过程中发生的事故或被盗事件，对检查主机、数控柜、操作台等有无碰撞损伤、受潮、锈蚀、各防护罩是否齐全完好等影响设备质量的情况，以及出现的调试达不到合同规定的性能、指标等问题，应及时向有关部门反映，对查询、取证或索赔的资料应收集齐全并及时归档。

按照我国 GB 5226.1—2008《机械电气安全 机械电气设备 第1部分：通用技术条件》国家标准，为了安装、操作和维护机床电气设备所需的资料，应以简图、图、图表、表格和说明书的形式提供。提供的资料可随提供的电气设备的复杂程度而异。

4. 设备供方应确保随每台数控机床提供以下电气技术资料

（1）安装图　安装图应给出安装机床准备工作所需的所有资料，以及可能需要参阅的详细的装配图。安装图应清楚表明现场安装电源电缆的推荐位置、类型和截面积；应给出机床电气设备电源线用的过电流保护器件的形式、特性，额定和调定电流选择所需的数据；应详细说明由用户准备的地基中通道的尺寸、用途和位置；应详细说明机床和用户自备的有关设备之间的通道、电缆托架或电缆支承物的尺寸、类型及用途；应表明移动或维修机床电气设备所需的空间；应提供互连接线图或互连接线表，这种图或表应给出所有外部连接的完整信息。

（2）框图（系统图）和功能图　资料中应提供框图（系统图）。框图（系统图）象征性地表示电气系统及其功能关系。

（3）电路图　为详细表明电气系统的基本原理，应提供表示机床及其有关电气设备的电气电路图，电路图与机床所有文件中的器件和元件的符号和标志应是完全一致的；应提供表明接口连接端子的电路图，为了简化，这种图可与电路图一起使用；电路图应包括每个单元详细的参考资料，图上开关符号应展示为电源全部断开状态（如电、气、切削液、润滑液的开关），而机械及其电气设备应展示为正常启动的状态。

（4）操作说明书　技术文件中应包含有一份详述安装和使用设备的正确方法的操作说明书。应特别注意所提出的安全措施和预料到的不合理的操作方法。还应提供编程方法、需要的设备、程序检验和附加安全措施的详细资料。

（5）维修说明书　技术文件中应包含有详述调整、维护、预防性检查和修理的正确方法的维修说明书，维修记录有关建议应为该说明书的一部分。

（6）元器件清单　元器件清单至少应包括订购备用件或替换件所需的信息，如元件、器件、软件、测试设备和技术文件。这些文件是预防性维修和设备保养所必要的，其中包括建议由用户储备的元器件。

在开箱检验和资料归档时，应该按照以上的六项文件进行详细的查阅，为后续设备使用和检修提供方便。开箱验收不能只进行资料有无的验收，而要对资料内容的完整性进行验收。

随机技术文件资料的验收和归档，也可以参照 GB/T 23571—2009《金属切削机床 随机技术文件的编制》进行。

10.2.3 外观质量检查

数控机床开箱后的外观质量验收，应该包含以下几个方面：

1）机床外观表面不应有图样未规定的凸起、凹陷、粗糙不平和其他损伤。

2）机床的防护罩应平整、匀称，不应翘曲、凹陷。

3）机床零部件外露接合面的边缘应整齐、匀称，不应有明显的错位，错位量及不均匀量不得超过表 10-2 的规定。机床电气柜、电气箱等的门、盖周边与其相关件的缝隙应均匀，缝隙不均匀值也不得大于表 10-2 的规定。

表 10-2　错位量及不均匀量表　　　　　　　　　　（单位：mm）

接合面边缘及门、盖边长尺寸	≤500	>500~1250	>1250~3150	>3150
错位量	1.5	2	3	4
错位不匀称量	1	1	1.5	2
贴合缝隙值	1	1.5	2	
缝隙不均匀值	1	1.5	2	

注：当接合面边缘及门、盖边长尺寸的长、宽不一致时，可按长度尺寸确定允许值。

4）外露的焊缝应修整平直、均匀。

5）装入沉孔的螺钉不应突出于零件表面，其头部与沉孔之间应有明显的偏心，固定销一般应略突出于零件外表面，螺栓尾端应略突出于螺母端面，外露轴端应突出于包容件的端面，突出值约为倒角值，内孔表面与壳体凸缘间的壁厚应均匀对称，其凸缘壁厚之差不应大于实际最大壁厚的 25%。

6）机床外露零件表面不应有磕碰、锈蚀。螺钉、铆钉、销子端部不得有扭伤、锤伤等缺陷。

7）金属手轮轮缘和操纵手柄应有防锈层。镀件、发蓝件、发黑件色调应一致，防护层不得有褪色、脱落现象。

8）电气、液压、润滑和冷却等管道的外露部分应布置紧凑，排列整齐，必要时应用管夹固定，管子不应产生扭曲、折叠等现象。

9）机床零件未加工的表面应涂以油漆。可拆卸的装配接合面的接缝处，在涂漆以后应切开，切开时不应扯破边缘。

10）机床上的各种标牌应清晰、耐久。铭牌应固定在明显位置。标牌的固定位置应正确、平整、牢固、不歪斜。

思考与练习

1. 在数控机床安装工作中对安装基础有哪些要求？
2. 电路图应表明电气系统的哪些内容？
3. 安装图应给出哪些所需的资料？
4. 数控机床开箱后的验收应包含哪些内容？

10.3　数控机床的安装

10.3.1　机床的就位和安装

在进行完机床资料归档和外观质量检验后，就进行机床的就位和安装。这个阶段的工作直接影响后续的机床精度检验和机床正常运转。对于数控金属切削机床的安装，应参照两个国家标准，即 GB 50271—2009《金属切削机床安装工程施工及验收规范》和 GB 50231—2009《机械设备安装工程施工及验收通用规范》。以下内容就是结合这两个标准进行阐述的。

1. 对数控机床安装的一般要求

1) 垫铁的形式、规格和布置位置应符合设备技术文件的规定。当无规定时，应符合下列要求：①每一地脚螺栓近旁，应至少有一组垫铁，每一组垫铁应放置整齐、平稳且接触良好；②垫铁组在能放稳和不影响灌浆的条件下，宜靠近地脚螺栓和底座主要受力部位的下方；③相邻两个垫铁组之间的距离不宜大于900mm；④机床底座接缝处的两侧，应各垫一组垫铁；⑤每一组垫铁的块数不应超过三块。

2) 中小型机床可使用可调减振垫铁组，但必须是在一定厚度的混凝土硬地面上使用。

3) 机床调平后，垫铁组伸入机床底座底面的长度应超过地脚螺栓的中心，垫铁端面应露出机床底面的外缘，平垫铁宜露出10～30mm，斜垫铁宜露出10～50mm，螺栓调整垫铁应留有再调整的余量。

4) 调平机床时应使机床处于自由状态，不应采用紧固地脚螺栓局部加压等方法，强制机床变形使之达到精度要求。对于床身长度大于8m的机床，达到自然调平的要求有困难时，可先经过自然调平，然后采用机床技术要求允许的方法强制达到相关的精度要求。

5) 组装机床的部件和组件应符合下列要求：①组装的程序、方法和技术要求应符合设备技术文件的规定，出厂时已装配好的零件、部件，不宜再拆装；②组装的环境应清洁，精度要求高的部件和组件的组装环境应符合设备技术文件的规定；③零件、部件应清洗洁净，其加工面不得被磕碰、划伤和产生锈蚀；④机床的移动、转动部件组装后，其运动应平稳、灵活、轻便、无阻滞现象，变位机构应准确可靠地移到规定位置；⑤组装重要和特别重要的固定接合面，应符合机床技术规范中的相关检验要求。

2. 数控机床的组装

数控机床的组装工作主要包括如下内容。

1) 组织有关技术人员阅读和消化有关数控机床安装资料，然后进行数控机床组装。组装数控机床前要把导轨和各滑动面、接触面上的防锈涂料清洗干净，把数控机床各部件，如数控柜、电气柜、立柱、刀库、机械手等组装成整机。组装时必须使用原来的定位销、定位块等定位元件，以保证下一步精度调整的顺利进行。

2) 部件组装完成后就进行电缆、油管和气管的连接。机床说明书中有电气接线图和气、液压管路图，应根据这些图样资料将有关电缆和管道按标记一一对号接好。连接时特别要注意清洁工作和可靠的接触及密封，接头一定要拧紧，否则试车时漏油漏水会给试车带来麻烦。油管、气管连接中要特别防止异物从接口中进入管路，造成整个液压、气压系统故障。

3) 电缆和管路连接完毕后，要做好各管线的就位固定，安装好防护罩壳，保证整齐的外观。

3. 数控机床安装水平的检验

数控机床完成就位和安装后，在进行几何精度检验前，通常要在基础上先用水平仪进行安装水平的调整。机床安装水平的调平是为了取得机床的静态稳定性，是机床的几何精度检验和工作精度检验的前提条件，但不作为交工验收的正式项目，即几何精度和工作精度检验合格，安装水平是否在允许范围不必进行检验。机床安装水平的调平应该符合以下要求。

1) 机床应以床身导轨作为安装水平的检验基础，并用水平仪和桥板或专用检具在床身导轨两端、接缝处和立柱连接处按导轨纵向和横向进行测量。

2）应将水平仪按床身的纵向和横向放在工作台上或溜板上，并移动工作台或溜板，在规定的位置进行测量。

3）应以机床的工作台或溜板为安装水平检验的基础，并用水平仪按机床纵向和横向放置在工作台或溜板上进行测量，但工作台或溜板不应移动位置。

4）应以水平仪在床身导轨纵向进行等距离移动测量，并将水平仪读数依次排列在坐标纸上，画垂直平面内直线度偏差曲线，其安装水平应以偏差曲线两端点连线的斜率作为该机床的纵向安装水平。横向应以横向水平仪的读数值计。

5）应以水平仪在设备技术文件规定的位置上进行测量。

4. 预调精度的检验

预调精度检验是机床装配或安装时，对机床有关的几何精度作预先调整和过渡性的试验。通过预调精度检验，使相应的几何精度检验达到规定的允许偏差范围，并减少其调整的工作量。

预调精度的调整特别是针对重型、落地、龙门型等大型机床，可使安装单位和用户少走弯路，便于达到几何精度要求。但是只要有关几何精度检验合格，不检查预调精度也可以。所以预调精度是过渡性的精度，不是交工验收的最终精度。而且当几何精度达不到规定时，允许调整相应部件的预调精度，该部件的预调精度在交工验收时不再复检。例如，龙门型床身导轨在垂直平面内的直线度，当工作台放上去后便发生了变化，且无法测量，只要工作台有关几何精度检验合格，至于导轨的直线度是否合格、如何变化可以不管。如果工作台有关几何精度检验不合格，则应调整有关床身垫铁和导轨的直线度，直到工作台几何精度合格为止。预调精度检验包括以下内容

1）床身导轨在垂直平面内的直线度。

2）床身导轨在垂直平面内的平行度。

3）床身导轨在水平面内的直线度。

4）立柱导轨对床身导轨的垂直度。

5）两立柱导轨正导轨面的共面度。

关于以上五项的检验方法和相关的规定，可以参阅 GB 50271—2009《金属切削机床安装工程施工及验收规范》，其中有详细的说明。对于大型机床，机床厂商通常也提供相关的需要检验预调精度的内容和方法。

10.3.2 电气系统的连接和调整

1. 数控系统外部电缆的连接

数控系统外部电缆的连接包括数控装置与 MDI／CRT 单元、强电柜、机床操作面板、进给伺服电动机和主轴电动机动力线、反馈信号线的连接等，这些连接必须符合随机提供的连接手册的规定。

2. 电源线的连接

数控系统电源线的连接，指数控柜电源变压器输入电缆的连接和伺服变压器绕组抽头的连接。对于进口的数控系统或数控机床更要注意，由于各国供电制式不尽相同，国外机床生产厂家为了适应各国不同的供电情况，无论是数控系统的电源变压器，还是伺服变压器，都有多个抽头，必须根据我国供电的具体情况，正确地连接。

3. 地线的连接

数控机床地线的连接十分重要，良好的接地不仅对数控机床和人身的安全十分重要，同时能减少电气干扰，保证机床的正常运行。地线一般都采用辐射式接地法，即数控柜中的信号地、强电地、机床地等连接到公共接地点上，公共接地点再与大地相连。数控柜与强电柜之间的接地电缆要足够粗，截面积要在 5.5mm² 以上。地线必须与大地接触良好，接地电阻一般要求小于 4Ω。

4. 输入电源电压、频率及相序的确认

1）确认输入电源电压和频率。我国供电制式是三相交流 380V，单相交流 220V，频率为 50Hz。有些国家的供电制式与我国不一样，不仅电压幅值不一样，频率也不一样。进口的数控机床为了满足不同国家的供电情况，一般都配有电源变压器，变压器上设有多个抽头供用户选择使用。电路板上设有 50/60Hz 频率转换开关。所以，对于进口的数控机床或数控系统一定要先看清随机说明书，按说明书规定的方法连接。通电前一定要仔细检查输入电源电压是否正确，频率转换开关是否已置于 "50Hz" 位置。

2）确认电源电压波动范围。检查用户的电源电压波动范围是否在数控系统允许的范围内。一般数控系统允许电压波动范围为额定值的 85%～110%，欧美国家生产的一些数控系统要求更高一些。由于我国供电质量不太好，电压波动大，电气干扰比较严重。如果电源电压波动范围超过数控系统的要求，需要配备交流稳压器。实践证明，采取了稳压措施后会明显地减少故障，提高数控机床的稳定性。

3）确认直流电源输出端是否对地短路。各种数控系统内部都有直流稳压电源单元，为系统提供所需的 5V、±15V、±24V 等直流电压。因此在系统通电前，应当用万用表检查其输出端是否有对地短路现象。如有短路，必须查清短路的原因并排除之后再通电，否则会烧坏直流稳压单元。

4）接通数控柜电源，检查各输出电压。在接通电源之前，为了确保安全，可先将电动机动力线断开，这样在数控系统工作时不会引起数控机床运动。但是，应根据维修说明书的介绍，对速度控制单元作一些必要性的设定，不致因断开电动机动力线而造成报警。接通数控柜电源后，首先检查数控柜中各风扇是否旋转，这也是判断电源是否接通的最简便办法。随后检查各印制电路板上的电压是否正常，各种直流电压是否在允许的波动范围内。

5）检查各熔断器。熔断器是数控机床的 "卫士"，时时刻刻保护着数控机床的安全。除供电主线路上有熔断器外，几乎每一块电路板或电路单元都装有熔断器。当过负荷、外电压过高或负载端发生意外短路时，熔断器能马上被熔断而切断电源，起到保护数控机床的作用，所以一定要检查熔断器的质量和规格是否符合要求。

5. 参数的设定和确认

设定系统参数，包括设定 PLC 参数的目的，是当数控装置与机床相连时，能使机床具有最佳的工作性能。即使是同一种数控系统，其参数设定也随机床而异。数控机床出厂时都随机附有一份参数表。参数表是一份很重要的技术资料，必须妥善保存。当进行数控机床维修，特别是当系统中的参数丢失或发生错乱，需要重新恢复数控机床性能时，它更是不可缺少的依据。

对于整机购进的数控机床，各种参数已在机床出厂前设定好，无需用户重新设定，但对照参数表进行一次核对还是必要的。显示已存入系统存储器的参数的方法，随各类数控系统

而异，大多数可以通过按 MDI/CRT 单元上的 PARAM（参数）键来进行。显示的参数内容应与机床安装调试完成后的参数一致。如果参数有不符的，可按照数控机床维修说明书提供的方法进行设定和修改。

如果所用的进给和主轴控制单元是数字式的，那么它的设定也都是用数字设定参数，而不用短路棒。此时，需根据随机所带的说明书予以确认。

6. 确认数控系统与机床间的接口

现代数控系统一般都具有自诊断功能，在 CRT 画面上可以显示出数控系统与机床接口以及数控系统内部的状态。在带有可编程序控制器（PLC）时，可以反映出从 NC 到 PLC，从 PLC 到 MT（机床），以及从 MT 到 PLC，从 PLC 到 NC 的各种信号状态。至于各个信号的含义及相互逻辑关系，随每个 PLC 的梯形图（即顺序程序）而异。用户可根据机床厂提供的梯形图说明书（内含诊断地址表），通过自诊断画面确认数控系统与机床之间的接口信号状态是否正确。

完成上述步骤，可以认为数控系统已经调整完毕，具备了机床联机通电试车的条件。此时，可切断数控系统的电源，连接电动机的动力线，恢复报警设定，准备通电试车。

10.3.3 通电试车

1. 通电试车的准备工作

通电试车要先做好通电前的准备工作。按照数控机床说明书的要求，给数控机床润滑油箱、润滑点灌注规定的油液或油脂，清洗液压油箱及过滤器，加足规定标号的液压油，接通气源等；若是大中型数控机床，在已经完成初就位和初步组装的基础上，要重新调整各主要运动部件与主轴的相对位置，如机械手、刀库及主轴换刀位置的找正，自动托盘交换装置（APC）与工作台交换位置的找正等。

2. 通电过程

机床通电操作最好是各部分分别供电，正常后再作全面供电试验。通电后首先观察各部分有无异常，有无报警故障，然后用手动方式陆续起动各部件。检查安全装置是否起作用，能否正常工作，能否达到额定的工作指标。起动液压系统时，先判断液压泵电动机转动方向是否正确，液压泵工作后液压管路中是否形成油压，各液压元件是否工作正常，有无异常噪声，各接头有无渗漏，液压系统冷却装置能否正常工作等。总之，根据数控机床说明书资料粗略检查机床主要部件、功能是否正常、齐全，使数控机床各环节都能操作运动起来。

3. 通电试车的应急处理

在数控系统与机床联机通电试车时，虽然数控系统已经确认，工作正常无任何报警，但为了预防万一，应在接通电源的同时，做好按急停按钮的准备，以便随时准备切断电源。例如，伺服电动机的反馈信号线接反了或断线，均会出现机床"飞车"现象，这时就需要立即切断电源，检查接线是否正确。在正常情况下，电动机首次通电的瞬时，可能会有微小的转动，但数控系统的自动漂移补偿功能会使电动机轴立即返回。此后，即使电源再次断开、接通，电动机轴也不会转动。可以通过多次通、断电源或按急停按钮的操作，观察电动机是否转动，从而也确认系统是否有自动漂移补偿功能。

4. 通电试车后机床功能测试

通电正常后，用手动方式检查一下各基本运动功能，如各坐标轴的移动、主轴的正转和反转、手摇脉冲发生器控制各坐标运动等。在检查机床各坐标轴的运转情况时，应用手动连续进给移动各坐标轴，或通过 CRT 显示器的显示值检查并判断移动方向是否正确。如方向相反，则应将电动机动力线及检测信号线反接才行，然后检查各轴移动距离是否与移动指令相符。如不符，应检查有关指令、反馈参数以及位置控制环增益等参数设定是否正确。随后再用手动进给，以低速移动各轴，并使它们碰到超程限位开关，用以检查超程限位是否有效，数控系统是否在超程时发出报警。最后还应进行一次返回基准点动作，观察用手动回基准点是否正确。数控机床的基准点是机床进行加工和程序编制的基准位置，因此必须检查有无基准点功能以及每次返回基准点的位置是否完全一致。总之，凡是手动功能都可以检验一下。当这些试验都正确以后，再进行下一步的工作，否则要先查明异常的原因并加以排除。

如果以上试验没发现问题，说明数控机床基本正常，才可以进行机床试运行和几何精度的精调。

思考与练习

1. 数控机床的组装工作主要包括哪些内容？
2. 机床安装水平如何调整？
3. 对地线的连接要求有哪些？
4. 怎样对输入电源电压、频率及相序进行确认？
5. 通电试车要先做好哪些工作？

10.4 数控机床的空运行与功能检验

在数控机床完成安装的相关工作，并完成了就位安装的相关验收工作后，可以进行机床功能验收和调试，为后续的几何精度和工作精度的验收和调试进行前期的准备工作。

10.4.1 数控机床空运行与功能检验的一般要求

数控机床空运行检验是在无负荷状态下运行的，检验各机构的运转状态、温度变化、功率消耗以及操纵机构动作的灵活性、平稳性、可靠性、安全性的操作。

机床的主运动机构应从最低速度起依次运转，每级速度的运转时间不得少于 2min。用交换齿轮、带传动变速和无级变速的机床，可作低、中、高速运转。在最高速度时应运转足够的时间（不得少于 1h），使主轴轴承（或滑枕）达到稳定温度。

进给机构应做依次变换进给量（或进给速度）的空运行试验。对于正常生产的产品，检验时可仅做低、中、高进给量（或进给速度）试验。有快速移动的机构，应做快速移动的试验。除上述之外，在空运行过程中，还应做以下的具体检验。

1. 温升检验

在主轴轴承达到稳定温度时，检验主轴轴承的温度和温升。对于滚动轴承，其温度应为 70℃，温升应为 40℃。机床经过一定时间的运转后，其温度上升幅度不超过 5℃/h 时，一般可认为已达到稳定温度。

2. 主运动和进给运动的检验

检验主运动速度和进给速度（进给量）的正确性，并检查快速移动速度（或时间）。在所有速度下，机床工作机构均应平稳、可靠。

3. 动作检验

机床动作检验包括以下内容。

1）用一个适当速度检验主运动和进给运动的起动、停止（包括制动、反转和点动等）动作是否灵活、可靠。

2）检验自动机构（包括自动循环机构）的调整和动作是否灵活、可靠。

3）反复变换主运动和进给运动的速度，检查变速机构是否灵活、可靠以及指示的准确性。

4）检验转位、定位、分度机构动作是否灵活、可靠。

5）检验调整机构、夹紧机构、读数指示装置和其他附属装置是否灵活、可靠。

6）检验装卸工件、刀具、量具和附件是否灵活、可靠。

7）与机床连接的随机附件应在该机床上试运转，检查其相互关系是否符合设计要求。

8）检验其他操纵机构是否灵活、可靠。

4. 安全防护装置和保险装置的检验

按 GB 15760—2004《金属切削机床 安全防护通用技术条件》等标准的规定，检验安全防护装置和保险装置是否齐备、可靠。

5. 噪声检验

机床运动时不应有不正常的尖叫声和冲击声。在空运行条件下，对于精度等级为Ⅲ级和Ⅲ级以上的机床，噪声声压级不得超过 75dB；对于其他精度等级的机床，噪声声压级不应超过 85dB。

6. 液压、气动、冷却、润滑系统的检验

一般应有观察供油情况的装置和指示油位的油标，润滑系统应能保证润滑良好。机床的冷却系统应能保证冷却充分、可靠。机床的液压、气动、冷却和润滑系统及其他部位均不得漏油、漏水、漏气。切削液不得混入液压系统和润滑系统。

7. 整机连续空运行试验时间控制

数控机床应进行连续空运行试验，整个运行过程中不发生故障连续运行的时间，一般数控机床为 16h，加工中心为 32h。试验时自动循环应包括所有功能和全部工作范围，各次自动循环之间休止时间不得超过 1min。

8. 检验场地应符合有关标准要求

检验场地应符合的标准要求，通常包含以下条件。

1）环境温度：15～35℃。

2）相对湿度：45%～75%。

3）大气压力：86～106kPa。

4）工作电压保持为额定值的 -15%～+10% 范围。

10.4.2 数控卧式车床的空运行及功能检验

对于最大车削直径 ϕ200～1000mm、最大车削长度达 5000mm 的数控卧式车床，通常按以下的要求进行空运行和功能检验。

1. 手动功能检验

用按键、开关或人工操纵对机床进行功能试验，试验其动作的灵活性、平稳性和可靠性。

1）任选一种主轴转速和动力刀具主轴转速，起动主轴和动力刀架机构进行正转、反转、停止（包括制动）的连续试验，连续操作不少于7次。

2）主轴和动力刀具主轴做低、中、高转速变换试验，转速的指令值与显示值（或实测值）之差不得大于5%。

3）任选一种进给量，将起动进给和停止动作连续操纵，在 Z 轴、X 轴、C 轴的全部行程上做工作进给和快速进给试验，Z 轴、X 轴快速行程应大于1/2 全行程。正、反方向连续操作不少于7次，并测量快速进给速度及加、减速特性。测试伺服电动机电流的波动，其允许差值由制造厂规定。

4）在 Z 轴、X 轴、C 轴的全部行程上，做低、中、高进给量变换检验。

5）用手摇脉冲发生器或单步移动溜板、滑板、C 轴做进给检验。

6）用手动或机动使尾座和尾座主轴在其全部行程上做移动检验。

7）有锁紧机构的运动部件，在其全部行程的任意位置上做锁紧试验，倾斜和垂直导轨的滑板在切断动力后不应下落。

8）对回转刀架进行各种转位夹紧检验。

9）对液压、润滑、冷却系统做密封、润滑、冷却性能试验，要求调整方便、动作灵活、润滑良好、冷却充分、各系统不得渗漏。

10）排屑、运屑装置检验。

11）有自动装夹换刀机构的机床，应进行自动装夹换刀检验。

12）有分度定位机构的 C 轴应进行分发定位检验。

13）数字控制装置的各种指示灯、程序读入装置、通风系统等功能检验。

14）卡盘的夹紧、松开，检验其灵活性及可靠性。

15）机床的安全、保险、防护装置功能检验。

16）在主轴最高转速下，测量制动时间，取7次平均值。

17）自动监测、自动对刀、自动测量、自动上下料装置等辅助功能检验。

2. 控制功能验收

用 CNC 控制指令进行机床的功能检验，检验其动作的灵活性和功能可靠性。

1）主轴进行正转、反转、停止及变换主轴转速检验（无级变速机构做低、中、高速检验，有级变速机构做各级转速检验）。

2）进给机构做低、中、高进给量及快速进给变换检验。

3）X 轴、Z 轴和 C 轴联动检验。

4）对回转刀架进行各种转位夹紧试验，选定一个工位测定相邻刀位和回转180°的转位时间，连续7次，取其平均值。

5）试验进给坐标的超程、手动数据输入、坐标位置显示、回基准点、程序号指示和检索、程序停、程序结束、程序消除、单步进给、直线插补、圆弧插补、直线切削循环、锥度切削循环、螺纹切削循环、圆弧切削循环、刀具位置补偿、螺距补偿、间隙插补及其他说明书规定的面板及程序功能的可靠性和动作的灵活性。

3. 温升检验

测量主轴高速和中速空运行时主轴轴承、润滑油和其他主要热源的温升及其变化规律，检验应连续运转 180min。为保证机床在冷态下开始试验，试验前 16h 内不得工作，试验不得中途停机。试验前应检查润滑油的数量和牌号，确保符合使用说明书的规定。

温度测量应在主轴轴承（前、中、后）处及主轴箱体、电动机壳和液压油箱等产生热量的地方进行。

主轴连续运转，每隔 15min 测量一次，最后用被测部位温度值绘成时间－温升曲线图（图 10-1），以连续运转 180min 的温升值作为考核数据。

在实际的检验过程中，应该注意以下几点：

1）温度测点应尽量选择靠近被测部件的位置。主轴轴承温度应以测温工艺孔为测点。在无测温工艺孔的机床上，可在主轴前、后法兰盘的紧固螺钉孔内装热电偶，螺孔内灌注润滑脂，孔口用橡皮泥或胶布封住。

2）室温测点应设在机床中心高处离机床 500mm 的任意空间位置，油箱测温点应尽量靠近吸油口。

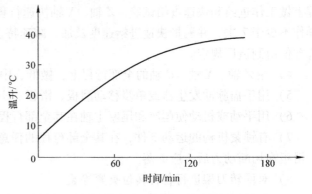

图 10-1　时间－温升曲线图

10.4.3　加工中心的空运行及功能检验

1. 加工中心的空运行检验

1）机床主运动机构应从最低转速起，依次运转，每级速度的运行时间不得少于 2min。无级变速的机床可做低、中、高速运行。在最高速度运行时，时间不得少于 1h，使主轴轴承达到稳定温度，并在靠近主轴定心轴承处测量温度和温升，其温度不应超过 60℃，温升不应超过 30℃。在各级速度运行时运行应平稳，工作机构应正常、可靠。

2）对直线坐标、回转坐标上的运动部件，分别用低、中、高进给速度和快速进行空运行检验其运动的平衡、可靠检验，高速应无振动，低速应无明显爬行现象。

3）在空运行条件下，有级变速传动的各级主轴转速和进给量的实际偏差，不应超过标牌指示值 -2% ~ +6%；无级变速传动的主轴转速和进给量的实际偏差，不应超过标牌指示值的 ±10%。

4）机床主传动系统的空运行功率（不包括主电动机空载功率）不应超过设计文件的规定。

2. 手动功能检验

用手动或数控手动方式操作机床各部件进行试验。

1）对主轴连续进行不少于 5 次的锁刀、松刀和吹气的动作试验，动作应灵活、可靠、准确。

2）用中速连续对主轴进行 10 次的正反转起动、停止（包括制动）和定向操作试验，动作应灵活、可靠。

3）无级变速的主轴至少应在低、中、高的转速范围内，有级变速的主轴应在各级转速进行变速操作试验，动作应灵活、可靠。

4）对各直线坐标、回转坐标上的运动部件，用中等进给速度连续进行各 10 次的正向、负向起动、停止的操作试验，并选择适当的增量进给进行正向、负向的操作试验，动作应灵活、可靠、准确。

5）对进给系统在低、中、高进给速度和快速范围内，进行不少于 10 种的变速操作试验，动作应灵活、可靠。

6）对分度回转工作台或数控回转工作台连续进行 10 次的分度、定位试验，动作应灵活、可靠、准确。

7）对托板连续进行 3 次的交换试验，动作应灵活、可靠。

8）对刀库、机械手以任选方式进行换刀试验。刀库上刀具配置应包括设计规定的最大重量、最大长度和最大直径的刀具；换刀动作应灵活、可靠、准确；机械手的承载重量和换刀时间应符合设计规定。

9）对机床数字控制的各种指示灯、控制按钮、纸带阅读机、数据输出输入设备和风扇等进行空运行试验，动作应灵活、可靠。

10）对机床的安全、保险、防护装置进行必要的试验，功能必须可靠，动作应灵活、准确。

11）对机床的液压、润滑、冷却系统进行试验，应密封可靠，冷却充分，润滑良好，动作灵活、可靠，各系统不得渗漏。

12）对机床的各附属装置进行试验，工作应灵活、可靠。

3. 数控功能试验

用数控程序操作机床各部件进行试验。

1）用中速连续对主轴进行 10 次的正反转起动、停止（包括制动）和定向的操作试验，动作应灵活、可靠。

2）无级变速的主轴至少在低、中、高转速范围内，有级变速的主轴在各级转速进行变速操作试验，动作应灵活、可靠。

3）对各直线坐标、回转坐标上的运动部件，用中等进给速度连续进行正、负向的起动、停止和增量进给方式的操作试验，动作应灵活、可靠、准确。

4）对进给系统至少进行低、中、高进给速度和快速的变速操作试验，动作应灵活、可靠。

5）对分度回转工作台或数控回转工作台连续进行 10 次分度、定位试验，动作应灵活，运行应平稳、可靠、准确。

6）对各种托板进行 5 次交换试验，动作应灵活、可靠。

7）对刀库总容量中包括最大重量刀具在内的每把刀具，以任选方式进行不少于 3 次的自动换刀试验，动作应灵活、可靠。

8）对机床所具备的坐标联动，坐标选择，机械锁定，定位，直线及圆弧等各种插补，螺距、间隙、刀具等各种补偿，程序的暂停、急停等各种指令，有关部件、刀具的夹紧、松开，以及液压、冷却、气动润滑系统的启动、停止等功能逐一进行试验，其功能应可靠，动作应灵活、准确。

4. 机床的连续空运行试验

1）连续空运行试验应在完成加工中心的空运行检验和手动功能检验之后、精度检验之

单元**10** 数控机床的安装与调试

前进行。

2）连续空运行试验应用包括机床各种主要功能在内的数控程序，操作机床各部件进行连续空运行，时间应不少于48h。

3）连续空运行的整个过程中，机床运行应正常、平稳、可靠，不应发生故障，否则必须重新运行。

4）连续空运行程序中应包括下列内容：①主轴速度应包括低、中、高在内的5种以上正转、反转、停止和定位，其中高速运行时间一般不少于每个循环程序所用时间的10%；②进给速度应把各坐标上的运动部件包括低、中、高速度和快速的正向、负向组合在一起，在接近全程范围内运行，并可选任意点进行定位，运行中不允许使用倍率开关，高速进给和快速运行时间不少于每个循环程序所用时间的10%；③刀库中各刀位上的刀具不少于两次的自动交换；④分度回转工作台或数控回转工作台的自动分度、定位不少于两个循环；⑤各种托板不少于5次的自动交换；⑥各联动坐标的联动运行；⑦各循环程序间的暂停时间不应超过0.5min。

机床最小设定单位检验有直线坐标最小设定单位检验和回转坐标最小设定单位检验两种，应分别进行试验。检验某一坐标最小设定单位时，其他运动部件原则上置于行程的中间位置。检验时可在使用螺距补偿和间隙补偿条件下进行。

思考与练习

1. 对数控机床空运行检验有哪些要求？
2. 如何进行数控卧式车床空运行和功能检验？
3. 如何进行加工中心空运行和功能检验？

10.5 数控机床的精度测定

虽然数控机床的精度测定取决于机床的静态特性（如机床静态的几何精度和刚度），但更多地还是取决于机床的动态特性，即运动精度（包括运动的直线性、稳定性和回转精度）和抗振性（加工过程的稳定性）。

10.5.1 数控机床精度的概念

精度是指实际值接近给定值（或理论值）的程度。工程中使用的数值表示实际值与给定值之间的偏差，即不精确度。所以，在定量地评价机床的精度时，常使用的是偏差和误差、公差等术语。例如，在讨论机床的定位精度时，实际所给出的是定位最大偏差0.03mm（公差带宽度表示法）和定位偏差0.015mm（测量偏差表示法）。在实际工作中常常引用如下一些精度术语和概念。

（1）测量精度 指数控机床测量系统的精度，包括测量基准的误差、测量系统的误差以及读数误差等。

（2）控制系统定位精度 指伺服驱动系统和测量系统配合工作时沿坐标轴方向某一点

相对另一点进行定位的精度（以最大偏差衡量），它除了表示测量精度外，主要表示伺服系统准确执行定位指令的能力。伺服系统元件开关时间和动作起停（包括正、反、换向）时间的波动，都会引起控制系统实际定位点的分散。

（3）重复定位精度（或重复精度） 指机床滑板位置的可重复性。重复定位精度主要由伺服系统和机床进给系统的性能所决定，如伺服元件开关特性、进给部件的间隙、刚性和摩擦特性等。一般情况下，重复定位精度是呈正态分布的偶然性误差，即在相同条件下，以在某一点定位时的预计离散程度作为其重复精度。

（4）机床滑板定位精度 指测量系统、伺服系统和机床进给系统综合作用而达到的定位精度，实际上它是测量精度和重复定位精度的综合，或者说是控制系统定位精度再加上机床进给系统的精度。

（5）机床几何精度 指机床各部件工作表面的几何形状及相互位置接近正确几何基准的程度。对于多坐标数控机床而言，各导轨面的直线度和平行度将引起各个坐标轴的相应角度变化，即颠摆、摇摆和滚摆。

（6）机床定位精度 指机床在规定的加工空间范围内进行定位的精度，以可能出现的最大定位偏差表示。换句话说，机床定位精度是指按照允许输入的位移指令进行定位时可能产生的最大偏差。机床定位精度受测量系统精度、伺服系统精度、滑板进给系统精度以及各机床部件相互几何关系的影响。

（7）机床定位稳定性 亦称机床定位再现性，指在相当长的时间内保持机床定位精度的能力。它反映了环境温度、机床温度、外加载荷重量和机床磨损等因素的变化对机床定位精度的影响。

（8）机床精度 指机床在规定的条件（主要是温度条件）下工作时所能达到的机床定位精度。

上述八项指标都是静态的（即在运动停止后进行测定的），这对各种数控机床都适用。但对于轮廓控制的机床，还要考核轮廓跟随精度，这是一项动态精度，反映在运动过程中。

（9）轮廓跟随精度 指实际运动轨迹接近于程序给定轨迹的程度。它影响着轮廓的加工精度，与伺服系统的速度放大系数、驱动时间常数、运动速度、轮廓切线方向变化率等因素有关。

（10）机床工作精度（或称加工精度） 指机床上加工的工件所达到的精度，此精度不仅取决于上述各种机床精度指标，而且还与夹具、刀具和工件本身的误差有关。

10.5.2　数控机床几何精度检测方法

数控机床的几何精度综合反映该设备的关键机械零部件和组装后的几何形状误差。数控机床的几何精度检测和普通机床的几何精度检测基本相同，使用的检测工具和方法也很相似，但是检测要求更高。以下列出了一台普通立式加工中心的几何精度检测内容。

1）工作台面的平面度。

2）各坐标方向移动的相互垂直度。

3）X 坐标方向移动时工作台面的平行度。

4）Y 坐标方向移动时工作台面的平行度。

5）X 坐标方向移动时工作台面 T 形槽侧面的平行度。

6）主轴轴向窜动。

7）主轴孔的径向圆跳动。

8）主轴箱沿 Z 坐标方向移动时主轴轴线的平行度。

9）主轴回转轴心线对工作台面的垂直度。

10）主轴在 Z 坐标方向移动的直线度。

从上述 10 项精度要求可以看出，第一类精度要求是对机床各运动大部件如床身、立柱、溜板、主轴箱等运动的直线度、平行度、垂直度的要求，第二类是对执行切削运动主要部件——主轴的自身回转精度及直线运动精度（切削运动中的进刀）的要求。因此，这些几何精度综合反映了该机床的几何精度和作切削运动的部件——主轴的几何精度。工作台面及台面上 T 形槽相对机械坐标系的几何精度要求是：反映数控机床加工的工件坐标系对机械坐标系的几何关系。因为工作台面及定位基准 T 形槽都是工件或工件夹具的定位基准，加工工件用的工件坐标系往往都以此为基准。

目前，国内常用的机床几何精度检测工具有精密水平仪、直角尺、精密方箱、平尺、平行光管、千分表或测微仪、高精度主轴检验棒及一些刚性较好的千分表等。每项几何精度的具体检测办法由机床的检测条件规定，但检测工具的精度等级必须比所测的几何精度高出一个等级。例如用平尺来检验 X 轴方向移动对工作台的平行度时，如果要求平行度公差为 $0.025\text{mm}/750\text{mm}$，则平尺的直线度误差及上下基面平行度误差应在 $0.01\text{mm}/750\text{mm}$ 以内。

在数控机床检测中，必须对机床地基有严格的要求，并且必须在地基及地脚螺栓的固定混凝土完全固化后才能进行检测。精调时，要把机床的主床身调到较精密的水平面，然后再精调其他几何精度。考虑到水泥基础不够稳定，一般要求在使用数个月到半年后，再精调一次机床水平。有一些中小型数控机床的床身大件具有很高的刚度，可以在对地基没有特殊要求的情况下保持其几何精度，但为了长期工作的精度稳定性，还是需要调整到一个较好的机床水平，并且要求有关的垫铁都处于垫紧的状态。

一些几何精度项目是互相联系的。例如立式加工中心的检测中，如发现 Y 轴和 Z 轴方向移动的相互垂直度误差较大，则可以适当地调整立柱底部床身的地脚垫铁，使立柱适当地前倾或后仰，从而减少这项误差，但这样也会改变主轴回转轴线对工作台面的垂直度误差。因此，对数控机床的各项几何精度检测工作应在精调后一气呵成，不允许检测一项调整一项，分别进行，因为这样会由于调整后一项几何精度而把已检测合格的前一项精度调成不合格。

在检测工作中要注意尽可能消除检验工具和检测方法的误差。例如检测主轴回转精度时，检验棒自身的振摆和弯曲等误差，在表架上安装千分表和测微仪时表架刚度带来的误差，在卧式机床上使用回转测微仪时重力的影响，在测头抬头的位置和低头的位置的测量数据误差等。

机床的几何精度在机床处于冷态和热态时是不同的，检测时应按国家标准的规定，即在机床稍有预热的状态下进行，一般是在机床通电以后，各移动坐标往复运动几次，主轴按中等的转速回转几分钟之后才能进行检测。

10.5.3　数控机床定位精度检测

数控机床的定位精度有其特殊的意义，它是表明所测量的机床各运动部件在数控装置控制下运动所能达到的精度。因此，根据实测的定位精度的数值，可以判断出这台机床在以后的自动加工中所能达到的最好的加工精度。

定位精度的主要检测内容有：直线运动定位精度（包括 X、Y、Z、U、V、W 轴）；直线运动重复定位精度；直线运动轴机械原点的返回精度；直线运动失动量；回转运动的定位精度（转台 A、B、C 轴）；回转运动的重复定位精度；回转轴原点的返回精度；回转轴运动的失动量。

测量直线运动的检测工具有测微仪、成组块规、标准长度刻线尺、光学读数显微镜及双频激光干涉仪等。标准长度测量以双频激光干涉仪为准。

回转运动检测工具有 360 齿精确分度的标准转台或角度多面体、高精度圆光栅及平行光管等。

1. 直线运动定位精度检测

直线运动定位精度检测一般在机床和工作台空载条件下进行，常用的检测方法如图10-2所示。

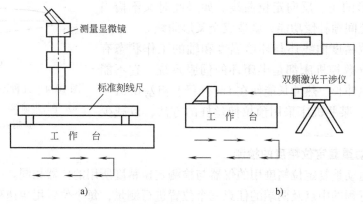

图 10-2　直线运动定位精度检测方法
a）标准尺比较测量　b）激光测量

按国家标准和国际标准化组织的规定（ISO 标准），对数控机床的检测应以激光测量为准。但目前国内激光测量仪较少，大部分数控机床生产厂的出厂检测及用户验收检测还是采用标准尺进行比较测量。这种方法的检测精度与检测技巧有关，较好的情况下可控制到 $(0.004 \sim 0.005)/1000$，而激光测量的测量精度可较标准尺检测方法提高一倍。

为了反映出多次定位中的全部误差，ISO 标准规定每一个定位点按 5 次测量数据算出平均值和散差 $\pm 3\sigma$。所以，这时的定位精度曲线已不是一条曲线，而是由各定位点平均值连贯起来的一条曲线上加上 3σ 散带构成的定位点散带，如图 10-3 所示。

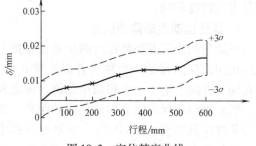

图 10-3　定位精度曲线

此外，数控机床现有定位精度都以快速定位测定，这也是不全面的。在一些进给传动链刚度不太好的数控机床上，采用各种进给速度定位时会得到不同的定位精度曲线和不同的反向死区（间隙）。因此，对一些质量不高的数控机床，即使有很好的出厂定位精度检测数据，也不一定能成批加工出高精度的零件。

另外，由于综合原因机床运行时正、反向定位精度曲线，不可能完全重合，甚至出现图10-4所示的几种不正常情况。

平行形曲线（图10-4a），即正向曲线和反向曲线在垂直坐标上很均匀地拉开一段距离，这段距离即反映了该坐标轴的反向间隙。这时可以通过数控系统间隙补偿功能修改间隙补偿值来使正、反向曲线接近。

交叉形曲线（图10-4b）与喇叭形曲线（图10-4c），这两类曲线都是由于被测坐标轴上各段反向间隙不均匀造成的。滚珠丝杠在行程内各段间隙过盈不一致和导轨副在行程的负载不一致等是造成反向间隙不均匀的主要原因。反向间隙不均匀现象较多表现在全行程内一头松一头紧，结果得到喇叭形的正、反向定位曲线。如果此时又不恰当地使用数控系统间隙补偿功能，就造成交叉形曲线。

测定的定位精度曲线还与环境温度和轴的工作状态有关。目前大部分数控机床都是半闭环的伺服系统，它不能补偿滚珠丝杠热伸长，热伸长能使在1m行程上相差0.01～0.02mm。为此，某些机床采用预拉伸丝杠的方法，以减少热伸长的影响。

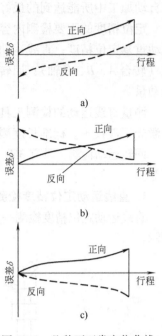

图10-4　几种不正常定位曲线
a）平行形曲线　b）交叉形曲线
c）喇叭形曲线

2. 直线运动重复定位精度的检测

检测直线运动重复定位精度用的仪器与检测定位精度所用的仪器相同。一般检测方法是在靠近各坐标行程的中点及两端的任意三个位置进行测量，每个位置用快速移动定位，在相同的条件下重复做七次定位，测出停止位置的数值并求出读数的最大差值。以三个位置中最大差值的二分之一，附上正负符号，作为该坐标的重复定位精度。它是反映轴运动精度稳定性的最基本指标。

3. 直线运动的原点返回精度

原点返回精度，实质上是该坐标轴上一个特殊点的重复定位精度，因此它的测量方法与重复定位精度相同。

4. 直线运动失动量的测定

失动量的测定方法是在所测量坐标轴的行程内，预先向正向或反向移动一个距离并以此停止位置为基准，再在同一方向上给予一个移动指令值，使之移动一段距离，然后再向相反方向上移动相同的距离，测量停止位置与基准位置之差（图10-5）。在靠近行程中点及两端的三个位置上分别进行多次（一般为7次）的测定，求出各位置上的平均值，以所得到平均值中的最大值为失动测量值。

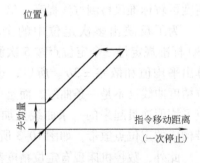

图10-5　失动量的测定

坐标轴的失动量是该坐标轴进给传动链上驱动部件（如伺服电动机等）的反向死区、各机械运动传动副的反向间隙和弹性变形等误差的综合反映。此误差越大，则定位精度和重复定位精度也越差。

5. 回转轴运动精度的测定

回转运动各项精度的测定方法与上述各项直线运动精度的测定方法相同，但用于回转精度的测定仪器是标准转台、平行光管（准直仪）等。考虑到实际使用要求，一般对 0°、90°、180°、270°等几个直角等分点进行重点测量，要求这些点的精度较其他角度位置精度提高一个等级。

思考与练习

1. 什么是精度?
2. 数控机床几何精度检测内容有哪些?
3. 数控机床定位精度检测内容有哪些?

10.6　数控机床工作精度的检验

数控机床完成以上的检验和调试后，实际上已经基本完成各项独立指标的相关检验，但是还没有完全、充分地体现出机床整体的、在实际加工条件下的综合性能，而且用户往往也非常关心整体的综合性能指标，所以还要完成工作精度的检验。下面分别介绍数控车床和加工中心工作精度的检验。

10.6.1　数控车床工作精度的检验

数控车床的工作精度检验是根据 GB/T 16462.6—2007《数控车床和车削中心检验条件第 6 部分：精加工试件精度检验》。

1. 圆度和切削加工直径的一致性

圆度：检验零件靠近主轴轴端的半径变化。

切削加工直径的一致性：检验零件的每一个环带直径之间的变化。

（1）检验方式　精车夹持在标准的工件夹具上的圆柱试件，单刃车刀安装在回转刀架的一个工位上，检验零件的材料和刀具的形式及形状、进给量、切削深度、切削速度均由制造厂规定，但应该符合国家或行业标准的相关规定。

（2）简图　图 10-6 所示为圆度与切削加工直径的一致性检验简图。

L 为 0.5 倍最大车削直径或 2/3 最大车削行程。

范围 1：最大为 250mm。

范围 2：最大为 500mm。

$D_{min} = 0.3L$。

（3）公差

1）范围 1：最大为 250mm 的情况。

圆度：0.003mm。

切削加工直径的一致性：300mm 长度上为 0.020mm。

单元 **10** 数控机床的安装与调试

2）范围2：最大为500mm的情况。

圆度：0.005mm。

切削加工直径的一致性：300mm长度上为0.030mm。

相邻环带间的差值不应超过两端环带间测量差值的75%。

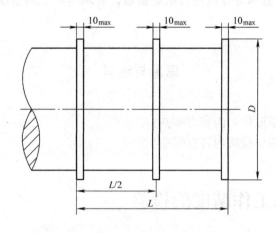

图10-6 圆度与切削加工直径的一致性检验简图

2. 精车端面的平面度

（1）检验方式 精车夹持在标准的工件夹具上的试件端面，单刃车刀安装在回转刀架上的一个工位上，检验零件的材料和刀具的形式及形状、进给量、切削深度、切削速度均由制造厂规定，但应该符合国家或行业标准的相关规定。

（2）简图 图10-7所示为精车端面的平面度检验图。

D 为0.5倍最大车削直径。

（3）公差 300mm直径上为0.025mm，只允许凹。

3. 螺距精度

（1）检验方式 用一把单刃车刀车螺纹，V形螺纹形状，螺纹的螺距不应超过丝杠螺距的一半。

试件的材料、直径、螺纹的螺距连同刀具的形式和形状、进给量、切削深度和切削速度均由制造厂规定，但应该符合国家或行业标准的相关规定。

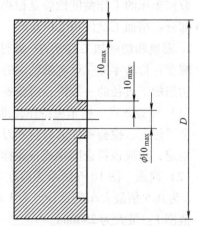

图10-7 精车端面的平面度检验图

注：① 螺纹表面应光滑凹陷或波纹。

② 外径为50mm、长为75mm、螺距为3mm的典型试件一般可满足大多数无丝杠机床。

（2）简图 图10-8所示为螺距精度检验图。

$L = 75mm$，$D \approx$ 丝杠直径。

（3）公差 任意50mm测量长度上为0.01mm。

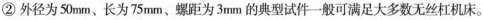

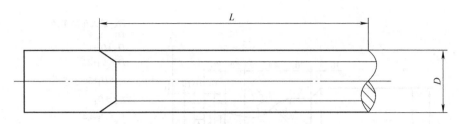

图 10-8   螺距精度检验图

4. 在各轴的转换点处的车削轮廓与理论轮廓的偏差

（1）检验方式   在数字控制下用一把单刃车刀车削试件的轮廓。试件的材料、直径、螺纹的螺距连同刀具的形式和形状、进给量、切削深度和切削速度均由制造厂规定，但应该符合国家或行业标准的相关规定。

（2）简图   图 10-9 所示为加工轴类零件的数控车床的轮廓偏差检验图。

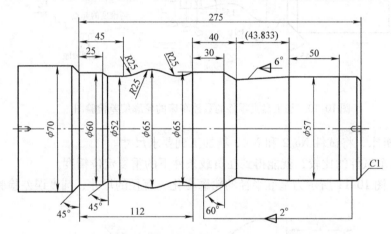

图 10-9   加工轴类零件的数控车床的轮廓偏差检验图

图 10-9 所示的尺寸只适应于范围 2，即最大为 500mm。

对于范围 1，即最大为 250mm，机床的尺寸可以由制造厂按比例缩小。

图 10-10 所示为加工盘类零件的数控车床的轮廓偏差检验图。

（3）公差

1）范围 1：最大为 250mm 的情况下，公差为 0.030mm。

2）范围 2：最大为 500mm 的情况下，公差为 0.045mm。

5. 基准半径的轮廓变化、直径的尺寸、圆度误差

（1）检验方式   用程序 1 或程序 2 车削一个试件。

程序 1：以 15° 为一个程序段，从 0°～105°（即 7 个程序段）分段车削球面，不用刀尖圆弧半径补偿。

程序 2：只用一个程序（1°～105°）车削球面，不用刀尖圆弧半径补偿。

工序如下：

1）在精加工前，坯料的加工余量为 0.13mm。

2）将试件 No.1 精加工到要求尺寸。

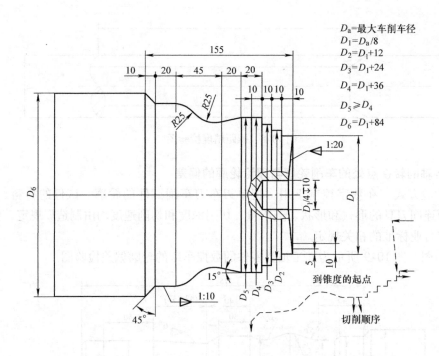

图 10-10　加工盘类零件的数控车床的轮廓偏差检验图

3）不调整机床，将试件 No. 2 和 No. 3 精加工到要求尺寸。

通过对这三个试件的比较，就能得到在负载条件下的重复定位精度。

（2）简图　图 10-11 所示为基准半径的轮廓变化、直径的尺寸、圆度误差检验图。

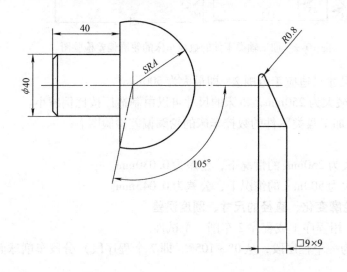

图 10-11　基准半径的轮廓变化、直径的尺寸、圆度误差检验图

（3）公差　公差见表 10-3。

表 10-3　公差　　　　　　　　　　　　　　　　　　　　（单位：mm）

尺寸	范围 1	范围 2
<100	0.008	—
<150	0.010	—
<250	0.015	—
<350	—	0.020
<500	—	0.025
<750	— 0.010 0.003	0.035 0.020 0.0025

注：1. 试件达到的表面粗糙度要做记录。

　　2. 刀尖圆弧半径的精度必须达到机床输入分辨率的两倍，并且刀具的前角为 0°。

　　3. 必须使用紧密、稳定的材料（如铝合金），以获得满意的表面质量。

　　4. 通过对这三个试件的比较，就能得到负载条件下的重复定位精度。

10.6.2　加工中心工作精度的检验

加工中心的工作精度检验是根据 GB/T 20957.7—2007《精密加工中心检验条件第7部分：精加工试件精度检验》国家标准进行的。

1. 试件的定位

试件应位于 X 行程的中间位置，并沿 Y 轴和 Z 轴在适合于试件和夹具定位及刀具长度的适当位置处放置。当对试件的定位位置有特殊要求时，应在制造厂和用户的协议中规定。

2. 试件的固定

试件应在专用的夹具上方便安装，以达到刀具和夹具的最大稳定性。夹具和试件的安装面应平直。

应检验试件安装表面与夹具夹持面的平行度。应使用合适的夹持方法以便使刀具能贯穿加工中心孔的全长。建议使用埋头螺钉固定试件，以避免刀具与螺钉发生干涉，也可选用其他等效的方法。试件的总高度取决于所选用的固定方法。

3. 试件的材料、刀具和切削参数

试件的材料和切削刀具及切削参数按照制造厂与用户间的协议选取，并应记录下来，推荐的切削参数如下：

（1）切削速度　铸铁件约为 50m/min，铝件约为 300m/min。

（2）进给量　约为 0.05 ~ 0.10mm/齿。

（3）切削深度　所有铣削工序在径向的切削深度应为 0.2mm。

4. 试件的尺寸

如果试件切削了数次，外形尺寸减小，孔径增大，当用于验收检验时，建议选用最终的轮廓加工尺寸与本标准中规定的一致，以便如实反映机床的切削精度。试件可以在切削试验中反复使用，其规格应保持在本标准所给出的特征尺寸的 ±10% 以内。当试件再次使用时，在进行新的精切试验前，应进行一次薄层切削，以清理所有的表面。

5. 轮廓加工试件

（1）目的　该检验包括在不同轮廓上的一系列精加工，用来检查不同运动条件下的机床性能。也就是仅一个轴进给、不同进给率的两轴线性插补、一轴进给率非常低的两轴线性插补和圆弧插补。

该检验通常在 $X-Y$ 平面内进行，但当备有万能主轴头时，同样可以在其他平面内进行。

（2）尺寸　轮廓加工试件共有两种规格，如图 10-12 所示 GB/T 20957.7—A160 试件图和图 10-13 所示的 GB/T 20957.7—A320 试件图。

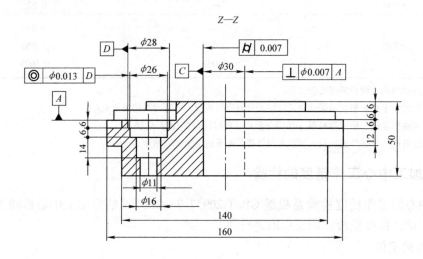

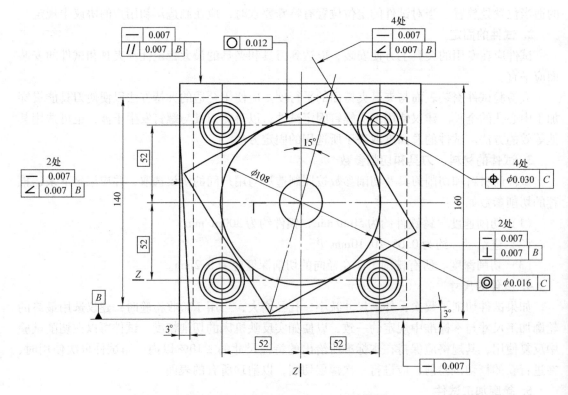

图 10-12　GB/T 20957.7—A160 试件图

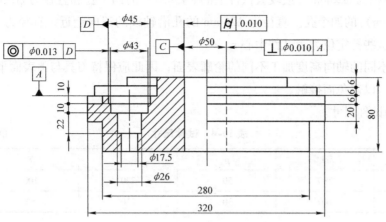

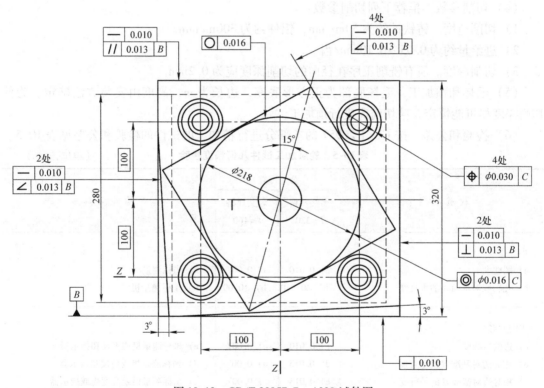

图 10-13 GB/T 20957.7—A320 试件图

试件的最终形状应由下列加工形成:

1) 通镗位于试件中心直径为 p 的孔。

2) 加工边长为 L 的正方形。

3) 加工位于正方形上边长为 q 的菱形。

4) 加工位于菱形之上直径为 q、深为 6mm（或 10mm）的圆。

5) 加工正方形上面, α 角为 3°或 tanα = 0.05 的倾斜面。

6）镗削直径为 φ26mm（或较大试件上的 φ43mm）的四个孔和直径为 φ28mm（或较大试件上的 φ45mm）的四个孔。直径为 φ26mm 的孔沿轴线的正向趋近，直径为 φ28mm 的孔为负向趋近。这些孔定位为距试件中心 r。

因为是在不同的轴向高度加工不同的轮廓表面，因此应保持刀具与下表面平面离开零点几毫米的距离，以避免面接触。

表 10-4 为试件尺寸。

表 10-4　试件尺寸　　　　　　　　　（单位：mm）

名义尺寸 L	m	p	q	r	α
320	280	50	220	100	3°
160	140	30	110	52	3°

（3）刀具　可选用直径为 φ32mm 的同一把立铣刀加工试件的所有外表面。

（4）切削参数　推荐下列切削参数：

1）切削速度。铸铁件约为 50m/min，铝件约为 300m/min。

2）进给量约为 0.05～0.10mm/齿。

3）切削深度。所有铣削工序在径向的切削深度应为 0.2mm。

（5）毛坯和预加工　毛坯底部为正方形底座，边长为 m，高度由安装方法确定。为使切削深度尽可能恒定，精切前应进行预加工。

（6）检验和公差　按 GB/T 20957 的本部分进行精加工的试件的检验和公差见表 10-5。

表 10-5　轮廓加工试件几何精度检验　　　　　（单位：mm）

检验项目	公差 名义规格 l=320	名义规格 l=160	检验工具
中心孔 a）圆柱度 b）孔轴线对基面 A 的垂直度	a）0.010 b）φ0.010	a）0.007 b）φ0.007	a）坐标测量机 b）坐标测量机
正四方形 c）边的直线度 d）相邻边对基准 B 的垂直度 e）相对边对基准 B 的平行度	c）0.010 d）0.013 e）0.013	c）0.007 d）0.007 e）0.007	c）坐标测量机或平尺和指示器 d）坐标测量机或角尺和指示器 e）坐标测量机或高度规或指示器
菱形 f）边的直线度 g）四边对基准 B 的倾斜度	f）0.010 g）0.013	f）0.007 g）0.007	f）坐标测量机或平尺和指示器 g）坐标测量机或正弦规和指示器
圆 h）圆度 i）外圆和中心孔 C 的同心度	h）0.016 i）φ0.016	h）0.012 i）φ0.016	h）坐标测量机或指示器或圆度测量仪 i）坐标测量机或指示器或圆度测量仪

（续）

检验项目	公 差		检验工具
	名义规格 $l = 320$	名义规格 $l = 160$	
斜面			
j）面的直线度	j）0.010	j）0.007	j）坐标测量机或平尺和指示器
k）斜面对基准 B 的倾斜度	k）0.013	k）0.007	k）坐标测量机或正弦规和指示器
镗孔			
n）孔相对于中心孔 C 的位置度	n）$\phi 0.030$	n）$\phi 0.030$	n）坐标测量机
o）内孔与外孔 D 的同心度	o）$\phi 0.013$	o）$\phi 0.013$	o）坐标测量机或圆度测量仪

注：1. 如果可能，应将试件放在坐标测量机上进行测量。
    2. 对于直边（正四方形、菱形和斜面）的检验，为得到直线度、垂直度和平行度的偏差，测头至少在 10 个点处触及被测表面。
    3. 对于圆度（或圆柱度）检验，当测量为非连续性时，则至少检查 15 个点（圆柱度在每个测量平面内）。建议圆度检验最好采用连续测量。

（7）记录的信息　按标准要求检验时，应尽可能完整地将下列信息记录到检验报告中去。

1）试件的材料和标志。

2）刀具的材料和尺寸。

3）切削速度。

4）进给量。

5）切削深度。

6）斜面 3°和 arctan0.05 间的选择。

6. 端铣试件

（1）目的　本检验的目的是检验端面精铣所铣表面的平面度，两次走刀重叠约为铣刀直径的 20%。通常该检验是通过沿 X 轴轴线的纵向运动和沿 Y 轴轴线的横向运动来完成的，但也可按制造厂和用户间的协议用其他方法来完成。

（2）试件尺寸及切削参数　对两种试件尺寸和有关刀具的选择应按制造厂的规定或与用户的协议要求执行。

试件的面宽是刀具直径的 1.6 倍，切削面宽度用 80% 刀具直径的两次走刀来完成。为了使两次走刀中的切削宽度近似相同，第一次走刀时刀具应伸出试件表面刀具直径的 20%，第二次走刀时刀具应伸出另一边约 1mm，如图 10-14 所示端铣试验模式检验图。试件长度应为宽度的 1.25 ~ 1.6 倍。

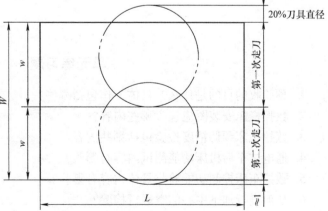

图 10-14　端铣试验模式检验图

对试件的材料未做规定，当使用铸铁件时，可参见表 10-6 所列的切削参数。进给速度为 300mm/min 时，每齿进给量近似为 0.12mm，切削深度不应超过 0.5mm。如果可能，在切削时，与被加工表面垂直的轴（通常是 Z 轴）应锁紧。

（3）刀具　采用可转位套式面铣刀，刀具安装应符合下列公差要求。

1）径向跳动公差≤0.02mm；

2）轴向跳动公差≤0.03mm。

表 10-6　切削参数

试件表面宽度 W/mm	试件表面长度 L/mm	切削宽度 w/mm	刀具直径/mm	刀具齿数
80	100 ~ 130	40	50	4
160	200 ~ 250	80	100	8

（4）毛坯和预加工　毛坯底座应具有足够的刚性，并适合于夹紧到工作台上，且尽可能恒定，精切前应进行预加工。

（5）精加工表面的平面度公差　小规格试件被加工表面的平面度公差不应超过 0.013mm，大规格试件被加工表面的平面度公差不超过 0.018mm。垂直于铣削方向的直线度检验反映出两次走刀刀具退刀、进刀的影响。

（6）记录的信息　检验后应尽可能完整地将下列信息记录到检验报告中。

1）试件的材料和尺寸。

2）刀具的材料和尺寸。

3）切削速度。

4）进给率。

5）切削深度。

思考与练习

1. 数控车床的工作精度检验有哪些项目？
2. 加工中心的工作精度检验试件如何正确固定？
3. 加工中心的工作精度检验推荐使用什么切削参数？

单元练习题

1. 预验收的目的是什么？具体工作包括哪些？
2. 数控机床安装图应包含哪些内容？
3. 数控机床预调精度检验包括哪些内容？
4. 通电试车后机床功能测试内容有哪些？
5. 数控车床控制功能验收具体内容有哪些？
6. 如何进行加工中心的空运行检验？
7. 直线运动失动量如何测定？其作用是什么？
8. 简述加工中心的工作精度检验过程。

单元11 数控机床维修与改造

 学习目标

1. 了解数控机床维修与改造工作的意义。
2. 理解数控机床维修分类的含义。
3. 掌握数控机床维修管理的概念。
4. 掌握数控机床维修的工作方法。
5. 掌握数控机床翻新改造和普通机床数控升级改造的应用。

 内容提要

  数控机床的技术性能、工作效率、服务期限、维修费用与数控机床能否得到正确、合理的维修有着密切的关系。正确、合理地维修数控机床，有助于发挥数控机床技术能力，延长两次维修的间隔，延长数控机床使用寿命，减少每次维修的劳动量，从而降低维修成本、提高数控机床的有效使用时间和使用效果。

11.1 数控机床维修概述

11.1.1 数控机床维修项目

1. 数控机床维修项目的分类

  数控机床运行一段时间后其性能和状态要下降，如电子器件会发生老化，机械零部件要腐蚀和磨损，甚至损坏，由此会引起运转故障增多。在生产过程中，影响数控机床运行的故障因素还有很多，其作用时间与程度差别很大。为了预防数控机床故障的发生，必须有针对性地予以计划性维修。

  数控机床计划性的维修项目大致分为三种，即大修、中修、小修。

  （1）大修 大修主要根据数控机床的基准零件已磨损到极限，电子器件的性能亦已严重下降，而且大多数易损零件也已用到规定时间，数控机床的性能已全面下降而确定。

  大修时需将数控机床拆离基础，送到专业维修场所进行，要全部解体。

  大修一般包括维修基准件、修复或更换所有磨损和已到使用期限的零件、校正坐标、恢复精度及各项技术性能、重新油漆。此外，结合大修还可进行必要的改造，因此所需用的经费比较高。

（2）中修　中修与大修不同，不涉及基准零件的维修，主要修复或更换已磨损或已到使用期限的零件，校正坐标，恢复精度及各项技术性能。中修只需局部解体，并且在生产现场就地进行。

（3）小修　小修的主要任务在于更换易损零件，排除故障，调整精度，有局部不太复杂的拆卸工作。小修在生产现场就地进行，以保证数控机床正常生产运转。

上述三种维修的时间、周期、工作范围、内容及工作量各不相同，尤其工作目的与经济性质完全不同，在组织数控机床维修工作时应予以明确区分。

大修的目的在于恢复原有一切性能，在更换重要部件时，并不都是等价更新，还可能有部分技术改造性质的工作，从而引起数控机床原有价值发生变化，属于扩大再生产性质。而中、小修的主要目的在于维持数控机床的现有性能，保持正常运转状态。通过中、小修之后，数控机床原有价值不发生增减变化，属于简单再生产性质。因此，大修与中、小修的款项来源应是不同的。

2. 数控机床维修项目的组织方法

数控机床维修项目的组织对于提高工作效率、保证维修质量、降低维修成本，有着重要的作用。在企业生产现场涉及的维修项目通常属于中、小修范畴，其方法有以下几种。

（1）换件修理法　即将需要维修的部件拆下，换上事先准备好的备用部件。此法可降低维修停留时间，保证维修质量，但需要较多的周转部件，占用较多的流动资金。此法适于大量同类型数控机床维修的情况。

（2）分部修理法　即将需要一次同时维修的各个独立部分分为若干次维修，每次修理其中某一部分，依次进行。此法可利用节假日维修，以减少停工损失，适用于大型复杂的数控机床。

（3）同步修理法　即将相互紧密联系的数台数控机床一次同时维修，维修的部位或项目相同，适于流水生产线及柔性制造系统（FMS）等。

3. 数控机床维修项目阶段的划分

（1）数控机床的修前检查阶段　检查是维修前的必要准备工作，其目的是查明数控机床运转的情况、磨损程度、故障性质和各部位内部的隐患。首先要分析其故障产生的种类和特征，然后再有的放矢地排除故障，以达到维修的预期目的。

1）检查的内容。检查的内容包括以下三方面。

① 运转情况。例如噪声、振动、温升、油压、功率等是否正常，各种电子装置与机械装置是否良好，运动部件表面有无划伤等。

② 精度情况。例如加工精度、灵敏度、指示精确度、各种技术参数的稳定程度等。

③ 磨损情况。例如接触表面与相对运动表面的接触面积、间隙等。

2）检查的时段。检查的时段有以下三种。

① 由操作人员结合日常保养工作对列入维修计划的机床进行预先检查，以便发现异常现象。

② 由专职人员定期对已列入维修计划的机床进行重点检查，以掌握数控机床的磨损状况与故障状态。

③ 由维修人员对即将维修的数控机床进行一次全面性检查，目的是具体确定本次合理的维修内容和工作量。

（2）维修前的准备阶段　维修人员接到来自生产现场的通知后，应尽可能直接与现场操作人员联系、接触，以便尽快地获取现场情况和故障信息，如数控系统的型号、机床主轴驱动和伺服进给驱动装置的类型、报警指示或故障现象、现场有无必要的备件等。据此要预先分析故障出现的原因和部位，以便携带有关的技术资料以及维修用的工具、仪器，准备所需用的维修备件等。

（3）现场维修阶段　现场维修是对数控机床出现的故障进行诊断与检测、分析判断故障原因、找出故障部位、更换损坏的部件、通过调整和试机使数控机床和数控系统恢复正常运行的工作过程，这是维修工作的核心部分。

现场维修数控系统的首要任务就是故障诊断，即对系统或外围线路进行检测，确定有无故障，并指出故障发生的部位，将故障从整机定位到电路板，甚至定位到元件。通常在资料较齐全的情况下，通过分析能判断故障所在。对某一故障，有时用一种方法即可找到并将其排除，有时却要用多种方法排除故障，如故障现象分析法、系统分析法、信号追踪法、I/O接口信号法、试探交换法等。根据故障现象判断故障可能发生的部位，再按照故障特征与这一部位的具体特点，逐个部位进行检查，逐步缩小故障范围。各种故障点的判断方法和工作进度，一方面取决于维修人员对数控机床原理和结构的熟悉程度，另一方面也取决于测试技术的先进程度。

故障定位后，可能要涉及更换故障元器件问题，这就要求维修人员熟悉并识别元器件的种类、规格、工作原理和使用条件，以便采用合适的替代元器件。尤为注意的是，从故障板上更换、拆卸与重焊微电子元器件要比传统机械设备维修时的装拆工作复杂和困难得多，除了要求维修人员应配备一些专用维修工具与仪器外，还要具有较高的素质、丰富的经验、熟练的操作技能。

（4）维修后的处理阶段　设备维修后的处理对设备重新投入使用后的技术维护与管理很重要。维修技术人员应向操作人员说明本次故障的操作方面原因，并传授有关数控机床正常使用的要求与方法，以及数控机床的维护保养和一般故障的分析判断方法，最好使操作者能够正确、及时地处理一些简单故障。当不能排除故障时，应正确妥当地保护好现场，并向专门维修人员反映真实情况和发生过程。

根据维修中所出现的故障率统计，维修人员要向操作者或用户说明哪些元器件易损，指导定购一些必要的备件或辅助装置，以利于尽量减少维修停机时间，提高维修工作效率。

11.1.2　数控机床维修制度的建立

1. 数控机床的维修制度

>> **小贴士**　　　根据数控机床的故障规律，预防为主、养修结合是维修工作的基本原则。

在实际工作中，由于维修期间不仅发生各种维修费用，还会引起一定的停工损失，有的企业在生产繁忙的情况下，往往由于吝惜有限的停工损失而让数控机床带病工作，不到万不得已时绝不进行维修，这是一种极其有害的做法。由于各企业对故障规律的了解不同，对预防为主方针的认识不同，因而在实践中产生了不同的数控机床维修制度，主要有以下几种。

（1）随坏随修 即坏了再修，也称事后修，事实上是出了事故后再安排维修，常常造成较大的损坏，有时会使机床到了无法修复的程度，或者即使可以修复也要增加更多的耗费，需要更长的时间，造成更大的损失。因此，应当避免随坏随修的现象。

（2）计划预修 简称计划预修制，这是一种有计划的、预防性维修制度，其特点是根据故障规律，对数控机床进行有计划的维护、检查与维修，预防急剧磨损的出现。实行计划预修制的主要特点是维修工作的计划性与预防性，即在日常保养的基础上，根据磨损规律制订数控机床的维修周期结构，以周期结构为依据编制维修计划，在维修周期结构中了解各种维修的次数与间隔时间。每一次维修都为下一次维修提供数控机床情况并且应保证数控机床正常使用到下一次维修，同时结合保养和检查工作，起到预防的作用。因此，计划预修制是贯彻预防为主原则的一种较好的维修制度。根据执行的方式不同，计划预修又可分为三种类型。

1）强制维修。即对数控机床的维修日期、维修类别制订合理的计划，到期严格执行计划规定的内容。

2）定期维修。预定维修计划以后，结合实际检查结果，调整原定计划，确定具体维修日期。

3）检查后维修。即按检查计划，根据检查结果制订维修内容和日期。

（3）分类维修 分类维修的特点是将数控机床分为 A、B、C 三类。A 为重点数控机床，B 为非重点数控机床，C 为一般数控机床，对 A、B 两类采取计划预修，而对 C 类采取随坏随修的办法。

选取何种维修制度，应根据生产特点、数控机床重要程度、经济得失的权衡，进行综合分析后确定。但应坚持预防为主的原则，尽量减少随坏随修的现象。

数控机床的维修工作中要避免过剩维修。所谓过剩维修，即对本来可以工作到下一次维修的零件予以强制更换，本来不必维修的项目却予以提前维修，从而造成不必要的浪费。

数控机床的各种零件到达磨损极限的经历各不相同，无论从技术角度还是从经济角度考虑，都不能只因为一种维修项目就更换全部磨损零件。要避免盲目拆卸及过剩维修，影响数控机床的有效使用时间。同时也要避免漏修，防止维修后的机床仍旧存在故障隐患。

2. 编制数控机床的维修计划

编制数控机床维修计划主要依据以下四种定额：维修周期与周期结构、维修复杂系数、维修劳动量定额、维修停机时间标准。

（1）维修周期与周期结构 维修周期，是指相邻两次大修之间的时间间隔。一台数控机床的维修周期是根据重要零件的平均使用寿命来确定的，不同类型的数控机床、不同的工作班次、不同工作条件，周期也就不同，原则上应根据试验研究及实践经验得出的经验公式计算确定。一般规定，数控机床的维修周期为 3 ~ 8 年，个别为 9 ~ 12 年。

维修周期结构就是在一个维修周期内，所包括的各种维修的次数及排列的次序，是编制数控机床维修计划的主要依据。两次维修之间的间隔时间称为维修间隔期，这是维修计划中确定维修日期的根据。不同的数控机床有不同的工作班次，以及不同的生产类型、负荷程度、工作条件、日常维护状况等，其维修周期与周期结构也不同，应根据实际情况确定。

（2）维修复杂系数 机床的维修复杂系数是用来表示维修复杂程度的换算系数，可作为计算维修工作量、消耗定额、费用以及各项技术经济指标的基本单位，用 R 表示。各种机床的复杂系数是在机床分类的基础上，对每类机床选定一种代表部件，确定出代表部件的复杂系数，然后将其他部件与代表部件进行比较加以确定的。

代表部件的复杂系数是根据其结构复杂情况、工艺复杂情况以及维修劳动量大小等方面，综合分析选定的。对于数控机床，以 XK8140 型数控铣床（FANUC - 0MD 系统）为代表，如将它的复杂系数定为 100，记为 $100R$。对于电气部件，以 1kW 笼型感应电动机为代表，其复杂系数定为 1，即 $1R$。其他各项部件的复杂系数见有关行业规定。

（3）维修劳动量定额　维修劳动量定额是指维修一个复杂系数的部件所消耗的各个工种的工时标准，企业制订的标准见表 11-1、表 11-2。

表 11-1　电气部分维修劳动量定额　　　　　　　（单位：h）

项目 \ 工种	电工	机工	其他	合计
小修	5.5	0.5	0.3	6.3
中修	14	1.5	0.5	16
大修	20	2.5	1	23.5

表 11-2　机械部分维修劳动量定额　　　　　　　（单位：h）

项目 \ 工种	钳工	电工	其他	合计
小修	10	2	1	13
中修	48	10	2	60
大修	55	30	5	90

（4）维修停留时间标准　数控机床维修停留时间，是指从数控机床停止使用起到维修结束、经验收后转入使用止的全部时间，以小时或天数为计算单位。在备件齐备的情况下，维修停留时间的长短主要取决于主修工种工时及办理手续的时间。主修工种工时停修时间的计算公式

$$T = tR/SCMK + T_f$$

式中　T——停修时间；

t——一个复杂系数的维修工时定额；

R——数控机床复杂系数；

S——每个工作班维修该数控机床的工人数；

C——每班时间；

M——每天工作班次；

K——维修定额完成系数，由统计资料确定；

T_f——其他停机时间（除主修工种以外其他作业，如做地基、涂漆、干燥时间）。

主修工种工作以外的其他时间，可根据统计资料确定，从而计算出停留时间。

3. 数控机床维修计划的内容

数控机床维修计划的内容如下：

单元 **11** 数控机床维修与改造

1）确定计划期内的数控机床维修的类别、日期与停机时间，计划维修工作量及材料、配件消耗的品名及数量，编制费用预算等。

2）根据数控机床维修的类别、周期结构与下一次维修的种类，确定本次应为何种维修。

3）由上一次维修时间确定本次维修的日期，根据数控机床维修复杂系数的劳动量定额、材料消耗定额及费用定额，计算出各项计划指标。

4）将计划年度需要的各种数控机床的劳动量相加，即为全年维修总工作量。

5）将总工作量除以全年工作日数与每人每天工作小时数，考虑出勤率的影响以后，即可求得完成计划任务所需工人数。

思考与练习

1. 数控机床维修划分为大修、中修、小修，其区别是什么？
2. 数控机床现场涉及的维修方法通常有哪几种？
3. 数控机床现场维修有哪些阶段？
4. 数控机床维修制度主要有哪几种？

11.2 数控机床的维修管理

11.2.1 数控机床维修的技术资料

>> **小贴士** ┃ 技术资料是分析故障的依据，是解决问题的前提条件。因此，一定要重视数控机床技术资料的收集及日常管理工作。

由于数控机床所涉及的技术领域较多，因此资料涉及的面也广，主要有以下几类。

1. 机床的安装和调试资料

主要有安装基础图、搬运吊装图、检验精度表、合格证、装箱单、购买合同中技术协议所规定的功能表等。

2. 机床的使用操作资料

如机床制造厂编制的使用说明书、维修保养手册、设备所配数控系统的编程手册、操作手册等。

3. 维修保养资料

维修保养资料主要包括以下几种。

1）机床厂商编制的维修保养手册。

2）数控系统生产厂提供的有关资料，主要有数控系统维修手册、诊断手册、参数手册、固定循环手册、伺服放大器及伺服电动机的参数手册和维护调整手册，以及一些特殊功能的说明书、数控系统的安装使用手册等。

3）设备的电气图样资料，如设备的电气原理图、电气接线图、电气元件位置图，可编程序控制器部分的梯形图或语句表，PLC 输入输出点的定义表，梯形图中的计时器、计数器、保持继电器的定义及详细说明，所用的各种电器的规格、型号、数量、生产厂家等明细表。

4）机械维修资料主要有设备结构图，运动部件的装配图，关键件、易耗件的零件图，零件明细表等。例如加工中心应随带的机械资料有：各伺服轴的装配图，主轴单元组件图，主轴拉、松刀及吹气部分结构图，自动刀具更换部分、自动工作台交换部分以及旋转轴部分的装配图，上述各部分的零件明细表，各机械单元的调整资料等。

5）有关液压系统的维修调整资料，包括液压系统原理图、液压元件安装位置图、液压管路图、液压元件明细表、液压马达的调整资料、液压油的标号及检验更换周期资料、液压系统清理方法及周期等。

6）气动部分的维修调整资料，主要有气动原理图，气动管路图，气动元件明细表，有关过滤、调压、油化雾化三点组合的调整资料，使用的雾化油的牌号等。

7）润滑系统维修保养资料。数控机床一般采用自动润滑单元，设备生产厂应提供的资料有润滑单元管路图、元件明细表、管道及分配器的安装位置图、润滑点位置图、所用润滑油的标号、润滑周期及润滑时间的调整方法等。

8）冷却部分的维修保养资料。数控机床冷却部分有切削液循环系统、电器柜空调冷却器、有关精密部件的恒温装置等，这些部分的主要资料是安装调整维修说明书。

9）有关安全生产的资料，如安全警示图、保护接地图、设备安全事项、操作安全事项等。

10）设备使用过程中的维修保养资料，如维修记录、周期保养记录、设备定期调试记录等。

11.2.2 数控机床的现场维修管理

1. 建立数控机床维修档案

数控机床维修档案包括技术档案和故障档案。

（1）技术档案　有的设备附有较完整的技术资料，如设备操作说明书，编程说明书，设备配置及物理位置，控制系统框图，部件线路原理图，可供测试点的状态，输入输出信号、检测元件、执行元件的物理位置及编号，设备各部件间的连接图表，控制系统的程序清单。

（2）故障档案　操作人员应在故障发生时详细记录下故障日期、时间，设备的工作方式，故障前后的现象，显示器的状态，参数寄存器的状态以及报警等情况。维修人员应记录下在排除故障时的故障原因分析过程，记录下故障排除方法、维修时间等内容并将故障形式编号，建立起相应的故障档案。

建立数控机床故障档案，有利于维修人员不断总结经验、提高故障分析能力，不仅可以提高重复性故障的维修速度，还可以分析设备的故障率及可维修性。通过分析某种故障频繁发生的原因，有利于纠正原设计中或采用替代元器件的一些不当之处。

应当注意，对于没有完整技术资料的数控机床，维修人员应对设备各部件的物理位置、功能、控制系统的线路原理等进行测试，尽快建立起相应的技术档案。有不少企业，只要设备能运行，就不重视此项工作。因为设备不可能永远不损坏，到损坏的时候再弥补，就要延长维修周期，增加维修成本，对于那些大、精、尖的贵重设备来讲，会造成严重的经济损失。

2. 数控系统维修中的注意事项

1）从整机中取出某块电路板时，应注意记录其相对应的位置和连接电缆号。对于固定安装的电路板，还应按前后取下相应的连接部件及螺钉并作记录，同时妥善保管。装配时，拆下的东西应全部用上，否则装配不完整。

2）电烙铁应放在顺手位的前方，并远离维修电路板。烙铁头应适应集成电路的焊接，避免焊接时碰伤别的元器件。

3）测量线路间的阻值时，应断电源。

4）电路板上大多制有阻焊膜，因此测量时应找相应的焊点作为测试点，不要铲除阻焊膜。有的电路板全部有绝缘层，则只能在焊点处用刀片刮开绝缘层。

5）数控机床上的电路板大多是双面金属孔化板或多层孔化板，印制电路细而密，不应随意切断印制电路。因为一旦切断，不易焊接，且切线时易切断相邻的线。确实需要切线时，应先查清线的方向，定好切断的线数及位置。测试后切记要恢复原样。

6）在没有确定故障元器件的情况下，不应随意拆换元器件。

7）拆卸元器件时应使用吸锡器，切忌硬取。同一焊盘不应长时间加热及重复拆卸，以免损坏焊盘。

8）更换新的元器件，其引脚应作适当的处理。焊接中不应使用酸性焊油。

9）记录电路上的开关、跳线位置，不应随意改变。互换元器件时要注意标记各板上的元器件，以免错乱。

10）查清电路板的电源配置及种类，根据检查的需要，可分别供电或全部供电。对于有的电路板直接接入高压或板内有高压发生器，操作时应注意安全。

11）检查中由粗到细，逐渐缩小维修范围，并做好维修记录。

思考与练习

1. 数控机床技术资料的收集及日常管理工作有哪些？
2. 数控机床维修档案包括几种？
3. 建立数控机床故障档案有何意义？
4. 数控系统维修中应注意哪些问题？

11.3　数控机床的改造

>> **小贴士**　　近几年，我国制造业企业数控化生产发展迅速，但企业资金投入等诸多因素的影响，决定了企业不能把购买新数控机床作为唯一的数控化之路。

企业的数控化之路有三条：第一是对关键工艺的关键设备，在国内尚不能生产或与国外同类产品质量有较大差别时，则需要进口；第二是对原有已使用十几年的现有数控设备进行更新改造，即对电控系统进行更新，对机械部分进行大修，使现有数控设备可以像新数控机床一样，再可靠使用十年以上；第三是对现有普通设备进行数控化升级改造，通过这种做法可以获得非常实用且非常便宜的数控机床，可为企业节约大量技术改造资金。

实践表明，这几种方法可综合使用、相互补充。第一种方法在经济上可能而又确实需要时采用，可收到良好的效果，但投入大，一台机床动辄就是几十万、几百万，一般企业无法承受。以下分别对另外两种方法加以介绍。

11.3.1 数控机床翻新改造

1. 数控机床翻新改造的优点

数控机床翻新改造在美、英、法、德和日本已形成行业。据资料介绍，日本有 14 家具备一定规模的专业改造厂，许多世界知名企业也成立了改造分部，专门从事此项业务，如日本的大隈，美国的辛辛那提、得宝，法国的力列等。数控机床的翻新改造之所以受到世界各国的普遍重视，主要是它可以为企业节约大量的资金。表 11-3 是数控机床翻新改造与购入新机床比较情况。

表 11-3　数控机床翻新改造与购入新机床比较情况

机床名称	卧式加工中心	数控立式车床	落地镗铣床	龙门加工中心	龙门导轨磨床
机床规格/mm	800×800	$\phi 1600$	主轴 $\phi 180$	4000×20000	1250×6000
更新改造价格/万元	60 ~ 80	40 ~ 80	100 ~ 160	600	120
国产新机床价格/万元	180	160	600	3000	500
资金节约率（%）	62	60	87	80	76
进口机床价格/万元	400	380	1200	5000	1000
资金节约率（%）	80	79	87	88	88

从表中可以看出，数控机床翻新改造，可为用户节约大量资金，而且机床越大，节约资金越多。如果考虑到购入新的机床还要有相应的刀具、工具、夹具和其他辅助设备的投资，实际节约的资金还远不止此。另外，数控机床翻新改造还有以下优点。

1）周期短，一般为 4 ~ 6 个月，而购入新机床要 6 ~ 12 个月。

2）机床机械性能比新机床稳定，因经多年使用应力已释放。

3）用户可以根据需要确定数控系统的功能配置，因而更便于操作、编程。

4）与购买二手设备相比风险小。

5）操作人员稍加培训即可投入生产。

2. 数控机床改造的一般步骤

(1) 改造任务书的确定　改造任务书一般应由用户提出，经改造承担方与用户共同协商确定，它包括如下内容。

1）现有机床的主要技术参数。

2）目前存在的主要问题。

3）机床改造的技术要求与改造方案。

4）改造的费用与周期。

5）质量保证与技术服务。

6）操作与维护培训。

（2）正式更新改造合同的签订。

（3）机床改造作业　对役龄达15年左右的数控机床，一般采取对机床的机械部分进行大修，并同时设计制造新的电控系统的方法，具体做法如下。

1）机床改造前精度检验。

2）机床解体、清洗、除锈，确认损坏、老化、磨损具体情况。

3）制订具体修复方案，进行机电设计，交付包括质量检验单在内的技术文件。

4）机械大修作业，主要包括如下内容：

① 对机床导轨进行磨削、刮研或更换新的直线滚动导轨。

② 检查滚珠丝杠，对其进行修复或更新。

③ 更换主轴轴承，检修主轴系。

④ 检修液压系统，更换老化的密封件和失效的元件。

⑤ 检修气路，更换老化的管件和元件。

⑥ 检修润滑系统，更换老化的管件。

⑦ 检修冷却排屑系统，更换老化和磨损的管件与元件。

⑧ 检修刀库和机械手，更换老化和磨损的零件。

5）设计、组装新的电控系统，对原机床的所有电控元件及导线进行更新。

6）联机调试。

7）机床精度检验，使用双频激光干涉仪对坐标精度进行检测。

8）试切标准试件。

9）操作编程与维修培训。

10）用户机床的安装调试。

11）机床保修。

3. 数控机床改造应注意的问题

1）使用15年左右的机床一定要进行大修。很多用户为了省钱省时，只要求改造电控系统，不要求机床机械大修。实践证明这样做不好。某厂一台德国沙尔曼大型卧式加工中心采用 FANUC-18 系统进行更新，但未对机械部分进行大修，结果完工三年未能投产，本来想省时、省钱，结果费时、费钱。又进行一次机械大修，两次的时间更长，花钱更多。正确的做法是在更新电控系统的同时对机械部分进行大修，这样可使改造后的机床再稳定使用 10 年以上。

2）电控系统更新时应把全部机床电气元件更新。在实践中，改造方为了省钱省时，在更新电控系统时，常保留机床电气的强电部分。这样做的结果是改造后机床可靠性得不到保证，因为长期使用的强电元件，甚至电线、电缆也会出现故障。而且由于二次设计，没有统一的技术文件，也会给使用中的维修造成不必要的困难。

3）新数控系统及主轴电动机、伺服电动机的选择应注意以下问题。

① 功能选择要合理，并不是越高、越多越好，功能选择过多，将造成不必要的浪费。

② 可靠性是第一位的。面对五花八门的国内外系统，对大型、高精度、多功能机床应

选择进口系统，主要是 FANUC、西门子和 NUM 的数控系统。此外，国产系统的可靠性已经大大提高，只要功能适合，也可以推荐选择使用。图 11-1 所示为翻新改造后的加工中心。

图 11-1　翻新改造后的加工中心

11.3.2　普通机床数控升级改造

与数控机床更新改造一样，普通机床数控化升级改造是又一条多快好省的数控化之路，它可以用较少的资金、较短的周期获得实用的数控机床。

1. 普通机床数控升级改造的一般方法

1）根据用户的要求，确定被改造的机床。

2）改造双方共同确定改造方案和改造任务书。

3）确定改造费用、周期，签订改造合同。

4）对被改造的机床进行机械部分升级改造，主要包括如下内容。

① 对导轨进行升级改造，采用贴塑或直线滚动导轨，提高导轨精度，减少摩擦力。

② 用滚珠丝杠更换原来的梯形丝杠，提高传动精度，减少摩擦。

③ 增加自动化润滑系统，实现对主轴、导轨、丝杠的自动润滑。

④ 用伺服电动机代替原来的普通电动机，并用无反向间隙的联轴器使之与滚珠丝杠连接。

⑤ 对原机床主轴系统进行改造，选用精密轴承提高精度与转速。

⑥ 如要获得加工中心，则需要设计制造相应的刀库、机械手，以实现自动换刀。

⑦ 增加排屑系统。

⑧ 改造冷却系统，加大切削液流量。

⑨ 设计制造液压系统、气动系统。

⑩ 必要时增加全封闭防护罩。

5）选用合适的数控系统，设计组装新的电控系统。

6）机电联机调试。

7）机床精度检验，包括以下两项。

① 机床几何精度检验。

② 机床坐标精度检验。

8）机床出厂标准件试切。

9）机床外观喷漆。

10）用户操作、编程、维护培训。

11）提交全套技术文件。

12）保修。

2. 普通机床数控升级改造的优点

1）周期短。

2）可采用最新技术。例如某轴承有限公司升级改造的 $\phi2000mm$ 立式磨床，采用了直线滚动导轨，从而使机床的进给分辨率超过了法国进口的数控立式磨床。

3）与购入新机床对比，还可节省占地及机床地基方面的费用。

4）可按用户实际需要设计机床功能。

5）与新机床相比，全部大件留用，节约大量原材料，是符合环保要求的绿色产业。

表11-4为普通机床数控化升级改造与购入新机床比较。

表11-4 普通机床数控化升级改造与购入新机床比较

机床名称	立式磨床	立车车床	无心磨床	落地镗床	龙门铣床	龙门导轨磨
机床规格/mm	$\phi2000$	$\phi1600$	$\phi1040$	$\phi160$	2000×6000	1250×6000
升级费用/万元	180	60~100	80	100~160	150	150
国产新机床价格/万元	400	160	160	600	800	500
资金节约率（%）	55	50	50	73	70	70
进口机床费用/万元	1500	400	480	1200	1000	1000
资金节约率（%）	88	80	83	87	85	85

从表11-4可以看出，当机床的规格较大时，采用升级节约资金是十分明显的，是大有可为的。例如某轴承有限公司升级改造的 $\phi2000mm$ 立式磨床达到了该厂从法国进口同类机床的水平，但成本仅是进口同类机床的8%，节约了大量资金。

普通机床数控化升级改造除与数控机床更新改造具有相同的问题之外，最关键的是确定适合改造的机床。一般来说，立卧式车床、龙门铣床、各种镗床和磨床都能升级成数控机床。从经济效益上讲，机床越大，效益越高。图11-2所示为正在加工的数控化改造立式铣床。

图 11-2 正在加工的数控化改造立式铣床

思考与练习

1. 企业的数控化之路有哪些？
2. 数据机床翻新改造的优点是什么？
3. 普通机床数控升级改造的方法有哪些？
4. 普通机床数控升级改造的优点是什么？

单元练习题

1. 为什么要对数控机床进行分类维修？
2. 维修数控机床前需做哪些检查？
3. 如何确定数控机床维修复杂系数？
4. 如何确定数控机床维修停留时间？
5. 何谓数控机床的计划维修制度？
6. 数控机床维修计划的内容包括什么？
7. 数控机床维修的技术资料有哪几类？
8. 数控机床维修中的注意事项有哪些？
9. 数控机床改造应注意哪些问题？
10. 普通机床升级改造有何意义？

单元12 数控机床的管理

学习目标

1. 了解数控机床管理工作的意义。
2. 理解正确使用数控机床的含义。
3. 掌握数控机床预防为主、养为基础的原则。
4. 掌握数控机床的正确维护方法。
5. 掌握数控机床的合理选用知识。

内容提要

数控机床是现代企业进行生产的重要基础装备，是完成生产过程的重要技术手段。数控机床具有加工精度高、自动化程度高、工作效率高、操作使用方便的特点，现今已得到广泛的应用。但是数控机床也是"多事之宝"，它"高兴"时，活干得又快又好，而一旦"犯起怪脾气"，就要引来一系列的麻烦。就目前的使用情况而言，数控机床的维修率仍然居高不下。造成需要维修的原因是多方面的，其中使用问题居多。因此，强化使用管理是提高数控机床开动率的关键，正确的维护和有效的维修是提高数控机床效率的基本保证。

12.1 数控机床不同时期的管理

12.1.1 数控机床的初期使用管理

>> **小贴士** 　　一个企业为了提高生产能力就要拥有先进的技术装备，同时对装备也要合理地使用、维护、保养和及时检修。只有保持其良好的技术状态，才能达到充分其发挥效率、增加产量的目的。

1. 初期使用管理的目的

数控机床初期使用管理是指数控机床在安装试运行后从投产到稳定生产这一时期（一般约半年左右）对机床的调整、保养、维护、状态监测、故障诊断，以及操作、维修人员的培训教育，维修技术信息的收集、处理等全部管理工作。其目的如下：

1）使安装投产的数控机床能尽早达到正常稳定的良好技术状态，满足产品质量和效率的要求。

2）通过生产验证及时发现数控机床从规划、选型、安装、调试至使用初期出现的各种问题，尤其是对数控机床本身的设计、制造中的缺陷和问题进行反馈，以促进数控机床设计、制造质量的提高和改进数控机床选型、购置工作，并为今后的数控机床规划决策提供可靠依据。

2. 使用初期管理的主要内容

1）做好初期使用的调试，以达到原设计预期功能。

2）对操作、维修工人进行使用技术培训。

3）观察机床使用初期运行状态的变化，做好记录与分析。

4）查看机床结构、传动装置、操纵控制系统的稳定性和可靠性。

5）跟踪加工质量、机床性能是否达到设计规范和工艺要求。

6）考核机床对生产的适用性和生产率情况。

7）考核机床的安全防护装置及能耗情况。

8）对初期发生故障部位、次数、原因及故障间隔期进行记录分析。

9）要求使用部门做好实际开动台时、使用条件、零部件损伤和失效记录。对典型故障和零部件的失效进行分析，提出对策。

10）对发现机床原设计或制造的缺陷，提出改善、维修意见和措施。

11）对使用初期的费用、效果进行技术经济分析和评价。

12）将使用初期所收集信息的分析结果向有关部门反馈。

数控机床使用部门及其维修单位对新投产的机床要做好使用初期运行情况记录，填写使用初期信息反馈记录表并送交设备管理部门，由设备管理部门根据信息反馈和现场核查情况做出设备使用初期技术状态鉴定表，按照设计、制造、选型、购置、安装调试等方面分别向有关部门反馈，以改进今后的工作。

12.1.2 数控机床的中长期管理

数控机床在使用中随着时间的推移，电子元器件老化和机械部件疲劳也要随之加重，设备故障就可能接踵而来，导致数控机床的修理工作量随之加大，机床的维修费用在生产支出项中就要增加。因此，要不断改进数控机床管理工作，合理配置、正确使用、精心保养并及时修理，才能延长数控机床有效使用时间，减少停机时间，以获得良好的经济效益，体现先进设备的经济意义。

数控机床的中长期管理要规范化、系统化，并具有可操作性、可坚持性。其主要内容简要归纳起来就是正确使用、计划预修、搞好日常管理。

数控机床管理工作的任务概括为"三好"，即管好、用好、修好。

1. 管好数控机床

企业经营者必须管好本企业所拥有的数控机床，及时掌握数控机床的数量、质量及其变动情况，合理配置数控机床；严格执行关于设备的移装、调拨、借用、出租、封存、报废、改装及更新的有关管理制度，保证财产的完整齐全，保持其完好和价值。操作工也必须管好自己使用的机床，未经上级批准不准他人使用，杜绝无证操作现象。

2. 用好数控机床

企业管理者应帮助员工正确使用和精心维护好数控机床，生产应依据机床的能力合理安排，不得有超性能使用和拼设备之类的短期化行为。操作工必须严格遵守操作维护规程，不超负荷使用，不采取不文明的操作方法，认真进行日常保养和定期维护，使数控机床保持整齐、清洁、润滑、安全的标准。

3. 修好数控机床

生产安排时应考虑和预留计划维修时间，防止机床带病运行。操作工要配合维修工修好设备，及时排除故障。要贯彻预防为主、养为基础的原则，实行计划预防修理制度，广泛采用新技术、新工艺，保证修理质量，缩短停机时间，降低修理费用，提高数控机床的各项技术经济指标。

思考与练习

1. 数控机床使用初期管理的目的是什么？
2. 数控机床使用初期管理有哪些内容？
3. 数控机床中长期管理工作的主要内容是什么？
4. 数控机床管理工作的任务概括为哪"三好"？

12.2 数控机床的使用管理

>> **小贴士** 数控机床的合理使用是一项具有一定规划意义的技术应用工程，它涉及人才、设备、管理诸方面因素，必须科学实行才能较好地发挥数控机床的经济、技术综合效益。

12.2.1 对数控工作人员基本素质的要求

数控工作人员的合理配置是保证数控机床正常生产和创造良好经济效益的必要条件。目前，国内一些数控机床存在实际开动率不高、效益不理想的问题，究其原因无不与使用人员素质有关。这里所说的使用人员不单指操作工，还包括企业决策者、管理人员、编程员及维修人员。

企业关键工序的典型零件生产，从编制工艺、预备毛坯、选用刀具、确定夹具、编制程序等技术准备工作，到调整刀具、首件试切成功的全过程需要管理、技术和操作人员齐力配合、共同协作、既互相支持又互相制约才能完成。每试切成功一种零件，还应总结修改有关工艺文件及程序单，做好工艺、程序等软件技术资料的积累，不断总结和提高。编程者要掌握操作技术，操作工要熟悉编程，这一点相当重要，因为数控机床的应用技术密集、复杂，不懂操作的编程者编不出最佳的程序，不懂编程的操作工加工不出理想的零件，甚至无法加工。至少，操作工要能看懂程序，在加工准备过程中检查程序的正确性，同时要清楚地知道每一程序段所要完成的加工内容和加工方式。具体地讲，对于使用人员素质的要求分别如下。

1. 对管理人员的要求

管理人员要充分了解数控机床生产的特点并掌握各配合环节的节拍，决不能用管理普通机床的方法来管理数控机床。下达数控机床生产任务时，应先下达到有关技术工艺准备部门，给予技术准备周期的时间，只有当工艺文件、刀具、夹具、程序等都准备齐全时，才能将加工零件或毛坯一起送到数控机床，这样操作者在事先熟悉加工程序后，很快通过试切投入成批生产。同时要注意，送到数控机床之前要进行零件预加工，在数控机床加工完成后有的还要进行终加工，要协调各生产环节的相互关系，平衡生产，充分发挥数控机床高效能的优点。

2. 对（编程）技术人员的要求

数控机床的加工效率高，需要准备的工作量较大、技术性较强，因此数控技术人员须有较宽的知识面，要求其能做到如下：

1）熟悉设备，能根据零件尺寸、加工精度和结构，选用并使用合适型号和规格的数控机床。

2）熟悉机械制造工艺，能制订合理的工艺规程。

3）懂夹具知识，能够根据工件和机床的性能规格，正确地提出组合夹具设计任务书或专用工装、夹具设计任务书。

4）懂刀具知识，能根据加工零件的材质、硬度等级和精度要求，正确地选用刀具材料和种类，合理选用刀具几何参数，选用高效、合适的切削用量。

5）熟悉各种编程语言，能编制出充分发挥机床功能和高效生产的加工程序。

6）会使用计算机，运用典型 CAD/CAM 软件编程，熟悉并使用 CAPP 应用软件。

7）有一定的生产实践经验和理论知识，能处理加工过程中出现的各种技术问题。

3. 对操作工的要求

数控机床操作工首先要有良好的思想素质和业务素质，其他具体要求如下：

1）必须有中、高职以上文化程度，头脑清晰，思维敏捷，爱学习，肯钻研，事业心强，经过正规的训练，通过考核，并且具备一定的英语基础。

2）了解机械加工必需的工艺技术知识，有一定的加工实践经验。

3）必须了解所操作机床的性能、特点，熟练掌握操作方法和操作技能。

4）熟悉所操作机床数控系统的编程方法，能快速理解程序，检查程序正确与否。

5）能分析影响加工精度的各种因素，并采取相应对策。

6）有一定的现场判断能力，能分析并处理简单的机床故障。

7）掌握所操作机床的安全防护措施，维护保养好所用的机床，处理突发的不安全事件。

8）熟练掌握数控机床辅助设备的使用方法，如对刀仪、磁盘录放机、微型计算机等。

操作工要具备上述能力，须经过一段时间的培养和实践。

4. 对刀具工的要求

拥有数量较多数控机床的企业，要为数控车间配置专职的刀具工，各种刀具应在刀具库集中管理，由刀具工集中准备、修磨，这样才能更好地发挥数控机床高效的优势。每加工一

单元 **12** 数控机床的管理

批零件前，应将刀具调整卡提前一个周期送到刀具库，刀具工就可以按刀具调整卡修磨、调整、安装好所需各种刀具，并测出刀具直径、刀长，记录在刀具调整卡上，贴上相应的刀号标签，装到刀具输送车上。操作工在领用刀具时，所领用的不是一把刀具，而是由刀具工调整安装好的由刀具、辅具、拉钉配套而成的加工一种零件所需的一组刀具。

刀具工必须具备比较丰富的实践经验，有较好的刀具理论知识，懂得一定的切削原理，熟悉各种刀柄，熟悉各种牌号的刀具，会使用对刀仪，了解各种辅具的性能、规格及安装使用方法，能够根据刀具调整卡配置刀具，修磨各种角度的刀具，调整刀具尺寸，能提前完成准备生产加工所用刀具的工作。

5. 对维修人员的要求

数控机床是综合型的高技术设备，要求维修人员素质较高、知识面广。维修人员除具有丰富的实践经验外，还应接受系统的专业培训。这种培训必须是跨专业的、多专业的。其中，机修人员要学习一些电气维修知识，电修人员要了解机械结构及机床调试等技能，有比较宽的机、电、液专业知识及机电一体化知识，以便综合分析、判断故障根源。有条件的企业可以派机、电维修人员到机床制造厂家熟悉整个机床安装、调试过程，以便积累更多的经验。对数控维修人员的具体要求如下：

1）全面掌握和了解数控系统，并且掌握数控编程。虽然编程不是维修人员的工作职责，但不懂编程的维修人员不能成为合格的维修人员。大量的现场经验表明，很多故障都是操作人员对机床功能没吃透，操作方法不正确，编程有问题造成的。维修人员没有对数控系统的全面的认识，就无法处理软故障或绕很大的弯子。

2）维修人员要有敏锐的观察力，善于从现象看到本质。作为现场服务的数控工作人员，要面对各种纷繁复杂的机床故障，不同的故障原因可能表现为相同的故障现象或相同的报警信息；而相同的故障可能产生不同的现象或不同的报警信息。一个成熟的数控服务工作人员，必须经过现场磨炼，逐步积累经验，同时要有非常敏锐的观察力和判断力，善于从故障现象中找到故障点，不被各种表面现象所蒙蔽。

一名合格的数控维修人员，不仅要具有敏锐的观察力，还要有清晰的头脑和思路，要善于从各种复杂的现象中剖析出故障的脉络和本质，不要只停留在现象表面轻易下结论，甚至误判，扩大故障，造成不必要的损失。不作分析地更换备件，非但找不到故障，还要浪费很大的人力和物力。

3）应具有良好的职业道德和责任心以及对故障追根寻源的精神。作为一名现场服务的数控工作人员，手中掌握着价值几十万，甚至上百万美元的数控设备，这些设备都处于所在企业的关键生产环节，能否维护好数控机床，对整个企业的正常生产有着重要的影响，因此责任重大。这就要求数控维修人员不仅要有精湛的技术、全面的专业素质，还要具备良好的职业道德和责任心，要有对设备、对工作、对企业负责的精神，才能做好工作。

4）数控维修人员要不断学习新知识、新技术，才能跟上数控技术的发展步伐。当今数控技术的发展日新月异，特别是随着计算机技术的进步及网络技术的发展，新的系统、新的数控技术不断涌现。作为在一线现场服务的维修工作人员，必须不断学习，更新知识结构，了解当今世界数控技术的动态。数控技术正随着计算机的发展，由以工业控制机为平台的数控系统向以通用计算机为平台的数控系统过渡。因此，维修人员必须熟练地掌握计算机技能，才能跟上技术发展的步伐。要清醒地知道，数控工作人员必须抱终生学习的态度，靠吃老本是不行的。随着网络、直线电动机、全数字伺服技术、新的传感器等技术的不断成熟，数控工作人员要有紧迫感和学习压力，要充分利用培养、自学和岗位培训的机会学习，才能不被淘汰，才能成为一名符合时代要求的、合格的数控工程师。

12.2.2　数控机床的使用管理要求

1. 对操作工的技术培训

为了正确合理地使用数控机床，操作工在独立工作前，必须接受应有、必要的基本知识和技术理论及操作技能的培训，并且在熟练技师指导下进行实际上机训练，达到一定的熟练程度。同时要参加国家职业资格的考核鉴定，经过鉴定合格并取得资格证后，方能独立操作数控机床。严禁无证上岗操作。

操作工技术培训、考核的内容包括数控机床结构性能、数控机床工作原理、传动装置、数控系统技术特性、数控机床编程与操作、金属加工技术规范、操作规程、安全操作要领、维护保养事项、安全防护措施、故障处理原则等。

2. 数控机床操作工使用数控机床的基本功和操作纪律

（1）数控机床操作工"四会"基本功

1）会使用。操作工应先学习数控机床操作规程，熟悉机床结构性能、传动装置，懂得加工工艺和工装工具在数控机床上的正确使用。

2）会维护。能正确执行数控机床维护和润滑规定，按时清扫，保持机床清洁完好。

3）会检查。了解机床易损零件部位，知道完好检查的项目、标准和方法，并能按规定进行日常检查。

4）会排除故障。熟悉机床特点，能鉴别机床正常与异常现象，懂得其零部件拆装注意事项，会进行一般故障调整或协同维修人员进行故障排除。

（2）操作工维护使用数控机床的四项要求

1）整齐。工具、工件、附件摆放要整齐，机床零部件及安全防护装置要齐全，线路管道要完整。

2）清洁。设备内外要清洁，无"黄袍"，各滑动面、丝杠、齿轮无油污、无损伤；各部位不漏油、漏水、漏气，切屑应清扫干净。

3）润滑。按时加油、换油，油质符合要求；油枪、油壶、油杯、油嘴齐全，油毡、油管清洁，油窗明亮，油路畅通。

4）安全。实行定人定机制度，遵守操作维护规程，合理使用，注意观察运行情况，不出安全事故。

（3）操作工的五项纪律

1）凭操作证使用设备，遵守安全操作维护规程。

2）经常保持机床整洁，按规定加油，保证合理润滑。

3）遵守交接班制度。

4）管好工具、附件，不得遗失。

5）发现异常立即通知有关人员检查处理。

3. 实行定人定机持证操作

数控机床必须由经考核合格持职业资格证书的操作工操作，并严格实行定人定机和岗位

单元 **12** 数控机床的管理

责任制，以确保正确使用数控机床和落实日常维护工作。多人操作的数控机床应实行机长负责制，由机长对使用和维护工作负责。公用数控机床应由企业管理者指定专人负责维护保管。数控机床定人定机名单由使用部门提出，报设备管理部门审批，签发操作证。精、大、稀、关键设备定人定机名单，由设备部门审核报企业管理者批准后签发。定人定机名单批准后，不得随意变动。对技术熟练能掌握多种数控机床操作技术的工人，经考试合格可签发操作多种数控机床的操作证。

4. 建立使用数控机床的岗位责任制

1）数控机床操作工必须严格按数控机床操作维护规程、四项要求、五项纪律的规定正确使用与精心维护设备。

2）实行日常点检，认真记录。做到班前正确润滑设备；班中注意运转情况；班后清扫擦拭设备，保持清洁，涂油防锈。

3）在做到"三好"要求下，练好"四会"基本功，搞好日常维护和定期维护工作；配合维修工人检查修理自己操作的设备；保管好设备附件和工具，并参加数控机床修后验收工作。

4）认真执行交接班制度，填写好交接班及运行记录。

5）发生设备事故时立即切断电源，保持现场，操作工及时向生产工长和车间维修员（师）报告，听候处理。分析事故时应如实说明经过，对违反操作规程等造成的事故应负直接责任。

5. 建立好交接班制度

连续生产和多班制生产的机床必须实行交接班制度。交班人除完成设备日常维护作业外，必须把机床运行情况和发现的问题详细记录在交接班簿上，并主动向接班人介绍清楚，双方当面检查，在交接班簿上签字。接班人如发现异常或情况不明、记录不清时，可拒绝接班。如交接不清，机床在接班后发生问题，由接班人负责。

企业对在用设备均需设交接班簿，不准涂改撕毁。区域维修部（站）和维修员（师）应及时收集分析，掌握交接班执行情况和数控机床技术状态信息，为数控机床状态管理提供资料。

思考与练习

1. 数控机床操作工"四会"基本功是什么？
2. 维护使用数控机床的四项要求是什么？
3. 数控机床操作工的五项纪律是什么？
4. 如何实行定人定机持证操作？

12.3 数控机床的维护

>> **小贴士** 数控机床的使用精度和寿命，很大程度上取决于它的正确使用和日常维护或保养。

对数控机床进行维护或保养能防止非正常磨损，使数控机床保持良好的技术状态，并延长数控机床的使用寿命，降低数控机床的维修费用。

日本现代企业一贯推行的5S现场管理标准是"整理、整顿、清扫、清洁、素养"，目的是通过员工对现场和设备的自觉维护管理，创造和保持整洁明亮的环境，形成良好的生产、工作氛围，以提高产品质量和生产率。

改革开放后，中国许多现代企业借鉴5S作为重要的管理方法，克服了传统管理的弊端，出现了设备高效运行、生产井然有序、物品摆放整齐、环境清洁干净、员工心情舒畅、精神饱满的局面，普遍取得较好效果。尤其在数控机床维护管理工作中，推行5S有重要意义。

12.3.1 制订数控机床操作维护规程

数控机床操作维护规程是指导操作、维护人员正确使用和维护设备的技术性规范，每个操作、维护人员必须严格遵守，以保证数控机床正常运行，减少故障，防止事故发生。

1. 数控机床操作维护规程制订原则

1）一般应按数控机床操作顺序及班前、班中、班后的注意事项分列，力求内容精炼、简明、适用，属于"三好""四会"的项目不再列入。

2）按照数控机床类别将结构特点、加工范围、操作注意事项、维护要求等分别列出，便于操作工掌握要点，贯彻执行。

3）各类数控机床具有共性的内容，可编制统一的标准通用规程。

4）对于重点、高精度、大重型及稀有、关键数控机床，必须单独编制操作维护规程，并用醒目的标志牌、板张贴显示在机床附近，要求操作工特别注意，严格遵守。

2. 操作维护规程的基本内容

1）班前清理工作场地，按日常检查卡规定项目检查各操作手柄、控制装置是否处于停机位置，安全防护装置是否完整牢靠，查看电源是否正常，并作好点检记录。

2）查看润滑、液压装置的油质、油量，按润滑图表规定加油，保持油液清洁，油路畅通，润滑良好。

3）确认各部位正常无误后，方可空车启动设备。先空车低速运转3～5min，查看各部运转正常、润滑良好后，方可进行工作。不得超负荷超规范使用机床。

4）工件必须装夹牢固，禁止在机床上敲击夹紧工件。

5）合理调整各轴行程撞块，定位正确紧固。

6）操纵变速装置必须切实转换到固定位置，使其啮合正常，并要停机变速，不得用反车制动变速。

7）数控机床运转中要经常注意各部位情况，如有异常，应立即停机处理。

8）测量工件、更换工装、拆卸工件都必须停机进行。离开机床时必须切断电源。

9）要注意保护数控机床的基准面、导轨、滑动面，保持清洁，防止损伤。

10）经常保持润滑及液压系统清洁，盖好箱盖，不允许有水、尘、切屑等污物进入油箱及电气装置。

11）工作完毕和下班前应清扫机床设备，保持清洁，将操作手柄、按钮等置于非工作位置，切断电源，办好交接班手续。

在制订各类数控机床操作维护规程时，除上述基本内容外，还应针对各机床本身特点、操作方法、安全要求、特殊注意事项等列出具体要求，便于操作工遵照执行，同时还应要求操作工熟悉操作维护规程。

12.3.2 数控机床的维护内容

数控机床的维护是操作工为保持设备正常技术状态，延长使用寿命所必须进行的日常工作，是操作工主要职责之一。数控机床维护必须达到四项要求的规定。

数控机床维护分日常维护和定期维护两种。

1. 数控机床的日常维护

数控机床日常维护包括每班维护和周末维护，由操作工负责。

（1）每班维护 班前要对设备进行点检，查看油箱及润滑装置的油质、油量有无异常，并按润滑图表规定加油，检查安全装置及电源等是否良好，确认无误后，先空车运转，待润滑情况及各部正常后方可工作。设备运行中要严格遵守操作规程，注意观察运转情况，发现异常立即停机处理。对不能自己排除的故障应填写设备故障请修单并交维修部检修，修理完毕由操作工验收并签字。修理工在请修单上记录检修及换件情况，交车间机械员统计分析，掌握故障动态。下班前用约 15min 时间清扫擦拭设备，切断电源，在设备滑动导轨部位涂油，清理工作场地，保持设备整洁。

（2）周末维护 在每周末和节假日前，用 1～2h 较彻底地清擦设备，清除油污，达到维护的四项要求，并由维修员（师）组织维修组检查评分进行考核，公布评分结果。

（3）数控机床日常维护实例 表 12-1 为加工中心日常维护内容和检查要求。

表 12-1 加工中心日常维护内容和检查要求

序号	检查周期	检查部位	检查要求
1	每天	导轨润滑油箱	检查油标、油量，及时添加润滑油
2	每天	X、Y、Z 轴导轨面	清除切屑、脏物，润滑导轨面
3	每天	压缩空气气源压力	检查气动控制系统压力，应在正常范围
4	每天	气源自动分水滤水器 自动空气干燥器	即时清理分水器中滤出的水分，保证自动空气干燥器工作正常
5	每天	气液转换器和增压器油面	油量不够时，及时补足
6	每天	主轴润滑恒温油箱	工作是否正常、油量是否充足，调节温度范围
7	每天	机床液压系统	油箱、液压泵无异常噪声，压力表指示及各接头是否正常，工作油面高度正常
8	每天	CNC 的输入/输出单元	光电阅读机清洁等
9	每天	各种电气柜散热通风装置	冷却风扇工作正常，风道过滤网无堵塞
10	每天	各种防护装置	无松动、漏水
11	每周	各电气柜过滤网	清洗尘土
12	不定期	导轨镶条、压紧滚轮	按机床说明书调整
13	不定期	废油池	及时清理以免溢出
14	不定期	切削液箱	检查液面高度，太脏时更换，清理过滤器
15	不定期	排屑器	经常清理切屑，检查有无卡住现象
16	不定期	主轴驱动带	按机床说明书调整

2. 数控机床定期维护

数控机床定期维护是在维修工辅导配合下，由操作工进行的定期维修作业，按设备管理部门的计划执行。在维护作业中发现的故障隐患，一般由操作工自行调整，不能自行调整的则以维修工为主，操作工配合，并按规定做好记录报送维修员（师）登记转设备管理部门存查。设备定期维护后要由维修员（师）组织维修组逐台验收，设备管理部门抽查，作为对车间执行计划的考核。

数控机床定期维护的主要内容如下：

（1）每月维护

1）真空清扫控制柜内部。

2）检查、清洗或更换通风系统的空气过滤器。

3）检查全部按钮和指示灯是否正常。

4）检查全部电磁铁和限位开关是否正常。

5）检查并紧固全部电缆接头并查看有无腐蚀、破损。

6）全面查看安全防护设施是否完整牢固。

（2）每两月维护

1）检查并紧固液压管路接头。

2）查看电源电压是否正常，有无缺相和接地不良。

3）检查全部电动机，并按要求更换电刷。

4）液压马达有否渗漏并按要求更换油封。

5）开动液压系统，打开放气阀，排出液压缸和管路中空气。

6）检查联轴器、带轮和带是否松动和磨损。

7）清洗或更换滑块和导轨的防护毡垫。

（3）每季维护

1）清理切削液箱，更换切削液。

2）清洗或更换液压系统的过滤器及伺服控制系统的过滤器。

3）清洗主轴齿轮箱，重新注入新润滑油。

4）检查联锁装置、定时器和开关是否正常运行。

5）检查继电器接触压力是否合适，并根据需要清洗和调整触点。

6）检查齿轮箱和传动部件的工作间隙是否合适。

（4）每半年维护

1）抽取液压油液进行化验，根据化验结果，对液压油箱进行清洗换油，疏通油路，清洗或更换过滤器。

2）检查机床工作台水平，查看全部锁紧螺钉及调整垫铁是否锁紧，并按要求调整水平。

3）检查镶条、滑块的调整机构，调整间隙。

4）检查并调整全部传动丝杠载荷，清洗滚动丝杠并涂新油。

5）拆卸、清扫电动机，加注润滑油脂，检查电动机轴承，酌情予以更换。

6）检查、清洗并重新装好机械式联轴器。

7）检查、清洗和调整平衡系统，视情况更换钢缆或链条。

8）清扫电气柜、数控柜及电路板，更换维持 RAM 内容的失效电池。

（5）其他维护 要经常维护机床各导轨及滑动面的清洁，防止拉伤和研伤，并且经常检查换刀机械手及刀库的运行情况、定位情况。

思考与练习

1. 推行 5S 有何意义？
2. 制订数控机床操作维护规程有哪些原则？
3. 数控机床日常维护的主要内容有哪些？
4. 数控机床定期维护的主要内容有哪些？

12.4　数控机床的运行管理

12.4.1　运行使用中的注意事项

1）要重视工作环境。数控机床必须安放在无阳光直射、有防振装置并远离有振动机床的环境适宜的地方，附近不应有焊机、高频设备等干扰，并要避免环境温度对设备精度的影响，必要时应采取适当措施加以调整。要经常保持机床的清洁。

2）操作人员不仅要有资格证，在入岗操作前还要由技术人员按所用机床进行专题操作培训，熟悉说明书及机床结构、性能、特点，弄清和掌握操作盘上的仪表、开关、旋钮及各按钮的功能和指示的作用。严禁盲目操作和误操作。

3）数控机床用的电源电压应保持稳定，其波动范围应在 −15% ~ +10% 以内，否则应增设交流稳压器。电源不良会造成系统不能正常工作，甚至引起系统内电子元器件的损坏。

4）数控机床所需压缩空气的压力应符合标准，并保持清洁。管路严禁使用未镀锌铁管，防止铁锈堵塞过滤器。要定期检查和维护气液分离器，严禁水分进入气路。最好在机床气压系统外增置气液分离过滤装置，增加保护环节。

5）润滑装置要清洁，油路要畅通，各部位润滑应良好，所加油液必须符合规定的质量标准，并经过滤。过滤器应定期清洗或更换，滤芯必须经检验合格才能使用，尤其对有气垫导轨和光栅尺通气清洁的精密数控机床更为重要。

6）电气系统的控制柜和强电柜的门应尽量少开。因机加工车间空气中含有油雾、飘浮灰尘和金属粉尘，这些杂物如落在数控装置内并堆积在印制电路板或控制元件上，容易引起元件间绝缘电阻下降，导致元器件及电路板的损坏。

7）经常清理数控装置的散热通风系统，使数控系统能可靠地工作。数控装置的工作温度一般应≤55~60℃，每天应检查数控柜上各个排风扇的工作是否正常，风道过滤器有无被灰尘堵塞。

8）数控系统的 RAM（随机存储器）后备电池的电压由数控系统自行诊断，低于工作电压将自动报警提示。此电池用于断电后维持数控系统 RAM 存储器的参数和程序等数据。机床在使用中如果出现电池报警，要求维修人员及时更换电池，以防储存器内数据丢失。

9）正确选用优质刀具不仅能充分发挥机床加工效能，也能避免不应发生的故障，刀具的锥柄、直径尺寸及定位槽等都应达到技术要求，否则换刀动作将无法顺利进行。

10）在加工工件前须先对各坐标进行检测，复查程序，对加工程序模拟试验正常后，再进行加工。

11）操作工在设备操作回机床零点、工作零点、控制零点前，必须确定各坐标轴的运动方向无障碍物，以防碰撞。

12）数控机床的光栅尺为精密测量装置，不得碰撞和随意拆动。

13）数控机床的各类参数和基本设定程序的安全储存直接影响机床正常工作和性能发挥，操作工不得随意修改。如操作不当造成故障，应及时向维修人员说明情况，以便寻找故障线索，进行处理。

14）数控机床机械结构简化，密封可靠，自诊断功能日益完善，在日常维护中除清洁外部及规定的润滑部位外，不得拆卸其他部位。

> **>>> 小贴士** ｜ 　数控机床较长时间不用时要注意防潮，停机两月以上时，必须给数控系统供电，以保证有关参数不丢失。

12.4.2　数控机床安全运行要求

1）严禁取掉或挪动数控机床上的维护标记及警告标记。

2）不得随意拆卸回转工作台，严禁用手动换刀方式互换刀库中刀具的位置，以防错刀。

3）加工前应仔细核对工件坐标系原点的选用，加工轨迹是否与夹具、工件、机床干涉。新程序经校核后方能执行。

4）刀库门、防护挡板和防护罩应齐全，且灵活可靠。机床运行时严禁开电气柜门。环境温度较高时，不得采取破坏电气柜门联锁开关开门的方式强行散热。

5）切屑排除机构应运转正常，严禁用手和压缩空气清理切屑。

6）床身上不能摆放杂物，设备周围应保持整洁。

7）在数控机床上安装刀具时，应使主轴锥孔保持干净。关机后主轴应处于无刀状态。

8）维修、维护数控机床时，严禁开动机床。发生故障后，必须查明并排除机床故障，然后再重新起动机床。

9）加工过程中应注意机床显示状态，对异常情况应及时处理，尤其应注意报警、急停超程等安全操作。

10）清理机床前，先将各坐标轴停在中间位置，按要求依序关闭电源，再清扫机床。

思考与练习

1. 数控机床使用中有哪些注意事项？
2. 数控机床安全运行要求有哪些？

单元 **12** 数控机床的管理

12.5 数控机床的选用

近年来，随着现代制造业的迅速发展，数控机床品种不断增多，性能日趋完善，但其价格仍然较为昂贵。对于数控机床的使用单位来讲，如何正确、合理地选用数控机床是较为关心的问题。

选用数控机床时，首先应根据生产对象或新建企业的投产规划，确定设备的种类和数量。如果生产对象、环境没有特殊要求，只要选用一般的数控机床就够，如数控车床、数控铣床、加工中心等。如果生产对象极为复杂，对环境也有特殊的要求，就应考虑选用一些特种数控机床或自动化程度更高的数控机床。

1. 数控机床类型的选用

虽然数控机床的功能越来越全面，尤其是加工中心能够满足多种加工方法，但每种机床的性能都有一定的适用范围，只有符合数控机床最佳使用条件，加工一定的工件才能达到最佳的效果。因此，选用数控机床必须确定用户所要加工的典型零件。

每一种数控机床都有其最适合加工的典型零件。例如卧式加工中心适用于加工箱体类零件——箱体、泵体、阀体和壳体等；立式加工中心适用于加工板类零件——箱盖、盖板、壳体和平面凸轮等单面加工零件。若卧式加工中心的典型零件在立式加工中心上加工，零件的多面加工则需要通过对工件重新装夹，导致改变工艺基准，这就会降低生产率和加工精度；若立式加工中心的典型零件在卧式加工中心上加工，则需要增加弯板夹具，这会降低工艺系统刚性和功效。同类规格的机床，一般卧式机床的价格比立式机床贵80% ~ 100%，所需加工费用也高，所以这样加工是不经济的。然而，卧式加工中心的工艺性比较广泛，根据国外资料介绍，在工厂车间设备配置中，卧式机床占60% ~ 70%，而立式机床只占30% ~ 40%。

确定典型零件加工的顺序如下：先根据工厂或车间的要求，确定哪些零件的哪些工序准备在数控机床上完成，然后将零件进行归类。当然，这时会遇到零件规格相差很多的问题，因此要进一步选用、确定比较满意的典型零件，再挑选适合加工的数控机床。

2. 数控机床规格的选用

数控机床的规格应根据所确定的典型零件进行。数控机床最主要的规格就是几个坐标方向的加工行程和主轴电动机功率。

机床的三个基本坐标（X、Y、Z）行程反映机床允许的加工空间。一般情况下，工件的轮廓尺寸应在机床的加工空间范围之内，如典型零件是450mm × 450mm × 450mm的箱体，那么应选工作台面尺寸为500mm × 500mm的加工中心。选取工作台面比零件稍大一些是考虑到安装夹具所需的空间。加工中心的工作台面尺寸和三个基本坐标行程都有一定的比例关系，如上述工作台为500mm × 500mm的机床，X轴行程一般为700 ~ 800mm，Y轴行程为550 ~ 700mm，Z轴行程为500 ~ 600mm。因此，工作台的大小基本上确定了加工空间的大小。个别情况下，也允许工作尺寸大于机床加工行程，这时必须保证工件的加工区处在机床的行程范围之内，而且要考虑机床工作台的承载能力，以及工件是否与机床换刀空间干涉及其在工作台上回转时是否干涉等问题。

主轴电动机功率反映了数控机床的切削能力，这里指切削效率和刚性。加工中心一般都配置功率较大的直流或交流调速电动机，可用于高速切削，但在低速切削时由于电动机输出功率下降，转矩受到限制。因此，当需要加工大直径和余量很大的工件时，必须对低速转矩进行校核。

少量特殊工件的加工需另外增加回转坐标（A、B、C）或附加坐标（U、V、W），这就需要向机床制造厂特殊订货，但机床价格会相应增加。

3. 数控机床精度的选用

选择机床的精度等级，应根据典型零件关键部位加工精度的要求来确定。国产加工中心精度可分为普通型和精密型两种。加工中心的精度项目很多，关键项目见表 12-2。

表 12-2　加工中心机床精度主要项目

精度项目	普通型	精密型
单轴定位精度/mm	0.02/300 或全长	0.005/全长
单轴重复定位精度/mm	±0.006	±0.003
铣圆精度/mm	0.03 ~ 0.04	0.02

数控机床的其他精度与表 12-2 中所列的数据都有一定的对应关系。定位精度和重复定位精度综合反映了该轴各运动部件的综合精度。尤其是重复定位精度，它反映了该控制轴在行程内任意定位点的定位稳定性，是衡量该控制轴能否稳定可靠工作的基本指标。目前的数控系统软件功能比较丰富，一般都有控制轴的螺距误差补偿功能和反向间隙补偿功能，能对进给传动链上各环节系统误差进行稳定的补偿。例如丝杠的螺距误差和螺距累积误差可以用螺距补偿功能来补偿；进给传动链和反向死区可用反向间隙补偿来消除。但这是一种理想的做法，实际造成这种反向运动量损失的原因是存在于驱动元部件的反向死区、传动链各环节的间隙、弹性变形和接触刚度变化等。

铣圆精度是综合评价数控机床有关数控坐标轴的伺服随动特性和数控系统插补功能的指标。测定每台机床的铣圆精度的方法是铣削一个标准圆柱试件，中小型机床圆柱试件的直径一般为 $\phi200 \sim \phi300\text{mm}$。将标准圆柱试件放在圆度仪上，测出加工圆柱的轮廓线，取其最大包络圆和最小包络圆，两者的半径差即为其精度。

总之，力求提高每个数控坐标轴的重复定位精度和铣圆精度是机床制造厂和用户的共同愿望。但要想获得合格的零件，除了必须选用好精度适用的机床设备，还必须采取好的工艺措施，切不可一味依赖机床的精度。

4. 数控系统的选用

数控系统与所需机床要相匹配，一般来说，需要考虑以下几点。

1）要有针对性地根据数控机床类型选用相应的数控系统。一般机床制造厂提供的原配数控系统均能满足要求。

2）要根据数控机床的设计性能选用数控系统。此时要考虑机床整机的机械、电气性能，不能片面追求高水平、新系统，以免造成系统资源浪费，而应该对性能和价格等做一个综合分析，选用合适的系统。

3）要合理选用数控系统功能。一个数控系统具有基本功能和选用功能两部分，前者价格便宜，后者只有当用户选用后才能提供并且价格较贵，用户应根据实际需要来选用。

4）订购系统时要考虑周全。订购时把需要的系统功能一次定全，以免造成损失和留下

单元 **12** 数控机床的管理

遗憾。另外，在选用数控系统时，应尽量考虑企业已有数控机床中相同型号的数控系统，这将给今后的操作、编程、维修带来较大的方便。

5. 选择功能及附件的选用

在选用数控机床时，除了认真考虑它应具备的基本功能和基本条件外，还应选用一些选择件、选择功能及附件。选用的基本原则是全面配套，长远综合考虑。对一些价格增加不多，但会给使用带来很多方便的附件，应尽可能配置齐全，保证机床到厂能立即投入使用。切忌几十万元购来的一台机床，因缺少一个几十元或几百元的附件而长期无法使用。当然也可以多台机床合用附件，以减少投资。一些功能的选用应进行综合比较，以经济、实用为目的。例如数控系统的动态图形显示、随机程序编制、人机对话程序编制功能，可根据费用情况决定是否选用。近年来，在质量保证措施上也发展了许多附件，如自动测量装置、接触式测头、刀具磨损和破损检测附件等。这些附件的选用原则是要求保证其性能可靠，不追求新颖。此外，要选用与生产能力相适应的冷却、润滑及排屑装置。

6. 技术服务

数控机床要得到合理使用，并发挥经济效益，仅有一台好的机床是不够的，还必须有良好的技术服务。对一些新的用户来说，最缺乏的是技术上的支持。当前，机床制造厂普遍重视产品的售前、售后服务，协助用户对典型零件做工艺分析，进行加工可行性试验以及承担成套技术服务，包括工艺装备设计、程序编制、安装调试、试切工件，直到全面投入生产。最普遍的做法是为用户举办技术培训班，对维修人员、编程人员、操作人员进行培训，帮助用户掌握设备使用方法。总之，只有重视技术队伍建设、重视职工素质的提高，数控机床才能得到合理的使用。

思考与练习

1. 如何选用数控机床类型？
2. 如何选用数控机床规格？
3. 如何选用数控机床精度？
4. 如何选用数控系统？

单元练习题

1. 数控机床管理工作的"三好"具体内容是什么？
2. 如何建立使用数控机床的岗位责任制？
3. 怎样进行数控机床的定期维护？
4. 如何处理数控系统的 RAM（随机存储器）后备电池的报警提示？
5. 怎样保证数控机床所需压缩空气的压力符合标准，并保持清洁？
6. 数控机床的选用中如何考虑选择功能及附件的选用？

参 考 文 献

[1] 孙汉卿. 数控机床维修技术 [M]. 北京：机械工业出版社，2002.

[2] 熊光华. 数控机床 [M]. 北京：机械工业出版社，2001.

[3] 中国机电装备维修与改造技术协会. 2001 年、2003 年、2005 年、2007 年全国数控装备使用、维修与改造经验交流会优秀论文汇编 [C].

[4] 王凤蕴. 数控原理与典型数控系统 [M]. 北京：高等教育出版社，2003.

[5] 何龙. 数控设备调试与维修 [M]. 成都：西南交通大学出版社，2006.

[6] 王侃夫. 数控机床控制技术与系统 [M]. 北京：机械工业出版社，2008.

[7] 刘江，卢鹏程，许朝山. FANUC 数控系统 PMC 编程 [M]. 北京：高等教育出版社，2011.

[8] 李宏胜，朱强，曹锦江. FANUC 数控系统维护与维修 [M]. 北京：高等教育出版社，2011.

[9] 李继中. 数控机床 PLC 控制与调试 [M]. 西安：西安电子科技大学出版社，2011.

[10] 魏家鹏，潘宏歌. 华中数控系统数控车床编程与维护 [M]. 北京：电子工业出版社，2012.

[11] 宋松，李兵. FANUC 0i 数控系统连接调试与维修诊断 [M]. 北京：化学工业出版社，2013.

[12] 周兰，陈少艾. FANUC 0i – D/0i mate D 数控系统连接调试与 PMC 编程 [M]. 北京：机械工业出版社，2013.

[13] 孙慧平. 数控机床装配、调试与故障诊断 [M]. 北京：机械工业出版社，2013.